全国高等院校规划教材

ASP
编程技术

● 陈令刚　李　军　主编

U0272182

中国农业科学技术出版社

图书在版编目（CIP）数据

ASP 编程技术/陈令刚，李军主编 . —北京：中国农业科学技术出版社，2008.8

ISBN 978 – 7 – 80233 – 641 – 4

Ⅰ. A…　　Ⅱ.①陈…②李…　　Ⅲ. 主页制作 – 程序设计　　Ⅳ. TP393.092

中国版本图书馆 CIP 数据核字（2008）第 087396 号

责任编辑	孟　磊
责任校对	贾晓红　康苗苗

出 版 者	中国农业科学技术出版社
	北京市中关村南大街 12 号　　邮编：100081
电　　话	(010) 82106632（编辑室）
传　　真	(010) 62121228
网　　址	http://www. castp. cn
经 销 者	新华书店北京发行所
印 刷 者	北京科信印刷厂
开　　本	787 mm ×1 092 mm　1/16
印　　张	20. 625
字　　数	487 千字
版　　次	2008 年 8 月第 1 版　2008 年 8 月第 1 次印刷
定　　价	35. 00 元

《ASP 编程技术》
编委会

主　　编　陈令刚　李军

副主编　周　坤　马启元

编　　者　（按姓氏笔画排序）

马启元（第二副主编）第四章、九章

李　军（第二主编）第二章、三章

陈令刚（第一主编）第一章、七章

杨　铎（参编）第一章

周　坤（第一副主编）第五章、六章

曾　欣（参编）第八章

内容简介

在互联网日益发展的今天，开发动态网站进行宣传已经成为企事业单位以及个人的首选。ASP（Active Server Pages）动态网站技术一经出现，由于它语法简单，上手特别快，可以方便操作各种数据库系统，很快被广大程序设计人员和用户所接受和青睐。

全书章节的编排由浅入深、循序渐进，将复杂的知识点完全融入到趣味性的实例中，注重实际应用，使初学者和有一定基础的计算机从业人员学习时入门快、易上手。另外，笔者在多年的项目开发和教学过程中，积累了丰富的项目实战经验，本书也将作者的这些经验融入其中，可帮助读者分析、解决在工作中碰到的各种问题，能使读者在学习过程中达到事半功倍的效果。

前　言

随着 Web 技术的迅猛发展，动态 Web 网页技术已成为现今 Web 设计的主流技术。动态 Web 技术有很多优点，它可以使 Web 页面更加美观，而且使页面的交互性更强，能实现静态 Web 页面所不能实现的功能。使用 ASP 就可以很容易地创建动态、交互且高效的 Web 服务器应用程序。ASP（Active Server Pages）是由美国 Microsoft 公司开发的一套服务器端脚本运行环境语言，程序的简称。因其语法简单易学，可以与 Windows 系统紧密集成，支持 VBScript、JavaScript 等多种脚本语言等优点，ASP 已成为目前国内应用最广泛、用户群最多的网络开发语言之一。

本书由浅入深、循序渐进地结合网站上常用的实例，介绍了 ASP 程序开发的基础知识。从 HTML、CSS 到 ASP 的内置对象、ASP 的文件组件、ADO 访问数据库、ASP 的脚本攻击及防范等知识，最后整站项目的开发，进一步巩固前面章节所学相关技术。

各章内容如下：

第一章　认识网站的前后台，了解相关技术，并能够搭建 ASP 程序的运行、调试环境。

第二章　通过实例学习 HTML 标记的应用及 CSS 样式表的定义。

第三章　通过小例子讲解 ASP 的脚本语言 VBScript，重点掌握 VBScript 的语法、控制语句、过程和函数以及常用内置函数的应用。

第四章　结合网站上使用频率较高的会员注册模块，讲解 ASP 内部对象的应用，重点掌握内部对象的在工作时常用的方法、属性。

第五章　实例方式介绍 ASP 对文本文件的操作。

第六章　基于工作的需求讲解 Access 数据库的设计，介绍 SELECT、INSERT、UPDATE 和 DELETE 语句的使用。

第七章　结合网站新闻模块，实例讲解 ASP 对数据库的查询操作、添加操作、修改操作、删除操作。

第八章　基于项目的方式，完成整站项目的开发。包括需求分析、网站总体规划、数据库设计、各功能模块设计，项目的测试与发布；保证网站安全的服务器设置。

第九章　介绍目前较流行的 JavaScript 脚本语言应用。列举了 ASP 程序中

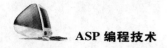

表单验证及网站中常见的对联广告、下拉菜单等特效技术。

　　本书第一章、第七章、第八章由陈令刚负责编写；第二章、第三章由李军负责编写；第五章、第六章由周坤负责编写；第四章、第九章由马启元负责编写。参编第一章的还有杨铎，参编第八章的还有曾欣。本书由陈令刚、李军负责总体编审；周坤、马启元协助总体编审。本书在编撰中得到有关单位和同仁的支持和关心，在此特表感谢。书中有不足之处和差错，在所难免，盼请读者不吝指教，以期更正。

编者

2008 年 7 月 28 日于北京

目　　录

1

第一章　ASP 动态网页设计基础

在 Internet 和网络技术日益发展的今天，ASP 动态服务器网页技术（Active Server Pages，ASP）已经成为重要的开发技术之一，已被人们接受并广泛应用。ASP 技术是一个基于 Web 服务器的开发环境，用户利用它可以方便地创建和执行动态、交互且高性能的 Web 服务器应用语言程序。

通过本章的理论学习和练习，用户应了解和掌握以下内容：

- 了解 ASP 动态网站的前后台；
- 了解 ASP 网站的组成目录和文件预览；
- 了解 HTML 语言和 CSS 样式表；
- 了解动态 ASP 网站的开发流程；
- 掌握 ASP 运行环境的配置；
- 掌握安装与设置 IIS 的方法；
- 掌握创建一个简单 ASP 应用程序的方法。

1.1　ASP 动态网页设计基础的准备

我们的社会正在以前所未有的速度快速发展着，无数新兴的技术和产业涌现出来，强烈地冲击着整个社会。Internet（因特网）便是众多新兴事物中最杰出的例子之一，它将世界范围内的许许多多的计算机网络连接在一起，成为全球信息资源网。目前，Internet 正迅速、广泛、深入地渗透到社会和生活的各个层面，www（万维网）技术作为有发展潜力的多媒体信息查询服务也在改变和影响着人们的生活，网络越来越成为人们生活中必不可少的要素之一。这不仅仅是生活质量改善的问题，更是人类理念革新的问题。把握 Web 基础知识，Internet 的内涵，就等于把握未来的商机。

Internet 即因特网，是全球最大的、开放的、由众多网络互联而成的计算机网络，该网络是世界上最大的信息资源宝库。

Internet 的常用服务有以下方面。

（1）电子邮件服务　电子邮件（E-mail）服务是 Internet 上应用最广泛的一种服务方式。它的使用机制是模拟邮政系统，使用"存储 – 转发"的方式将用户发出的邮件沿着一条逻辑通道转发到目的主机的 E-mail 信箱中。与常规的邮政相比，电子邮件的传递方便快捷，时间上不耽误快了很多，而且它可同时发送给多个接收者或转发邮件。除了普通的文本外，电子邮件还可以传递非文本的文件。通过在发信端将数据编码为文本格式后寄往收信端，再由收信端将其解码成原来的文件。可以传送图、文、声、像、视频等多种形式的数据（图 1 – 1）。

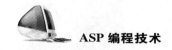

图 1－1　126 免费邮箱

（2）万维网（www）服务　www 是 Internet 上发展最快也是最有发展潜力的多媒体信息查询服务。Internet 上储存着各种各样的不同存储格式的信息资源，这些信息资源被存储在不同的服务器平台上。万维网服务提供了搜寻信息的一种途径，帮助用户在 Internet 上进行简单的操作以统一的方式去获取不同地点、不同存取方式、不同检索方式以及不同表达形式的丰富的信息资源。万维网服务采用了称为超文本与超媒体的技术，以多媒体形式向用户展示丰富的信息，通过超文本和超媒体的链接功能，直观地引导用户获得所需的信息。

Internet 采用一种唯一通用的地址格式，为 Internet 中的每一个网络和几乎每一台主机都分配了一个地址，这就使我们实实在在地感到它是一个整体。Internet 中地址类型有 IP 地址和域名地址两种。

①IP 地址：IP 地址具有固定和规范的格式，每个 IP 地址长为 32 位，被分为 4 段，每段 8 位（即 1 个字节），段与段之间用句点"."分隔。为了便于表达和识别，IP 地址是以十进制形式表示的。例如网易网站的 IP 地址为：202.108.9.39。

②域名地址：由于 IP 地址是数字型的，难以记忆，也难以理解，因此，Internet 采用另一套字符型的地址方案，即域名地址。它是由一定意义的字符串来标识主机地址，IP 与域名地址两者相互对应，而且保持全网统一。例如：网易主页的 IP 地址是 202.108.9.39，它所对应的域名是 www.163.com。

第一级域名往往表示主机所属的国家、地区或网络性质的代码，如中国（cn）、英国（uk）、俄罗斯（ru）、商业组织（com）、教育机构（edu）等。

二级域名是在 Internet 上使用而注册到个人或单位的名称。

三级域名是子域，子域是单位可创建的名称。

第四级是主机。

③URL：URL（Uniform Resource Location）即统一资源定位系统，也就是我们通常所

说的网址。例如：http：∥www. 163. com/index. html（图 1 – 2）。

一个 URL 的格式为：

protocol：∥machine. name［：port］/directory/filename

图 1 – 2　网易主页

URL 的第一部分 http：∥表示要访问的资源类型。其他常见资源类型中，ftp：∥表示 FTP 服务器。

第二部分 www. 163. com 是主机名，它说明了要访问服务器的 Internet 名称。其中，www 表示要访问的文件存放在名为 www 服务器里，多数公司都有指定的服务器作为对外的网上站点，叫做 www；163 则表示了该网站的名称；. com 则指出了该网站的服务类型。

目前，常用的网站服务类型的含义如下：. com 特指事务和商务组织；. edu 表示教育机构；. gov 表示政府机关；. mil 表示军用服务；. net 表示网关，由网络主机或 Internet 服务提供商决定；. org 一般表示公共服务或非正式组织。

注意：另外，有些域名后面会带有本国和地区的域名。例如，新浪网址 http：∥www. sina. com. cn 中的 cn 代表该网站属于中国。另外，au 代表澳大利亚，ca 代表加拿大，fr 代表法兰西，uk 代表英国，jp 代表日本等。

第三部分/index. html 表示要访问主机的哪一个页面文件，可以把它理解为该文件存放在服务器上的具体位置。

（3）文件传输（FTP）与匿名文件传输（Anonymous FTP）服务　FTP 是 Internet 应用中使用比较广泛的一种服务。它使用户能够在具有逻辑通路的两台计算机之间传输文件。在具有图形用户界面的 World Wide Web 环境于 1995 年开始普及之前，匿名 FTP 一直是 Internet 上获取资源的最主要方式。在 Internet 成千上万的匿名 FTP 主机中存储着无以计数的文件，这些文件包含了各种各样的信息、数据和软件。人们只要知道特定信息资源的主机地址，就可以用匿名 FTP 登录获取所需的信息资料。虽然目前使用 www 环境逐渐取代匿名 FTP 成为最主要的信息查询方式，但是匿名 FTP 仍然是 Internet 上传输分发软件的一种基本方法。除此之外，FTP 服务还提供远程主机登录、目录查询、文件操作以及其他会话控制功能。

1.1.1 认识 ASP 动态网站的前后台

静态网页是不包含程序代码的网页，不会在服务器端执行。静态网页内容通常以 HT-ML 语言编写，在服务器端以 .htm 或 .html 文件格式存储。对于静态网页，服务器不执行任何程序就把 HTML 页面文件传给客户端的浏览器直接进行解读工作，所以网页的内容不会因为执行程序而出现不同的内容（图 1 - 3）。

图 1 - 3　企业网站信息

静态网页的工作原理如图 1 - 4 所示：

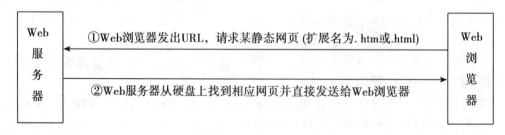

图 1 - 4　静态网页工作原理

　　动态网页是指网页内含有程序代码，并会被服务器执行的网页。用户浏览动态网页须由服务器先执行网页中的程序，再将执行完的结果传送到用户浏览器中。动态网页和静态网页的区别在于，动态网页会在服务器中执行一些程序。由于执行程序时的条件不同，所以执行的结果也可能会有所不同，最终用户所看到的网页内容也将不同，所以称为动态网页（图1-5）。

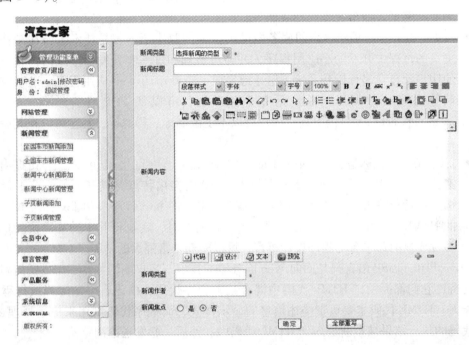

图1-5　企业网站后台

动态网页工作原理如图1-6所示：

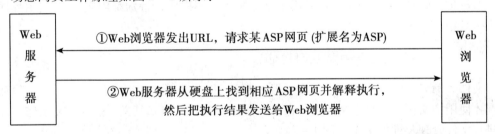

图1-6　动态网页工作原理

　　（1）动态网页的页面特点　　动态网页发布技术的出现使得网页从单纯的展示平台变成了网络交互平台，能够提供如下所示的网页动态效果。

- 在网页中添加一个滚动显示的广告栏。
- 从 HTML 的表单中接收信息并且存储到数据库中。
- 根据不同访问者显示不同内容，创建个性化主页。
- 在主页中添加计数器。
- 根据用户浏览器的版本、类型和能力显示不同档次的内容。
- 跟踪用户网站上的活动信息并且存入日志文件。

（2）动态网页的开发技术　目前动态网页开发的 3 种主流技术是 ASP、PHP 和 JSP，这三者各有所长。它们都需要把脚本语言嵌入到 HTML 文档中。这三者的不同之处在于，ASP 学习简单、使用方便；PHP 软件免费，运行成本低；JSP 多平台支持，转换方便。

- ASP：ASP 主要为 HTML 编写人员提供了在服务器端运行脚本的环境，使 HTML 编写人员可以利用 VBScript 和 JScript 或其他第三方脚本语言来创建 ASP，实现动态内容的网页，如留言本、计数器等。
- PHP：PHP 是一种跨平台的服务器端的嵌入式脚本语言，是技术人员在制作个人主页的过程中开发的小应用程序，并经过整理和进一步开发而形成的语言。它能使用户独自在多种操作系统下迅速地完成一个简单的 Web 应用程序。PHP 支持目前绝大多数数据库，并且是完全免费的，可以从 PHP 官方站点（http：//www. php. net）上自由下载。用户可以不受限制地获得源码，甚至可以在其中加进自己需要的特色。
- JSP：JSP 的全称是 Java Server Pages（Java 服务器网页），是由 Sun 公司提出，多家公司合作建立的一种动态网页技术。JSP 的突出特点是其开放的、跨平台的结构可以运行在几乎所有的服务器系统上。JSP 将 Java 程序段和 JSP 标记嵌入普通的 HTML 文档中。当客户端访问一个 JSP 网页时，就执行其中的程序段。Java 是一种成熟的跨平台的程序设计语言，可以实现丰富强大的功能。

ASP、PHP 和 JSP 语言都是面向 Web 服务器的技术，客户端浏览器不需要任何附加的软件支持，它们都提供在 HTML 代码中混合某种程序代码，由语言引擎解释执行程序代码的能力。HTML 代码主要负责描述信息的显示样式，而程序代码则用来描述处理逻辑，程序代码的执行结果被重新嵌入到 HTML 代码中，然后一起发送给浏览器。

ASP. NET 是微软公司开发的一套新的技术，是一项功能强大的、非常灵活的服务器端技术，用于创建动态 Web 页面。ASP. NET 是构成 . NET Framework 的一系列技术中的一个。可以把 . NET Framework 看成是用于创建所有应用程序，特别是创建 Web 应用程序的巨大工具箱。

1.1.2　ASP 网站的组成目录和文件预览

文件夹命名一般采用英文，长度一般不超过 20 个字符，命名采用小写字母。除特殊情况才使用中文拼音，每个文件夹的命名要尽量做到看其名知其义，这样方便工作人员进行进行文件管理及维护工作（图 1 - 7）。

一些常见的文件夹命名如：

- Images：存放图形文件。
- Flash：存放 Flash 文件。
- Css：存放 CSS 文件。
- Js：存放 Javascript 脚本。
- Inc：存放 include 文件。
- Database：存放数据库文件。
- Doc：存放技术说明文档。
- Upfiles：存放上传文件。

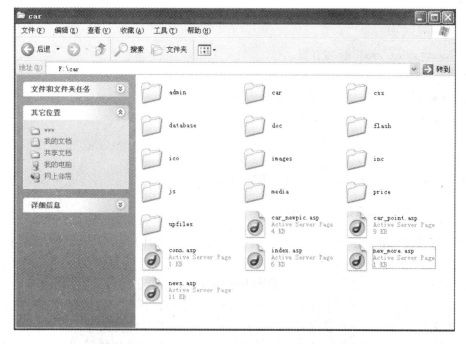

图 1-7　站点文件夹及文件

文件名称统一用小写的英文字母、数字和下划线的组合。命名原则一是使得你自己和工作组的每一个成员能够方便的理解每一个文件的意义；二是当我们在文件夹中使用"按名称排列"的命令时，同一种大类的文件能够排列在一起，以便我们查找、修改、替换、计算负载量等操作 。

（1）图片的命名原则名称分为头尾两部分　用下划线隔开，头部分表示此图片的大类性质，例如广告、标志、菜单、按钮等。

- 放置在页面顶部的广告、装饰图案等长方形的图片取名：banner。
- 标志性的图片取名为：logo。
- 在页面上位置不固定并且带有链接的小图片我们取名为 button。
- 在页面上某一个位置连续出现，性质相同的链接栏目的图片我们取名：menu。
- 装饰用的照片我们取名：pic。
- 不带链接表示标题的图片我们取名：title。

下面是几个范例：

- banner_sohu. gif。
- banner_sina. gif。
- menu_aboutus. gif。
- menu_job. gif。
- title_news. gif。
- logo_police. gif。
- logo_national. gif。
- pic_people. jpg。

（2）动态 ASP 文件命名时采用页面的概要来进行命名 可以有多个单词，用 "_"
隔开。使用如下：

- News_index. asp：新闻首页。
- News_more. asp：新闻列表页。
- News_show. asp：显示详细的新闻内容。
- Admin_news_add. asp：后台新闻添加页。
- Admin_news. asp：后台新闻管理列表页。
- Admin_news_edit. asp：后台新闻修改页。
- Admin_news_del. asp：后台新闻删除页面。

1.1.3　HTML 语言和 CSS 样式表

（1）超文本标记语言（HTML）　HTML（HyperText Mark-up Language）即超文本标
记语言，是 www 上通用的描述语言。HTML 语言主要是为了把存放在一台计算机中的文
本或图形与另一台计算机中的文本或图形方便地联系在一起，形成有机的整体。

从本质上说，一个 HTML 文件就相当于添加了某些标识性字符串（HTML 标记）的
普通文本文件，我们可以直接通过文本编辑器直接查看或编辑其代码。从文件结构上说，
HTML 文件是由各种标记元素（elements）组成的，每个标记使用符号 "＜" 和 "＞" 包
括起来。同时，大部分的标记都是成对出现的，如＜HTML＞和＜/HTML＞。

HTML 文件由两部分组成：头部（head）和体部（body），其具体结构如下：

＜html＞
＜head＞
＜title＞网页标题＜/title＞
＜/head＞
＜body＞
　　网页内容
＜/body＞
＜/html＞

其中，标记对＜html＞和＜/html＞表示这是一个 HTML 文件。标记对＜head＞和＜/
head＞之间的代码则表示页面的头部，其中可以添加页面的标题、Script 脚本或某些＜me-
ta＞标记等。在标记对＜body＞和＜/body＞之间的代码表示页面的体部，主要用于添加页
面的正文内容。

从以上结构可以看出，HTML 语言中的标记基本是成对出现的，即＜　＞和＜/　＞。但
也有一些标记只能单独使用，如＜br＞换行标记。

（2）CSS 样式表　CSS 是（Cascading Style Sheets），翻译为 "层叠样式表"，简称样
式表，它是一种制作网页的新技术。

网页设计最初是用 HTML 标记来定义页面文档及格式，例如标题＜h1＞、段落
＜p＞、表格＜table＞、链接＜a＞等，但这些标记不能满足更多的文档样式需求，为了解
决这个问题，在 1997 年 W3C（The World Wide Web Consortium）颁布 HTML4 标准的同时
也公布了有关样式表的第一个标准 CSS1，自 CSS1 的版本之后，又在 1998 年 5 月发布了

CSS2 版本，样式表得到了更多的充实。

如果你使用的是 Dreamweaver MX 2004 以上的版本，在定义文字字体、颜色、大小等属性的时候，查看一下代码你会发现有这样的一部分在 head 区域：

```
<style type = " text/css" >
<! -
. STYLE2 {
font-size：16pt；
font-family："Courier New"，Courier，monospace；
font-weight：bold；
color：#FF3300；
}
-- >
</style >
```

那么恭喜你，你已经使用了 CSS 设计网页。

1.1.4　动态 ASP 网站的开发流程

大型公司和商业网站不只是偶然现象，他们都经过了精心构建，通常是遵照一定的项目开发流程。项目开发流程是一种覆盖了项目自始至终生命周期的一步一步的开发计划。它是由一系列阶段构成，每一个阶段都是有特定的工作和产出。每个阶段的工作通常都要在下一个阶段的工作开始之前完成。

大型公司和网页设计公司通常都会创建适合自己项目使用的特殊流程。网站开发生命周期是一种很好的通向成功 Web 项目的管理指南。网站开发的一个重要方面是永远也没有完成的时候。网站需要保持更新并赶得上时代发展，它将一直有错误和遗漏需要更正，并且需要新的组建和页面。以下是网站开发流程详细介绍：

第一步：客户提出需求。客户通过电话、电子邮件或在线订单方式提出自己网站建设方面的"基本需求"。涉及内容包括：①公司介绍；②栏目描述；③网站基本功能需求；④基本设计要求。

第二步：设计建站方案。根据企业的要求和实际状况，设计适合企业的网站方案。是选择虚拟主机服务，还是自己购置服务器；根据企业风格度身定制。

第三步：查询申办域名。根据企业的需要，决定是国际域名还是国内域名。域名就是企业在网络上的招牌，是一个名字，并不影响网站的功能和技术。如果是登记国际域名的话，就必须向国际互联网络管理中心申请；国内域名则向中国互联网服务中心登记。

第四步：网站系统规划。网站是发布公司产品与服务信息的平台，所以网站内容非常重要。一个好的网站，不仅仅是一本网络版的企业全貌和产品目录，它还必须给网站浏览者，即企业的潜在客户提供方便的浏览导航，合理的动态结构设计，适合企业商务发展的功能构件，如信息发布系统、产品展示系统等，丰富实用的资讯和互动空间。根据客户的简单材料，精心进行规划，提交出一份网站建设方案书。

第五步：确定合作。双方以面谈、电话或电子邮件等方式，针对项目内容和具体需求进行协商。双方认可后，签署《网站建设合同书》并支付 50% 网站建设预付款。

第六步：网站内容整理。根据网站建设方案书，由客户组织出一份与企业网站栏目相关的电子文档文字和图片等内容材料。对相关文字和图片进行详细的处理、设计、排版、扫描、制作。

第七步：网页设计、制作、修改。网站的内容与结构确定了，下一步的工作就是进行网页的设计和程序的开发。网页设计关乎企业的形象，一个好的网页设计，能够在信息发布的同时对公司的意念以及宗旨作出准确的诠释。很多国际大型公司都不惜花费巨大的投入在网页的设计上。

第八步：网站提交客户审核并发布。网站设计、制作、修改、程序开发完成后，提交给客户审核，客户确认后，支付网站建设余款。同时，网站程序及相关文件上传到网站运行的服务器，至此网上正式开通并对外发布。

第九步：网站网站推广及后期维护。在网络上建立了一个家，是企业上网的一个重要标志，但还不等于说就可以大功告成了。因为一个设计新颖，功能齐全的网站，如果没有人来看就起不到应有的作用了。为了能让更多的人来浏览企业的网站，必须有一个详尽而专业的网站推广方案，包括著名网络搜索引擎登录，网络广告发布，邮件群发推广，Logo互换链接等。这一部分尤其重要，专业的网络营销推广策划必不可少。

1.2　ASP 动态企业网站的任务划分

网站开发过程中，最大的问题是沟通。前台与后台，项目经理与项目实施人员，项目经理和客户，一个网站开发小组，通常要配备以下人员：

（1）网站项目经理　负责与客户沟通，采集客户的需求，确定网站的风格、栏目、功能，制定网站策划书、指派监督任务，与项目实施人员沟通协调，测试网站，最终促使项目顺利完成。

（2）网站内容结构设计师　根据项目经理提供的项目材料，生成高度结构化的文档，并形成初始网页。

（3）网页设计师　即美工人员，根据项目经理提供的策划书和内容结构师制作的初始网页，进行网页效果图的设计，包括首页、栏目页、内容页、功能页等。

（4）网站样式设计师　参照网页设计师的效果图以及内容设计师的初始网页，编写网页样式，须保证样式的高效简洁。最终实现符合效果图的网页。

（5）网站程序员　根据项目经理的网站功能设计策划，编制实现功能的后台程序。需要在页面输出的，就将页面的静态内容换成动态输出的。

这样的人员分配，保证了每个项目人员都能专心的发挥本身的长处，内容设计师只要具备良好的逻辑思维和语文基础，不需要去考虑网页的表现；网页设计师具有良好的形象思维，良好的美学观念，良好的艺术创造力，不需要繁琐的网页设计知识；网站样式设计师，照着效果图实现效果，需要了解样式的编写，不需要再去考虑创作上的问题。每个人员能够顺利地实现项目的、明确分工，有利于开发效率的提高。

1.3　任务：ASP 运行环境的配置

1.3.1　在 Windows XP 中安装 IIS 5.0

（1）IP 地址的设置　本节详细介绍如何配置一台具有 www 服务功能的 Internet 服务器的第一个步骤，即设置本地计算机的 IP 地址。

为本地计算机配置 IP 地址的前提是计算机上必须安装有网络适配器（网卡）。下面以 Windows XP 操作系统为例，介绍配置 IP 地址的基本方法。

在 Windows XP 操作系统中设置本地计算机的 IP 地址为 192.168.0.81，子网掩码为 255.255.255.0，默认网关为 192.168.0.1。

① 选择"开始" | "设置" | "控制面板"命令，在打开的"控制面板"窗口中双击"网络连接"图标，打开"网络连接"窗口。

② 在"网络连接"窗口中右击"本地连接"图标，在弹出的快捷菜单中选择"属性"命令，打开"本地连接属性"对话框。

③ 选择"常规"选项卡，在"此连接使用下列项目"列表框中选择"Internet 协议（TCP/IP）"选项，如图 1-8 所示，然后单击"属性"按钮，打开"Internet 协议（TCP/IP）属性"对话框。

④ 选中"使用下面的 IP 地址"单选按钮，然后在"IP 地址"文本框中输入为本地计算机设定的 IP 地址如图 1-9 所示。

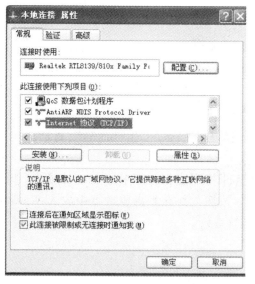
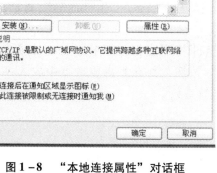

图 1-8　"本地连接属性"对话框　　　　图 1-9　"Internet 协议（TCP/IP）属性"对话框

（2）安装 IIS　ASP 程序是运行于网络服务器端的一种应用程序，想要正常运行 ASP 程序，还需要在完成 Internet 服务器 IP 地址的设置工作后建立 ASP 的运行环境。常用的支持 ASP 的网络服务器有 PWS（Personal Web Server，个人 Web 服务器）和 IIS（Internet Information Server，因特网信息服务器）。因为应用 PWS 的 Windows 95/98 操作系统目前已经被淘汰，下面将重点介绍在 Windows 2000/XP 视窗操作系统中安装与配置 IIS 的方法。

　　Windows 2000 Server、Windows 2000 Advanced Server 以及 Windows 2000 Professional 的默认安装都带有 IIS，也可以在 Windows 2000 安装完毕后加装 IIS。

　　IIS 是微软出品的架设 Web、FTP、SMTP 服务器的一套整合软件，捆绑在 Windows 2000/NT 中，可以在控制面板的添加/删除程序中，选择添加或删除 Windows 组件中的 IIS 服务。

　　下面以 Windows XP + IIS5.0 的安装为例，说明安装过程。

　　①选择"开始"｜"设置"｜"控制面板"命令，在打开的"控制面板"窗口中双击"添加/删除程序"图标，打开"添加/删除程序"窗口（图 1 – 10）。

图 1 – 10　　"添加/删除程序"窗口

　　②单击"添加/删除 Windows 组件"按钮，打开"Windows 组件向导"对话框（图 1 – 11）。

　　③在"Windows 组件向导"对话框的"组件"列表框中选择"Internet 信息服务（IIS）"选项（图 1 – 11），然后单击"下一步"按钮，并在光盘驱动器中放入 Windows 2000/XP 安装光盘，即可开始安装文件和配置系统参数。

　　④完成 IIS 组件的安装后，重新启动系统。

1.3.2　配置 IIS 5.0

　　通过在"控制面板"窗口中双击"管理工具"图标，然后在打开的窗口中再次双击"Internet 信息服务"图标（图 1 – 12），可以启动 IIS 的配置主界面（"Internet 信息服务"窗口）。在该界面中右击"默认网站"选项，在弹出的快捷菜单中可以选择"暂停"、"停止"或"启动"命令，来控制默认的 Web 站点的运行状态，也可以选择"新建"｜"虚拟目录"命令，发布一个新的 Web 站点，如图 1 – 13 所示。

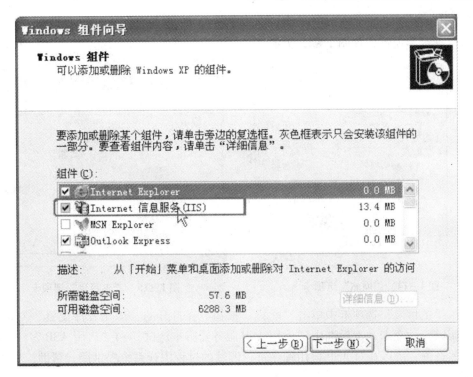

图 1 – 11　"Windows 组件"对话框

图 1 – 12　"Internet 信息服务"图标

图 1 – 13　IIS 的配置管理界面

如果要进一步配置当前 Web 站点，可以在图 1 – 13 所示的右键菜单中选择"属性"命令，然后参照下面的方法进行操作。

在"Internet 信息服务"窗口中配置 IIS。

①在图 1 – 13 所示的"Internet 信息服务"窗口中右击"默认网站"选项，在弹出的快捷菜单中选择"属性"命令，打开"默认网站属性"对话框。

②选择"网站"选项卡，可以设置该站点的描述、服务器的 IP 地址和 Web 服务所使用的 TCP 端口等参数，还可以设置连接超时和日志记录等项目，如图 1 – 14 所示。

③选择"主目录"选项卡，可以设置 Web 站点在服务器上的物理路径，并且可以进

行访问权限的设置，如"读取"、"写入"、"目录浏览"、"记录访问"、"脚本资源访问"和"索引资源"属性，如图1-15所示。

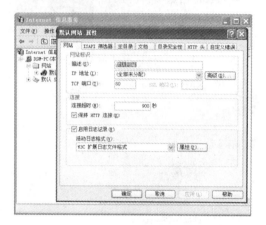

图1-14 "网站"选项卡

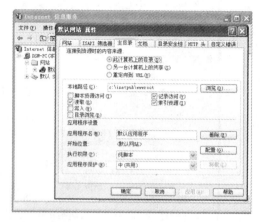

图1-15 "主目录"选项卡

④在"主目录"选项卡中单击"配置"按钮，在打开的"应用程序配置"对话框中选择"调试"选项卡，然后选中"启用 ASP 服务器脚本调试"和"启用 ASP 客户端脚本调试"复选框，可以在对 ASP 应用程序进行调试的过程中让系统提供调式帮助，如图1-16所示。

⑤在"默认网站属性"对话框中选择"文档"选项卡（图1-17），可以设置当客户端对该 Web 站点请求连接时默认启动的 HTML 页面或 ASP 应用程序。选择"目录安全性"选项卡可以设置"匿名访问和身份验证控制"和"安全证书"，以确保管理信息系统运行的安全性。

图1-16 "应用程序配置"对话框

图1-17 "主目录"选项卡

⑥完成设置后，在"默认网站属性"对话框中单击"确定"按钮。

在完成 IIS 的安装与设置后，在浏览器中输入 http：//localhost 时，IIS 将自动获取本地计算机上"默认网站"目录下存放的网页文件（Default. asp），然后将其解析后传送至浏览器显示。用户可以利用 IIS 的这一特点来测试 IIS 服务器工作是否正常。

IIS 默认网站的文件目录列表和与其对应的目录 C：\ inetpub \ wwwroot 中的内容大致

是相互对应的关系。也就是说，在 C：\ inetpub \ wwwroot 目录中创建的任何 . asp 文件和包含 . asp 文件的文件夹都可以在"Internet 信息服务"窗口中找到。如果要在浏览器中显示这些文件，只需在地址栏中输入 http：//localhost 字符串，并在其后加上其相对路径和文件名即可。例如，要浏览 IIS 安装时在 C：\ inetpub \ wwwroot 目录中自动产生的网页文件 iisstart. asp，只需要在浏览器的地址栏中输入 http：//localhost//iisstart. asp 即可，如图 1 – 18 所示。

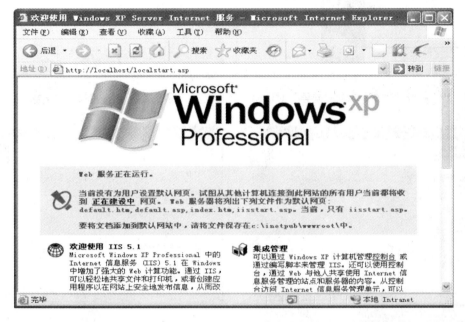

图 1 – 18　在浏览器中显示 IIS 默认网站文件夹中的 ASP 网页

1.3.3　创建虚拟目录

在创建 ASP 应用程序之前，若要从主目录外的目录发布网页，则可通过创建虚拟目录来进行。虚拟目录是指物理上未包含在主目录中的目录，但浏览器却认为该目录包含在主目录中。

在 C：\ Inetpub \ wwwroot 目录中创建为一个名为 test 的虚拟目录。

①在如图 1 – 19 所示的"Internet 信息服务"窗口中，右击左侧的"默认网站"选项，在弹出的快捷菜单中选择"新建" | "虚拟目录"命令，打开"虚拟目录创建向导"对话框。

②单击"下一步"按钮，输入虚拟目录别名（例如 test），也就是在访问网页时需要输入的名称，如图 1 – 20 所示。别名一般比目录的路径名短，更便于用户输入，也更安全。

③单击"下一步"按钮，输入虚拟目录的路径 C：\ Inetpub \ wwwroot，如图 1 – 21 所示，以后就可通过虚拟名称来访问该目录中的文件了。

④单击"下一步"按钮，进入权限设置步骤，为了保证网站的安全，只需选择前 3 个复选框（"读取"、"运行脚本"和"执行"复选框）就可以了，如图 1 – 22 所示。

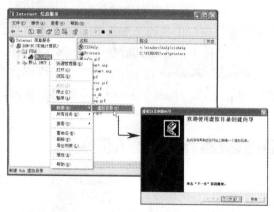

图 1－19　打开"虚拟目录创建向导"对话框　　　　图 1－20　输入虚拟目录名称

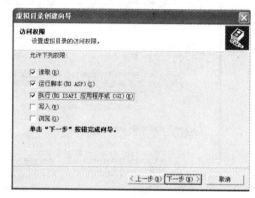

图 1－21　"虚拟目录创建向导"对话框　　　　图 1－22　访问权限设置

⑤单击"下一步"按钮，在打开的"已成功完成虚拟目录创建向导"对话框中单击"完成"按钮，完成虚拟目录创建。

1.4　任务：第一个动态网页

1.4.1　网页设计工具

常见的网页设计工具软件主要有 FrontPage、Dreamweaver 等，分别介绍如下。

（1）FrontPage　FrontPage 是 Microsoft 公司出品的，比较简单、容易使用，是功能强大的网页编辑工具。采用典型的 Word 界面设计，与 Word 的兼容性较好。在实现图片添加、文字式样功能方面较为方便。也可以直接编辑 HTML 语法，让使用者可以轻松的编辑网页和建立有自己特色的网站。提供了网站管理的功能，让使用者可以轻轻松松地管理自己的网站。"所见即所得"的操作方式使初学者能较容易上手。

常见的版本有 FrontPage 2002/FrontPage 2003/ SharePoint ® Designer 2007。

Microsoft Office SharePoint Designer 2007 是一种新产品，用于基于 SharePoint 技术创建和自定义 Microsoft SharePoint 网站并生成启用工作流的应用程序。Office SharePoint Designer 2007 提供了多种专业工具，利用这些工具，用户在 SharePoint 平台上无需编写代码即

可生成交互解决方案、设计自定义 SharePoint 网站以及使用报告和托管权限维护网站性能。其主要如下：

- 通过使用 Microsoft Office SharePoint Designer 技术创建和自定义下一代 SharePoint Web 站点。
- 自定义 SharePoint 站点。
- 跨越整个 SharePoint 站点轻松执行或取消操作。
- 维护和控制站点范围内的定制。
- 创建用于自动化业务流程的工作流。
- 无须编码，创建交互式 Web 页面。
- 整合业务数据。
- 开发与众多浏览器和 Web 标准兼容的站点。
- 构建高级 ASP. NET 页面。
- 管理与保护 SharePoint 站点。

（2）Dreamweaver　Dreamweaver 是 Macromedia 公司的一款"所见即所得"的网页编辑工具，或称网页排版软件。Deamweaver 采用的是浮动面板的设计风格，Dreamweaver 的直观性与高效性比较强。对于 DHTML 的支持特别好，可以轻而易举地做出很多炫目的页面特效，如"设计动态"和"互动式网页"效果较好，而这正是 Frontpage 所不具备的。

常见的版本有 Dreamweaver MX 2004 和 Dreamweaver 8。

Dreamweaver 8 有以下一些新功能。

①设计方面，改进的工作空间布局、预定义范例页面和代码、改进的层叠样式表（CSS）支持、增强的 Dreamweaver 模板。

②代码编写方面，面向编码人员的工作空间布局、编码提示、新增了代码片段面板、标记编辑器。

③应用开发方面，支持 ColdFusion MX、ASP、ASP. NET、PHP 等。

（3）EditPlus　一套功能强大，可取代记事本的文字编辑器，拥有无限制的 Undo/Redo、英文拼字检查、自动换行、列数标记、搜寻取代、同时编辑多文件、全屏幕浏览功能。而它还有一个好用的功能，就是它有监视剪贴簿的功能，能够同步于剪贴簿自动将文字贴进 EditPlus 的编辑窗口中，让你省去做贴上的步骤。另外它也是一个好用的 HTML 编辑器，除了可以颜色标记 HTML Tag（同时支持 C/C＋＋、Perl、Java）外，还内建完整的 HTML 和 CSS1 指令功能，对于习惯用记事本编辑网页的朋友，它可帮你节省一半以上的网页制作时间，若你有安装 IE 3.0 以上版本，它还会结合 IE 浏览器于 EditPlus 窗口中，让你可以直接预览编辑好的网页（若没安装 IE，也可指定浏览器路径）。

建议大家采用 Dreamweaver 8 进行设计网页和 ASP 程序的开发。

下文以建立的 test 虚拟目录为基础，通过实例介绍创建 ASP 网页的方法和编写 ASP 程序的注意事项。

1.4.2　创建 ASP 应用程序

在 ASP 程序中，脚本通过分隔符将文本和 HTML 标记区分开来。ASP 用分隔符＜％和％＞来包括脚本命令。ASP 文件中一般包含 HTML 标记、VBScript 或 JScript 语言的程序代码以及 ASP 语法。

以创建的虚拟目录 test 为基础，使用 Dreamweaver 编写一个查看系统时间的 ASP 程序。

①选择"开始" | "所有程序" | "Macromedia" | "Macromedia Dreamweaver 8"命令，打开 Dreamweaver 8。

②选择"站点" | "新建站点"命令，弹出对话框设置如图 1 – 23、图 1 – 24 所示。

图 1 – 23　配置站点本地信息

图 1 – 24　配置站点测试服务器信息

③选择"文件" | "新建"命令创建文件（图 1 – 25）：

④输入以下代码（如图 1 – 26 所示）：

< Html >

< Body >

您访问本页面的时间是 < % = Time（）% > !

</Body >

</Html >

⑤选择"文件" | "另存为"命令，将该文件命名为 test_time. asp。

⑥按 F12 快捷键调试程序，其运行效果如图 1 – 26 所示。

注意：本书中所有 ASP 应用程序都是通过以上步骤（3）～（5）来创建的，并保存至站点文件夹中（F：\ Myweb）。

调试程序也可启动 IE 浏览器，在地址栏中输入 http：//localhost/test/test_time. asp，按下 Enter 键。

例子是在标准 HTML 页面代码中嵌入了 VBScript 代码，< % 和% > 符号之间的内容即是 VBScript 代码，Time（）运行的结果就是显示当前时间。执行时，Web 服务器将 < % = Time（）% > 替换为当前时间，然后将结果返回到浏览器中。

⑦在 Dreamweaver 8 中，修改代码方法如下：

< Html >

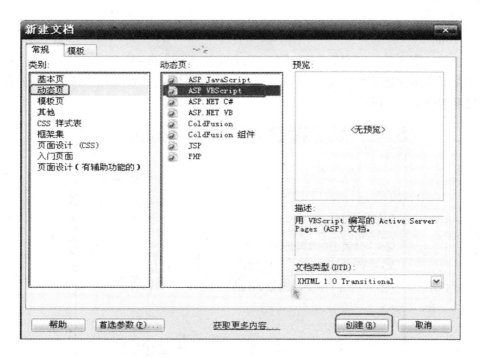

图 1 - 25　新建文档

图 1 - 26　查看系统时间的网页效果

< Body >

< % For I = 1 To 6% >

< Font Size = "　< % = I% >"　> 您访问本页面的时间是 < % = Time（）% >！</ Font > < Br >

< % Next% >

</Body >

</Html >

⑧选择"文件" | "另存为"命令，命名文件为 test_time1.asp。

⑨在浏览器的地址栏中输入 http：//localhost/test/test_time1.asp，按下 Enter 键，其运行效果如图 1 - 27 所示。

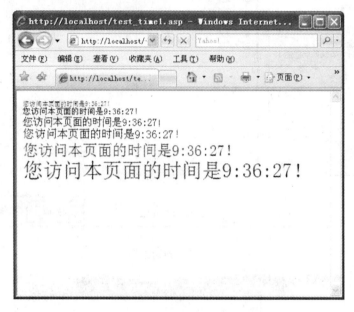

图 1 - 27　修改后的执行效果

1.4.3　编写 ASP 程序的注意事项

在编写 ASP 程序时，需要注意以下事项。

（1）在 ASP 程序中，字母不分大小写。用户可根据自己的习惯，自由选择代码的输入形式。

（2）在 ASP 中，< % 和% > 符号的位置是相对随便的，可以和 ASP 语句放在一行，也可以单独成为一行。例如下面 3 种写法效果都是一样的。

```
< % For I = 1 To 6% >


< %
For I = 1 To 6
% >


< % For I = 1 To 6
% >
```

（3）ASP 语句必须分行写，不能将多条 ASP 语句写在一行里，也不能将一条 ASP 语句写在多行里。例如，下面的两个例子都是错误的。

```
< % a = 2 b = 3 % >
```

```
< %
a =
2
% >
```

（4）如果一条 ASP 语句过长，需要换行时可采用两种方法。一种方法是可以不用 En-ter 键分开，而是直接书写，使之自动换行；另一种方法是用 Enter 键将该语句分成多行，只是必须在每行末尾（最后一行除外）加一个下划线，如下面的例子。

< % if time < #12：00# and time > = #00：00：00# then

strGreeting = " 欢迎来访！ _

请提出宝贵的意见" % >

（5）在 ASP 中，使用 REM 或 "′" 符号来标记注释语句，运行时 ASP 不执行注释语句。在代码中添加注释主要是为了方便自己和别人阅读程序代码，如下面的例子。

< %

REM 这是一条注释语句！

′这是第二条注释语句！

% >

另外，在编辑 ASP 程序代码时，要养成良好的书写习惯，例如可以为代码添加上恰当的缩进。这样，以后自己和别人阅读起来都方便一些，否则代码很不容易读懂，缩进的方法可以参考本书中的代码书写样式。

习　题

一、填空题

（1）ASP 主要为 HTML 编写人员提供了在服务器端运行脚本的环境，使 HTML 编写人员可以利用＿＿＿＿＿＿和＿＿＿＿＿＿或其他第三方脚本语言来创建 ASP，实现有动态内容的网页。

（2）ASP 程序的脚本不是在客户端运行的，传送到浏览器上的 Web 页是在＿＿＿＿＿＿＿＿＿＿上生成的。

（3）IIS 允许在一台计算机上创建多个 Web 站点，这些站点可以共同使用一个 IP 地址同时提供信息发布服务。它的实现方法是为不同网站指定一个不同的＿＿＿＿＿＿来加以区分。

（4）ASP 文件的后缀为＿＿＿＿＿＿。

（5）ASP 用分隔符＿＿＿＿＿＿来包括脚本命令。

二、选择题

（1）下面关于动态网页的说法不正确的是（　　　）。

　　A. 可从 HTML 的表单中接收信息并且存到数据库中

　　B. 可根据不同访问者显示不同内容，创建个性化主页

　　C. 可跟踪用户网站上的活动信息并且存入日志文件

D. 需要浏览器执行网页中动态效果的程序

（2）在 ASP 文件中，不可以包含以下（　　）内容。

  A. HTML 标记 　　　　　　　　B. VBScript 或 JScript 语言的程序代码

  C. ASP 语法 　　　　　　　　　D. 声音、图像等多媒体

（3）下面关于编写 ASP 程序，说法不正确的是（　　）。

  A. ＜％和％＞符号必须和 ASP 语句放在一行

  B. ASP 语句必须分行写，不能将多条 ASP 语句写在一行里

  C. 使用 REM 或 "'" 符号来标记注释语句

  D. 在 ASP 程序中，字母不分大小写

三、问答题

（1）简述 ASP 的特点及好处。

（2）简述当客户请求访问一个 ASP 网页时，服务器相应的处理工作流程。

（3）试说明如何在 Windows XP 下安装 IIS 服务。

（4）试说明如何设定 IIS 的默认浏览文件。

四、操作题

（1）在当前计算机上配置一个 ASP 开发环境，并创建一个名为 Test 的虚拟目录。

（2）在记事本中输入下面的程序代码，然后在上题创建的 ASP 环境中运行。完成操作后，思考代码各语句的含义和用法，并通过调整当前系统的时间查看其运行效果。

```
<html>
<body>
当前时间是 < % = Time( ) % > < br >
<%
if time  < #12：00# and time > = #00：00：00# then
    Response. Write "上午！"
ElseIf Time < #19：00：00# and time  > = #12：00：00# then
    Response. Write "下午！"
Else
    Response. Write "晚上！"
End if
% >
</body>
</html>
```

第二章　HTML 语言和 CSS 样式表

APS 技术是一种基于 Web 服务器的开发应用环境，因此，学习 APS 之前，我们首先应该很好地掌握网页设计方面的基本知识和技能。本章将和大家一同探讨 HTML 语言与 CSS 样式表方面的知识，从而提高学员把握整个网页结构和网站风格的能力。由于篇幅有限，我们不可能介绍 HTML 及 CSS 全部的语法，只能通过对常用语法的讲解，帮助大家快速掌握 HTML 语言中最本质、最实用的部分，为准确理解后续章节中 APS 脚本语言与 HTML 源码之间互相融合打下基础。

通过本章的理论学习和练习，用户应了解和掌握以下内容：

- 了解 HTML 和 CSS 的基本概念和特点。
- 掌握 HTML 基本语法结构及其基本标记的用法。
- 能用 HTML 标记进行网页构建及排版。
- 能用 HTML 标记创建表单。
- 了解框架的基本概念及使用方法。
- 掌握利用 CSS 样式表格式化网页的一般方法。
- 会创建 CSS 样式表并将应用到网页中。

2.1　HTML 语言基本语法

HTML 的英文全称是 HyperText Markup Language，直译为超文本标记语言。它是全球广域网上描述网页内容和外观的标准。HTML 语言采用标签结构，严格意义上讲，它不能算作一种程序设计语言，因为它缺少程序设计语言所应有的特征。HTML 语言编写简单方便，其文档是以纯文本格式为基础，语法中不区分大小写，可以用任何编辑器和文字处理器来创建，用户只需书写几个基本的标签便可勾画出一张图文并茂的网页。HTML 文档编写完成后，通过 IE 等浏览器翻译，就会将网页中所要呈现的内容、排版展现在用户面前。

2.1.1　HTML 语言的结构

HTML 被称为"标记语言"，其原因就在于整个 HTML 文档是由多对开始和结束的标记组成，大多数标记均成对出现，如 < HTML > 和 < /HTML > ，每一对标记对应网页中的一个组件，如文本、图片、表格、按钮等。在开始标记中，可包含该组件的属性设置，以便对组件的风格进行控制。下面我们先来看一个最简单的例子。

下面代码是一个简单的 HTML 例子（图 2 - 1）。

```
<！--Ex2-1. html-->
< html >
```

```
< head >
    < title >一个简单的 HTML 例子 </ title >
</ head >
< body >
    < p >欢迎进入 HTML 编程世界！ </ p >
    < a href = "http: //www. sina. com. cn" >新浪首页 </ a >
</ body >
</ html >
```

图 2 - 1 运行结果

　　程序在 IE7.0 上运行结果如图 2 - 1 所示，从示例中我们可以看出，HTML 文档中的标记都是成对出现的，< > 表示一组标记的开始，</ > 表示一组标记的结束。一个完整的 HTML 文档应该包含以下三组标记：

　　（1）< html >标记　HTML 文档中的第一个标记，它通知客户端该文档是 HTML 文档，结束标记</html >出现在整个文档的结尾。

　　（2）< head >标记　出现在文件的起始部分，其内部的子标记用于标明文档的头部信息，如文档的标题、网页主题信息等，其结束标记</head >指明文件头部结束。

　　（3）< body >标记　用来的指明文档的主体区域，该部分通常包含网页的主体内容，如文字、图片、动画、表格等，读者可以把 HTML 文档的主体区域理解为除标题以外的所有部分，其结束标记</body >指明主体区域的结束。

　　HTML 文档编写可以采用多款编辑软件来完成，如 Dreamweaver、EditPlus、JCreator、记事本等，读者可以根据自己的喜好加以选择。

　　HTML 文档的扩展名为 ".htm"或 ".html"，保存文件时需要记住以下几条原则：

①文件名中不包含空格。

②不包含特殊符号（如 & 等），可以有英文字母、数字、下划线。

③名称要区分大小写，在 UNIX 主机和 Windows 主机上会有大小写的不同。

④网站首页文件名习惯为"index. htm"或"index. html"。

编写 HTML 文档时需要注意的有：

①源代码不区分大小写，如下面几种写法是相同的标签：

< TITLE >

< title >

< Title >

②任何回车和空格在源代码中均不起作用，为了代码清晰，建议在编写时不同的标记之间用回车换行书写。

③在每一个标记中可以设置各种属性，如 < body bgcolor = "red" >。其中 bgcolor 为属性名，red 为属性值（可以不用引号），即设置网页的背景色为红色。当一个标记中需要设置多个属性时，属性与属性之间用空格分隔。

④正确输入标记的名称，左尖括号与标记名之间不能有空格，如下面的写法是错误的：

< body >

< /p >

2.1.2　网页头部的说明

我们通常将 < head > 与 < /head > 两个标记中间的部分称为网页的头部，主要包含页面的一些基本信息（后面讲到的 CSS 以及 JavaScript 也常写在 head 中）。一般来说，写在头部的内容往往不是需要在网页上显示输出，而是要完成页面相关信息的设置，在网页头部常用的标记如表 2 – 1 所示。

表 2 – 1　头部标记

标记	含　　义
< base >	基底网址标记，不需要结束标记
< basefont >	基准文字标记，不需要结束标记
< title >	标题标记
< isindex >	是否索引标记
< meta >	元信息标记，不需要结束标记
< style >	样式标记（后面章节介绍）
< link >	外部链接标记
< script >	脚本标记（后面章节介绍）

下面介绍几个常用标记的功能及用法。

（1）基底网址标记 < base >　< base > 标记可以设定 URL 地址，一般常用来设置文件的绝对路径，其后出现的相对位置在浏览器浏览时会自动附在绝对路径之后，成为完整的路径。

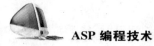

例如，在 HTML 文档头部定义基底网址如下：

< base href = "http：//www. demo. com/sample" >

在网页主体中设置某超链接的相对地址如下：

< a href = "../02/Ex2-1. html" >这是一个相对地址 </a >

当浏览器打开这张网页时，这个链接地址就会变成如下的绝对地址：

http：//www. demo. com/sample/02/Ex2-1. html

因此，在同一张网页中设置基底网址时，不应多于一个，且一定要将其放在所有包含 URL 语句的前面。

< base >标记除具有 href 属性可以设置 URL 外，还有一个 target 属性，该属性可以设置链接窗口的打开方式，其具体取值如表 2 - 2 所示。

表 2 - 2　链接窗口的打开方式

属 性 值	打 开 方 式
_parent	在上一级窗口打开，一般常用在分帧的框架页中
_blank	在新窗口打开
_self	在同一窗口打开，可以省略
_top	在浏览器的整个窗口打开，忽略任何框架

例如：< base href = "http：//www. sina. com. cn" target = "_blank" >

（2）基准文字标记 < basefont >　　< basefont >标记可以设定网页的基准文字字体、字号和颜色，一旦遇到页面中有未定义样式的文字或段落时，将自动套用基准文字样式。

基本语法：

< basefont face = "font_name1, font_name2, ……" size = "value" color = "value" >

语法说明：

①face 定义字体：可定义多种字体，字体之间使用 "，" 分隔，系统内字体 1 不存在则显示字体 2，以此类推，如果定义的字体都不存在，则显示默认字体。

②size 定义字号：取值范围为 1 ~ 7 或 + 1 ~ + 7、 - 1 ~ - 7，1 是最小字号，7 是最大字号。

③color 定义颜色：取值可以是颜色名称或是十六进制数。

下面代码设置基准样式为黑体、3 号字、蓝色。

< basefont　face = "黑体" size = 3 color = "blue" >

（3）页面标题标记 < title >　　< title >标记用来定义页面的标题，每一个 HTML 文档都应该有标题，当在浏览器中打开网页时，标题会显示在窗口的标题栏中，以便说明网页的名称和功能。

基本语法：

< title >标题内容…… </title >

例如：

< title >中国农业出版社首页 </title >

（4）元信息标记 < meta >

< meta >标记一般用来定义网页名称、关键字、作者的信息，设置网页语言、打开方

式及过渡效果等。＜meta＞标记有三个属性：name、http-equiv、content。前两个属性与content 组合，可以完成多种设置效果。＜meta＞标记提供的信息是用户不可见的，它不显示在网页中，下面我们介绍＜meta＞标记使用方法。

①设置页面关键字：设置页面关键字是为了向搜索引擎说明这一网页的关键词，从而帮助搜索引擎对该网页进行查找和分类。为提高被搜索到的几率，多数网页为自己设置多个关键字，关键字之间用逗号分隔开即可。

基本语法：

＜meta name ＝ "keyword" content ＝ "关键字 1，关键字 2……"　＞

下例中定义网页的关键字为"APS"，"动态网站"，"HTML"。

```
＜html ＞
    ＜head ＞
        ＜title ＞设置网页的元信息 ＜/title ＞
        ＜meta name ＝ "keyword" content ＝ "APS,动态网页，HTML" ＞
    ＜/head ＞
    ＜body ＞    ＜/body ＞
＜/html ＞
```

②设置页面描述：设置页面描述也是为了便于搜索引擎查找，与关键字一样，设置的页面描述也不会在网页中显示出来。

基本语法：

＜meta name ＝ "description" content ＝ "页面描述内容"　＞

下例中定义了该网页的描述内容。

```
＜html ＞
    ＜head ＞
        ＜title ＞设置网页的元信息 ＜/title ＞
        ＜meta name ＝ "keyword" content ＝ "APS,动态网页，HTML" ＞
        ＜meta name ＝ "description" content ＝ "这是一个 HTML 教学网站"　＞
    ＜/head ＞
    ＜body ＞    ＜/body ＞
＜/html ＞
```

③设定作者信息：在＜meta＞标记中可以设置作者的相关信息。

基本语法：

＜meta name ＝ "author" content ＝ "作者姓名"　＞

下例中为该网页设定作者信息。

```
＜html ＞
    ＜head ＞
        ＜title ＞设置网页的元信息 ＜/title ＞
        ＜meta name ＝ "keyword" content ＝ "APS,动态网页，HTML" ＞
        ＜meta name ＝ "description" content ＝ "这是一个 HTML 教学网站"　＞
        ＜meta name ＝ "author" content ＝ "成龙"　＞
```

```
</head >
< body >    </body >
</html >
```

④限制网页的搜索方式：可以通过在 < meta > 标记中设置来限制搜索引擎对页面的搜索方式。

基本语法：

< meta name = "robots" content = "搜索方式" >

语法中"搜索方式"的取值见表 2 - 3。

表 2 - 3　搜索方式取值与相应含义

属 性 值	含 义
All	页面能被检索，且页面上的链接可以被查询
None	页面不能被检索，且页面上的链接不可以被查询
index	页面能被检索，但页面上的链接不可以被查询
follow	页面上的链接可以被查询
noindex	页面不能被检索，但页面上的链接可以被查询
nofollow	页面能被检索，但页面上的链接不可以被查询

下例中设定该网页不能被检索，且链接不可以被查询。

```
< html >
    < head >
        < title >设置网页的元信息 </title >
        < meta name = "robots" content = "none" >
    < body >    </body >
</html >
```

⑤设置网页语言：在网页中可以通过语句设置语言的编码方式。这样，浏览器就可以正确地选择语言，正确地显示网页内容。

基本语法：

< meta http-equiv = "content-language" content = "语言类型" >

下例中设置网页的语言为简体中文。

```
< html >
    < head >
        < title >设置网页的元信息 </title >
        < meta name = "content-language" content = "zh_CN" >
    < body >    </body >
</html >
```

⑥设置网页的定时跳转：在浏览一些网站时，我们经常会看到欢迎信息，经过一段时间后，这些页面会自动跳转到其他页面中去，这就是网页的定时跳转。我们利用 < meta > 标记很容易就可以实现这一效果（图 2 - 2、图 2 - 3）。

基本语法：

< meta http-equiv = "refresh" content = "跳转时间（秒）；url = 跳转地址" >

下面的网页打开 5 秒后，会自动跳转到新浪网首页。

```
<！--Ex2-2. html-- >
< html >
    < head >
        < title >设置网页的元信息</title>
        < meta http-equiv = "refresh" content = "5; url = http: // www. sina. com. cn" >
    < body >
        您好，本页在 5 秒钟之后将自动跳转到新浪网首页。
    </body >
</html >
```

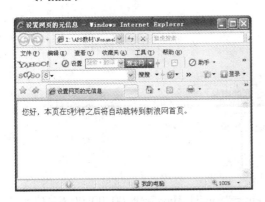

图 2 - 2 跳转前结果

图 2 - 3 跳转后结果

下例中设定本网页每过 30 秒钟刷新一次（图 2 - 4）。

```
<！--Ex2-3. html-- >
< html >
    < head >
        < title >设置网页的元信息</title>
        < meta http-equiv = "refresh" content = "30" >
    < body >
        您好，本页每隔 30 秒刷新一次。
    </body >
</html >
```

⑦设置网页的到期时间：在互联网上的某些网站，会设置网页的到期时间，一旦超过规定期限，必须到服务器上重新下载。

基本语法：

< meta http-equiv = "expires" content = "到期时间" >

其中，语法中"到期时间"必须采用 GMT 时间格式。

下例中设置网页到期时间为 2008 年 5 月 31 日。

< html >

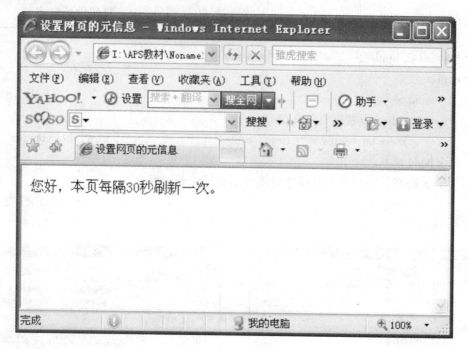

图 2-4 运行结果

```
<head>
    <title>设置网页的元信息</title>
    <meta http-equiv = "expires" content = "Sat, 31 May 2008 00:00:00 GMT">
<body></body>
</html>
```

⑧设置网页的过渡效果：为了使网页更生动，我们可以利用<meta>标记给网页加一些过渡效果。

基本语法：

<meta http-equiv = "过渡事件" content = "revealtrans(duration = 过渡时间，transition = 过渡方式)">

语法中"过渡事件"可以是进入页面或离开页面，当值为 page-enter 时表示进入页面，值为 page-exist 时表示离开页面。"过渡时间"默认情况下以秒为单位。"过渡方式"的编号及含义见表 2-4。

下例中演示了进入网页和离开网页时的过渡效果（图 2-5）。

Ex2-4a. html 代码：

```
<!--Ex2-4a. html-->
<html>
    <head>
        <title>设置网页的元信息</title>
        <meta http-equiv = "page-enter"content = "revealtrans( duration =3, transition =8)">
        <meta http-equiv = "page-exist" content = "revealtrans( duration =3, transition =2)">
```

表 2-4　过渡方式的编号及含义

编　号	含　义	编　号	含　义
0	盒状收缩	12	随机溶解
1	盒状放射	13	从左右两端向中间展开
2	圆形收缩	14	从中间向左右两端展开
3	圆形放射	15	从上下两端向中间展开
4	由下往上	16	从中间向上下两端展开
5	由上往下	17	从右上向左下展开
6	从左往右	18	从右下向左上展开
7	从右往左	19	从左上向右下展开
8	垂直百叶窗	20	从左下向右上展开
9	水平百叶窗	21	水平线状展开
10	水平格状百叶窗	22	垂直线状展开
11	垂直格状百叶窗	23	随机产生一种过渡方式

```
        < body bgcolor = #aaffaa >
            < center >
                < img src = ".. \ images \ car4. jpg" >
                < img src = ".. \ images \ car5. jpg" >
                < br > < br >
                    < a href = "Ex2-4b. html" >跳转到网页 B </a >
            </ center >
        </ body >
</ html >
```

Ex2-4b. html 代码：

```
<! --Ex2-4b. html-- >
< html >
    < head >
        < title >设置网页的元信息 </title >
        < meta http-equiv = "page-enter" content = "revealtrans( duration = 3, transition =
12) " >
        < meta http-equiv = "page-exist" content = "revealtrans( duration = 3, transition =
18) " >
    < body bgcolor = #ffaaaa >
        < center >
            < img src = ".. \ images \ car6. jpg" >
            < img src = ".. \ images \ car7. jpg" >
            < br > < br >
                < a href = "Ex2-4a. html" >跳转到网页 A </a >
```

```
        </center>
    </body>
</html>
```

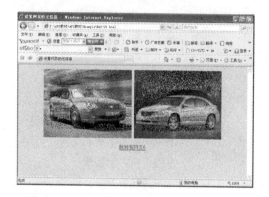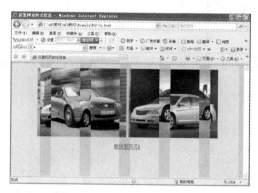

图 2-5 网页过渡效果

2.1.3 页面主体标记

HTML 的主体标记是＜body＞，在＜body＞和＜/body＞之间放置的是页面中的所有内容，如：文字、图片、链接、表格、表单等。依照各种 HTML 标记的设置，将这些内容显示在浏览器中，设置＜body＞标记的属性，可以控制整个网页的显示方式。

表 2-5 中给出了＜body＞标记的属性及其含义。

表 2-5　＜body＞标记的属性及含义

属　性	含　义
Text	设置页面正文颜色
Bgcolor	设置页面背景颜色
Background	设置页面背景图片
Bgproperties	设置页面背景图片是否固定
Link	设置页面中超链接文字颜色
Alink	设置鼠标正在单击时的超链接文字颜色
Vlink	设置访问过的超链接文字颜色
Topmargin	设置页面上边距
Leftmargin	设置页面左边距

（1）设置页面正文及背景色　设置页面正文及背景色可以采用如下语法格式：

＜body text = "颜色值" bgcolor = "颜色值"＞

语法中"颜色值"可以采用"#"加上 6 位十六进制数来表示，其中#ffffff 为白色，#000000为黑色，#ff0000 为红色，#00ff00 为绿色，#0000ff 为蓝色，#ffff00 为黄色。

下面的代码设置了页面中正文及背景的颜色，执行结果如图 2-6 所示。

＜! --Ex2-5. html-- ＞

＜html ＞

```
< head >
    < title >设置网页的主体内容</title >
< body text = #0000ff bgcolor = #ffaaaa >
APS 技术是一种基于 Web 服务器的开发应用环境。
    </body >
</html >
```

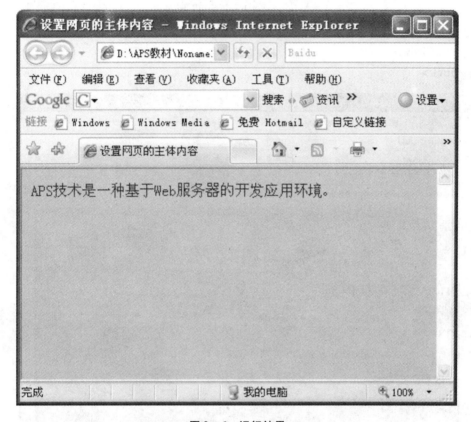

图 2-6　运行结果

（2）设置超链接文字颜色　在网页中可以用 < a >标记定义超链接，其文字默认为蓝色加下划线。我们可以利用 < body > 中的 link、alink、vlink 属性来重新设置超链接的颜色。

下面的代码将重新设置网页中超链接的颜色。

```
< html >
    < head >
        < title >设置网页的主体内容</title >
    < body link = #ff00ff alink = #aa99aa vlink = #ccccff >
        < a href = "http://www.sina.com.cn" >这是一个超链接</a >
    </body >
</html >
```

（3）设置页面的背景图片　下面的代码可以设置网页的背景图片为"back.jpg"，其

ASP 编程技术

中当属性 bgproperties 的取值为 fixed 时，表示背景图片固定，不随网页的滚动而滚动。代码运行结果如图 2 – 7 所示。

```
<! --Ex2-6. html-->
<html>
    <head>
        <title>设置网页的主体内容</title>
        <body background = ".. \ images \ back. jpg" bgproperties = fixed>
            这是一行文字
        </body>
</html>
```

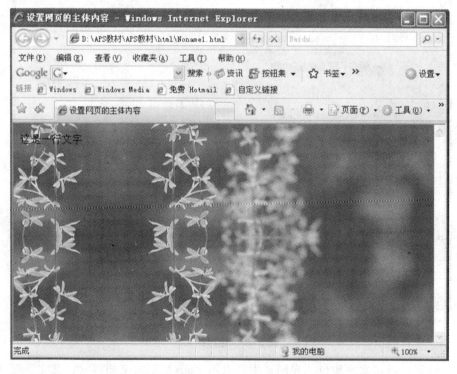

图 2 – 7 运行结果

（4）设置网页边距 我们可以利用 <body> 标记中的 topmargin 和 leftmargin 两个属性来设置网页的上边距和左边距，边距取值的单位为像素，下面的代码为我们设置了网页的上边距和左边距。设置前后的效果如图 2 – 8 所示。

```
<! --Ex2-7. html-->
<html>
    <head>
        <title>设置网页的主体内容</title>
        <body topmargin = 60 leftmargin = 80>
            设置网页的上边距为 60 像素
            <br>
```

设置网页的左边距为 80 像素
</body >
</html >

图 2 - 8   设置网页边距前后效果比较

2.1.4   文字与段落

在浏览网页时，通常我们会看到大量的文字信息，不同的文字和段落在样式上各有不同，下面我们就来讨论关于文字和段落方面的标记。

（1）标题文字标记   在 HTML 语法中，标题文字共分 6 种标记，分别表示 6 个级别，每一级别的字体大小都有明显的区别，从一级到六级依次减小。

基本语法：

< h1 > …… </h1 >
< h2 > …… </h2 >
…… …… ……

以此类推，直到第六级标题。一级标题使用最大的字号，六级标题使用最小的字号。
运行下面代码可以在浏览器中看到各级标题的不同（图 2 - 9）。

<！--Ex2-8. html-- >
< html >
    < head > < title >标题文字标记演示</title > </head >
    < body >
        < h1 >1 级标题文字的效果 </h1 >
        < h2 >2 级标题文字的效果 </h2 >
        < h3 >3 级标题文字的效果 </h3 >
        < h4 >4 级标题文字的效果 </h4 >
        < h5 >5 级标题文字的效果 </h5 >
        < h6 >6 级标题文字的效果 </h6 >
    </body >
</html >

标题文字标记可以通过 align 属性来设置文字的对齐方式。

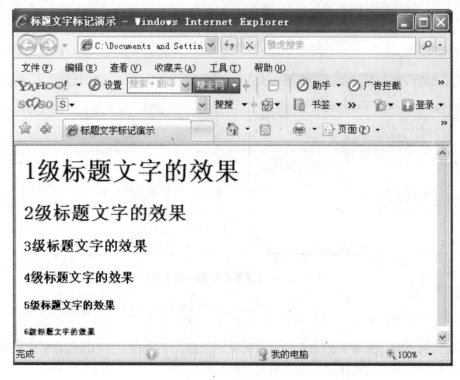

图 2 - 9　运行结果

基本语法：

< h1 align = "对齐方式" >

语法中 "对齐方式" 可以是：left 表示左对齐（默认），center 表示居中对齐，right 表示右对齐。其他等级的标题语法与 < h1 > 标记相同。

下面代码设置了几种不同的对齐方式，运行效果如图 2 - 10 所示。

```
<!--Ex2-9. html-->
<html>
    <head>
        <title>标题文字标记演示</title>
    </head>
    <body>
        <h1>1 级标题文字的默认对齐效果</h1>
        <h2 align = left>2 级标题文字的左对齐效果</h2>
        <h3 align = center>3 级标题文字的居中对齐效果</h3>
        <h4 align = right>4 级标题文字的右对齐效果</h4>
    </body>
</html>
```

（2）文字样式标记　我们可以用 < font > 标记来设置显示文字的字体、字号、颜色。

基本语法：

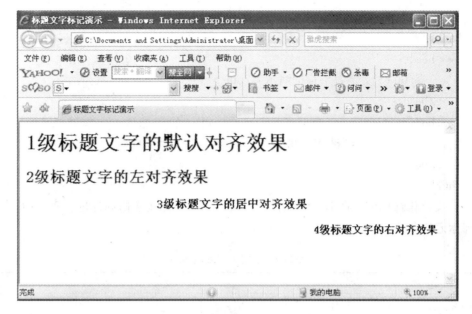

图 2 – 10　运行结果

< font face = "字体 1，字体 2，⋯⋯" size = "字体大小" color = "颜色值" >

语法中，face 属性用来设置字体，可定义多种字体，字体之间使用"，"分隔，系统内字体 1 不存在则显示字体 2，以此类推，如果定义的字体都不存在，则显示默认字体。size 属性用来设置字号，取值范围为 1 ~ 7 或 +1 ~ +7、 –1 ~ –7，1 是最小字号，7 是最大字号。color 属性用来设置颜色，取值可以是颜色名称或是十六进制数。

下面代码设置字体为楷体，字号 6 号，颜色红色（图 2 –11）。

图 2 –11　运行结果

37

```
<！--Ex2-10. html-->
<html>
    <head>
        <title>文字效果标记演示</title>
    </head>
    <body>
        <font face = "楷体_GB2312" size =7 color = #ff0000>字体效果演示</font>
    </body>
</html>
```

（3）文字修饰标记 在 HTML 文件中，可以加入多种文字修饰标记，表 2 - 6 中列举了修饰标记的含义。

<p align="center">表 2 - 6　文字修饰标记含义</p>

标　记	含　义
<b>	粗体
<strong>	粗体，与<b>标记相同
<i>	斜体（强调）
<em>	斜体（标记）
<address>	地址
<sup>	上标
<sub>	下标
<big>	大字号
<small>	小字号
<u>	下划线
<s>	删除线
<strike>	删除线，同<s>标记
<blink>	闪烁文字（只适用于 Netscape 浏览器）
<code>	文字等宽
<samp>	文字等宽，同<code>标记
<var>	声明变量

下面是文字修饰标记的演示代码，运行结果如图 2 - 12 所示。

```
<！--Ex2-11. html-->
<html>
    <head>
        <title>文字修饰标记演示</title>
    </head>
    <body>
        <b>粗体效果</b> <br> <br>
```

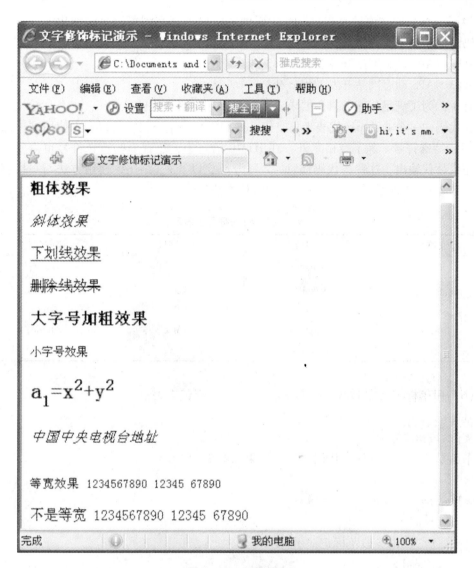

图 2－12　运行结果

　　斜体效果

　<u>下划线效果</u>

　<s>删除线效果</s>

　<big>大字号加粗效果</big>

　<small>小字号效果</small>

　<h2>a₁=x²+y²</h2>

　<address>中国中央电视台</address>

　<code>等宽效果 1234567890 12345 67890 </code>

　不是等宽 1234567890 12345 67890

　</body>

</html>

（4）空格　前文说过，在 HTML 代码中的空格不会在浏览网页时输出，所以下面两行代码的显示效果是一样的。

< h3 > APS 动态网站开发教程 < /h3 >

< h3 > APS 动态网站开发教程 < /h3 >

有时，为了满足特殊的排版要求，我们可以用空格替代符   来替代输出一个空格，在代码中一个   代表半角空格，要想输出多个空格，可以多次使用这一符号。

（5）特殊符号　除了空格之外，在 HTML 语言中，还有一些特殊符号也需要使用代码来完成替代输出，这些替代码都以"&"开头，以";"结尾，使用方法与空格替代符类似。表 2 - 7 中列举了部分特殊符号的替代方法。

表 2 - 7　特殊符号的表示

特殊符号	相应代码	特殊符号	相应代码
"	&quot;	§	&sect;
&	&amp;	©	&copy;
<	&lt;	®	&reg;
>	&gt;	TM	&trade;
×	&times;		

（6）段落标记　在 HTML 中，段落通过 < p > 标记来表示。

基本语法：

< p > 段落文字 < /p >

下面是段落标记的演示代码，运行结果如图 2 - 13 所示。

```
< ! --Ex2-12. html-- >
< html >
    < head >
        < title > 段落标记演示 < /title >
    < /head >
    < body >
        < p align = center > 采莲曲 < /p >
        < p align = center > 唐·王昌龄 < /p >
        < p align = center > 荷叶罗裙一色裁，< /p >
        < p align = center > 芙蓉向脸两边开。< /p >
        < p align = center > 乱入池中看不见，< /p >
        < p align = center > 闻歌始觉有人来。< /p >
    < /body >
< /html >
```

（7）换行标记　HTML 代码不但忽略空格，而且会忽略掉所有的回车符。要想在网页中达到换行的目的，就要使用 < br > 标记，一个 < br > 相当于一个回车，在前面的一些例子中，我们就是用 < br > 标记来完成格式控制的，在此不再举例说明。但读者需要注意，

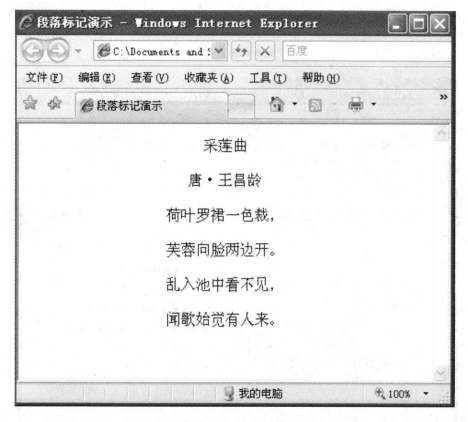

图 2 – 13　运行结果

< br > 标记是 HTML 语言中为数不多不用成对出现的标记之一，使用时可以不写 </br >。

（8）保留原始排版标记　在网页创作时，我们一般通过各种标记对文字进行排版，但控制起来比较麻烦，如果想直接保留原始排版效果，我们可以使用 < pre > 标记。< pre > 标记间的所有内容，网页将不会忽略当中的空格和回车，按照原始格式输出（图 2 – 14）。

例如，我们想输出一个小图案，可以采用如下代码：

```
< ! --Ex2-13. html-- >
< html >
    < head >
        < title >原始排版标记演示 </title >
    </ head >
    < body >
        < p >下面是原始文字排版效果 </p >
        < pre >
            * * * * * * *
           * * * * * * * * *
          * * * * * * * * * * *
         * * * * * * * * * * * * *
```

```
        </pre>
    </body>
</html>
```

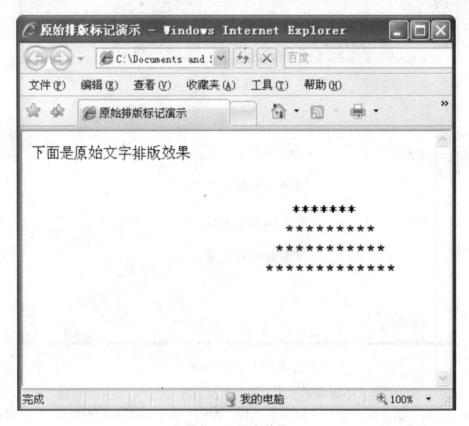

图 2 – 14　运行结果

（9）居中标记　在 HTML 语言中，用 < center > 标记可以设置文字、段落、图片等对象的居中效果，运行下面代码，可以看到文字与图片的居中效果，如图 2 – 15 所示。

```
<! --Ex2-14. html-- >
<html >
    < head >
        < title > 居中标记演示 </title >
    </head >
    < body >
        < center >
            < img src = ".. \ images \ car3. jpg" >
            < br >
            这是一张汽车图片
        </center >
    </body >
```

</html >

图 2 - 15　运行效果

（10）水平线标记　在 HTML 语言中输入一个 < hr > 标记，就会在网页中添加一条默认样式的水平线。< hr > 标记也可以不成对出现，利用表 2 - 8 中的属性，可以得到不同样式的水平线效果。

表 2 - 8　水平线标记属性及含义

属　性	含　义
width	设置水平线宽度，以像素为单位（或%）
height	设置水平线高度，以像素为单位（或%）
color	设置水平线颜色
Align	设置水平线对齐方式（取值可以是 left、center、right）
noshade	去掉水平线阴影

下面代码将显示几条不同样式的水平线，效果如图 2 - 16 所示。

< ! --Ex2-15. html-- >

< html >

< head > < title >水平线标记演示</title > </head >

< body >

    < hr >

    < hr width = 50% size = 2 align = left >

    < hr width = 50% size = 4 align = center color = #0000ff >

    < hr width = 40 size = 8 align = right noshade >

    < hr width = 100% size = 8 color = #ff0000 >

</body >

</html >

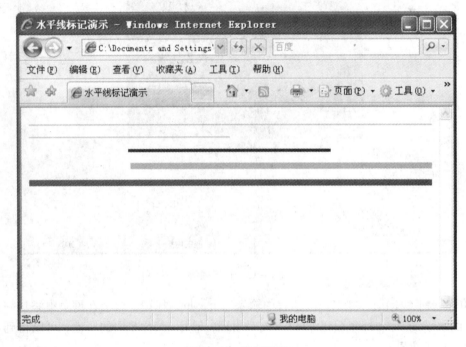

图 2 - 16　运行结果

2.1.5　建立列表项

在网页设计过程中，列表是很常用的一种数据组织形式。HTML 语言中，列表可以分为无序列表、有序列表、定义列表、菜单列表、目录列表等。

（1）无序列表标记　无序列表标记 < ul > 可以提供一种不编号的列表方式，在每一项目文字之前，以符号作为项目的引导。

基本语法：

< ul >

    < li >列表项 1

    < li >列表项 2

    < li >列表项 3

    …… ……

`</ul>`

无序列表标记默认的引导符号是"●"，标记可以通过设置 type 属性达到改变引导符号的目的。表 2 – 9 中列出了 type 属性的取值及含义。

下面的代码将形成一组无序列表，效果见图 2 – 17 所示。

表 2 – 9　无序列表 type 属性取值及含义

类型值	列表项目符号
disc	●
circle	○
square	■

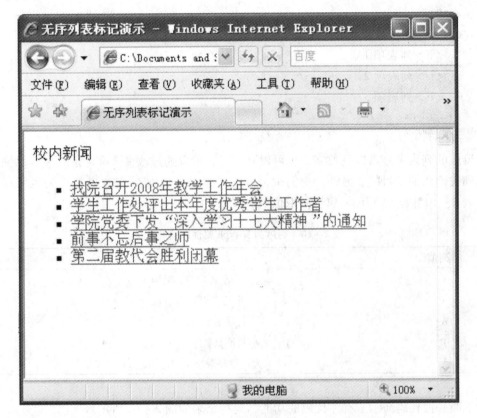

图 2 – 17　运行结果

```
<! --Ex2-16. html-->
<html>
    <head>
        <title>无序列表标记演示</title>
    </head>
    <body>
    校内新闻
    <ul type = square>
        <li> <a href = "#">我院召开 2008 年教学工作年会</a>
        <li> <a href = "#">学生工作处评出本年度优秀学生工作者</a>
        <li> <a href = "#">学院党委下发"深入学习十七大精神"的通知
        </a>
```

```
        <li > <a href = "#" >前事不忘后事之师 </a>
        <li > <a href = "#" >第二届教代会胜利闭幕 </a>
    </ul >
</body >
</html >
```

（2）有序列表标记　我们可以通过 <ol >标记形成一组有序列表。
基本语法：

```
<ol >
    <li >列表项 1
    <li >列表项 2
    <li >列表项 3
    …… ……
</ol >
```

形成的列表序号可以是数字，也可以是字母，可以通过改变 <ol >标记 type 属性的值来达到我们预期的目的。另外，我们来可以通过设置 start 属性来改变有序列表的起始数值。表 2 - 10 中给出了 type 属性的取值及含义。

表 2 - 10　有序列表 type 属性取值及含义

类型值	列表项目序号表示
1	数字 1，2，3，4……
a	小写字母 a，b，c，d……
A	大写字母 A，B，C，D……
i	小写罗马数字 i，ii，iii，iv……
I	大写罗马数字 I，II，III，IV……

下面一段代码演示了有序代码的功能，运行结果如图 2 - 18 所示。

```
<！ --Ex2-17. html-- >
<html >
<head >
        <title >有序列表标记演示 </title >
</head >
<body >
        你最喜欢的水果？ <br >
        …… ……
        <ol start =3 >
                <li >苹果
                <li >橘子
                <li >香蕉
        </ol >
```

```
<hr>
你最想去的城市？ <br>
……  ……
<ol start = 5  type = A>
    <li>北京
    <li>杭州
    <li>哈尔滨
</ol>
</body>
</html>
```

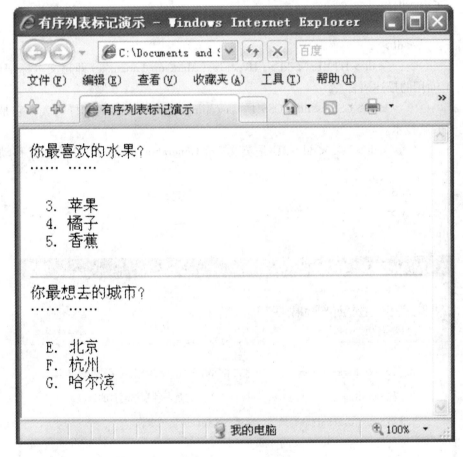

图 2-18　运行结果

（3）定义列表标记　在 HTML 中还有一种列表标记，称为定义列表。不同于前面两个列表，它主要用于解释名词，包含两个层次，第一层次是需要解释的名词，第二层次是具体的解释。

基本语法：

<dl>

<dt>名词1<dd>解释1

<dt>名词2<dd>解释2

<dt>名词3<dd>解释3

…… ……

</dl>

下面代码说明定义列表的用法，运行结果如图2-19所示。

```
<! --Ex2-18. html-->
<html>
    <head>
        <title>定义列表标记演示</title>
    </head>
    <body>
        <dl>
            <dt>HTML: <dd>( HyperText Mark-up Language) 即超文本标记语言，
是www上通用的描述语言。
            <dt>CSS: <dd>CSS 是 Cascading Style Sheets,简称样式表，它是一种
制作网页的新技术。
            <dt>3G: <dd>3G 是英文3rd Generation 的缩写，指第三代移动通信
技术。
        </dl>
    </body>
</html>
```

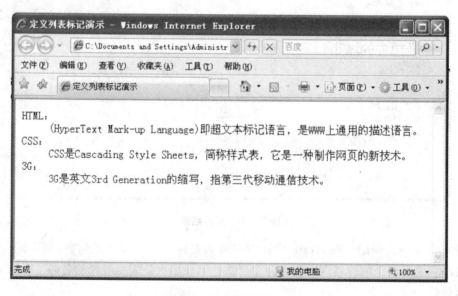

图2-19　运行结果

（4）菜单列表标记　菜单列表标记<menu>用于设计单列菜单列表，在网页中显示效果与无序列表相同。

基本语法：

< menu >

    < li >列表项 1

    < li >列表项 2

    < li >列表项 3

    …… ……

<／menu >

（5）目录列表标记　目录列表标记 < dir >用于创建目录列表，在网页中显示效果也与无序列表相同。

基本语法：

< dir >

    < li >列表项 1

    < li >列表项 2

    < li >列表项 3

    …… ……

<／dir >

2.1.6　图片与超链接

图片与超链接是网页中最常见的两种元素，在前面的例子中我们涉及了一些相关方面的知识和用法，下面我们给出图片和超链接的基本语法。

（1）图片　在网页中插入图片可以起到美化的作用，网页中常用的图片格式有 JPEG 和 GIF 两种。插入图片标记 < img >并不是真正地把图片加入到 HTML 文档中，而是通过 src 属性设置一个图片文件的路径名和文件名，完成对文件的引用。路径名可以是相对路径，也可以是网址。< img >标记的常用属性及含义见表 2 – 11。

表 2 – 11　img 标记常用属性及含义

属　性	含　义
Src	设置图片源文件的路径名和文件名
Alt	设置替换文本，鼠标悬停时显示
width	设置图片宽度
height	设置图片高度
border	设置图片边框
vspace	设置垂直间距
hspace	设置水平间距
Align	设置对齐方式
lowsrc	低分辨率图片
usemap	映像地图

下面代码演示了 < img >标记的用法，运行效果如图 2 – 20 所示。

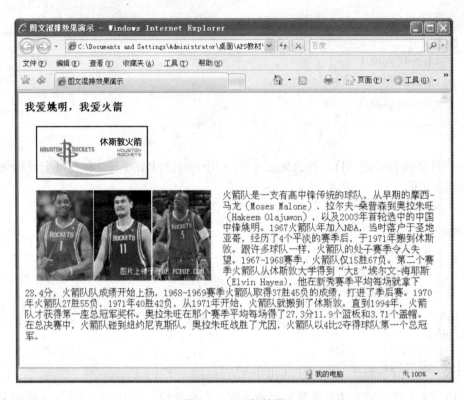

图 2 – 20   运行结果

```
< ! --Ex2-19. html-- >
< html >
    < head >
        < title > 图文混排效果演示 </title >
    </head >
    < body >
        <h3 > 我爱姚明,我爱火箭 </h3 >
        < img src = ".. \ images \ rocket. gif" hspace = 20 border = 2 alt = "NBA 球队介
        绍——休斯敦火箭"  > < br > < br >
        < img src = ".. \ images \ yao. jpg" hspace = 20 align = left alt = "火箭队现役队
```
员" >火箭队是一支有高中锋传统的球队,从早期的摩西 – 马龙 (Moses Malone)、拉尔
夫 – 桑普森到奥拉朱旺 (Hakeem Olajuwon),以及 2003 年首轮选中的中国中锋姚明。1967
火箭队年加入 NBA,当时落户于圣地亚哥,经历了 4 个平淡的赛季后,于 1971 年搬到休斯
敦。跟许多球队一样,火箭队的处子赛季令人失望。1967 ~ 1968 年赛季,火箭队仅 15 胜
67 负。第二个赛季火箭队从休斯敦大学得到 "大 E"埃尔文 – 海耶斯 (Elvin Hayes),他在
新秀赛季平均每场就拿下 28. 4 分,火箭队队成绩开始上扬,1968 ~ 1969 年赛季火箭队取
得 37 胜 45 负的成绩,打进了季后赛。1970 年火箭队 27 胜 55 负,1971 年 40 胜 42 负,从
1971 年开始,火箭队就搬到了休斯敦。直到 1994 年,火箭队才获得第一座总冠军奖杯。
奥拉朱旺在那个赛季平均每场得了 27. 3 分 11. 9 个篮板和 3. 71 个盖帽。在总决赛中,火

箭队碰到纽约尼克斯队。奥拉朱旺战胜了尤因，火箭队以 4 比 2 夺得球队第一个总冠军。

      </body>

  </html>

（2）超链接　超链接是网页中最重要的元素之一，一个网站是由多个页面组成，页面之间依据链接确定相互的导航关系。在 HTML 语言中，可以用 <a> 标记创建一个超链接。<a> 标记常用的属性及含义见表 2 – 12。

表 2 – 12　a 标记常用属性及含义

属　　性	含　　义
Href	设置链接地址，可以是本地链接、URL 地址、Mail 地址等
name	设置超链接名
Title	设置超链接文字
target	指定链接的目标窗口，取值可参照表 2 – 2
accesskey	设置链接热键

下面代码演示了不同类型的超链接的设置和使用方法，运行效果如图 2 – 21 所示。

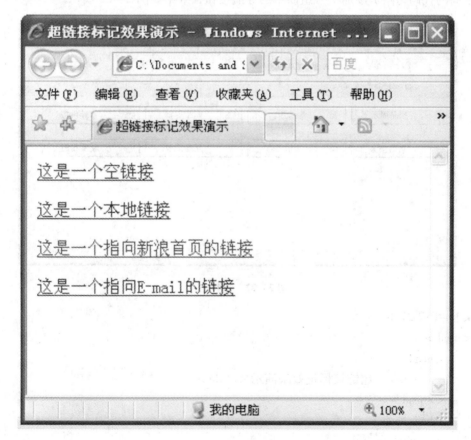

图 2 – 21　运行结果

<!--Ex2-20. html-->

```
< html >
    < head >
        < title > 超链接标记效果演示 </title >
    </head >
    < body >
        < a href = "#" > 这是一个空链接 </a > < br > < br >
        < a href = ". . \ html \ demo. html" name = "mylink" > 这是一个本地链接 </a > <
br > < br >
        < a href = "http: //www. sina. com. cn" > 这是一个指向新浪首页的链接 </a > < br
> < br >
        < a href = "mailto: //superuser@ sina. com" > 这是一个指向 E-mail 的链接 </a >
    </body >
</html >
```

(3) 设置图片的超链接 我们可以将 < a > 标记与 < img > 标记结合起来，为图片设置一个超链接，在实际应用中，有很多网站采用这种办法。

下面的代码为网页添加了一组简单的导航按钮，效果如图 2 –22 所示。

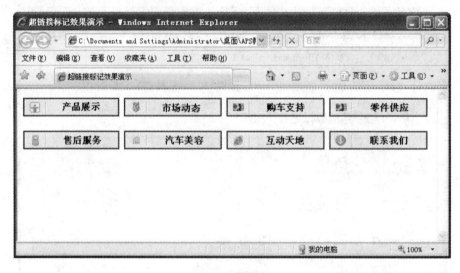

图 2 –22 运行结果

```
< ! --Ex2-21. html-- >
< html >
    < head >
        < title > 超链接标记效果演示 </title >
    </head >
    < body >
        < p >
        < a href = "return. html" hspace = 10 > < img src = ". . /images/navigation1. jpg"
        > </a >
```

```
< a href = "return. html" hspace = 10 > < img src = ". . /images/navigation2. jpg"
> </a >
< a href = "return. html" hspace = 10 > < img src = ". . /images/navigation3. jpg"
> </a >
< a href = "return. html" hspace = 10 > < img src = ". . /images/navigation4. jpg"
> </a >
</p >
< p >
< a href = "return. html" hspace = 10 > < img src = ". . /images/navigation5. jpg"
> </a >
< a href = "return. html" hspace = 10 > < img src = ". . /images/navigation6. jpg"
> </a >
< a href = "return. html" hspace = 10 > < img src = ". . /images/navigation7. jpg"
> </a >
< a href = "return. html" hspace = 10 > < img src = ". . /images/navigation8. jpg"
> </a >
</p >
</body >
</html >
```

2.1.7　表格的应用

在 HTML 页面中，表格是一种最佳的排列内容的方式，因此，绝大多数网页的页面都是使用表格进行排版的。网页制作过程中，表格的作用有两个：第一，可以利用表格显示复杂的数据信息，表格化的信息比段落描述更有效；第二，可以用表格及其表格的嵌套来实现整张网页的排版控制，利用表格单元格的定位功能，很方便地可以实现分栏、侧标题、列宽控制、图文并列等效果。

在 HTML 语法中，表格主要由三个标记构成的，其中包括表格标记、行标记和单元格标记，如表 2 – 13 所示。

表 2 – 13　表格标记说明

标　记	含　义
< table > …… </table >	表格标记，定义一个表格的开始和结束
< tr > …… </tr >	行标记，定义一个表格行
< td > …… </td >	单元格标记，定义一个单元格，< td >标记必须放在行标记中

基本语法：

```
< table >
    < tr >
        < td >...... </td >
```

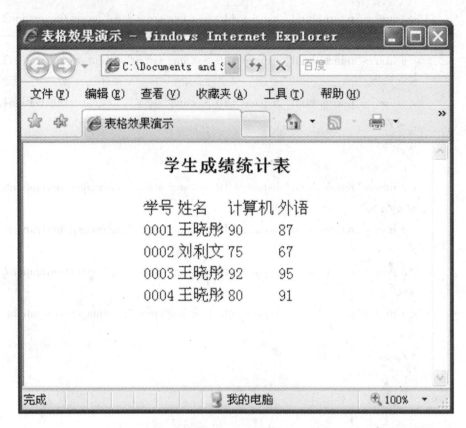

图 2 - 23 运行结果

```
    ......  ......
    </tr>
    <tr>
        <td>......</td>
        ......  ......
    </tr>
    ......  ......
</table>
```

下面的代码定义了一张简单的二维表格，运行效果如图 2 - 23 所示。

```
<! --Ex2-22. html-- >
<html>
    <head>
        <title>表格效果演示</title>
    </head>
    <body>
    <center>
    <h3>学生成绩统计表</h3>
        <table>
```

　　　　< tr > < td >学号< /td > < td >姓名< /td > < td >计算机< /td > < td >
外语< /td > < /tr >

　　　　< tr > < td >0001< /td > < td >王晓彤< /td > < td >90< /td > < td >87
< /td > < /tr >

　　　　< tr > < td >0002< /td > < td >刘利文< /td > < td >75< /td > < td >67
< /td > < /tr >

　　　　< tr > < td >0003< /td > < td >王晓彤< /td > < td >92< /td > < td >95
< /td > < /tr >

　　　　< tr > < td >0004< /td > < td >王晓彤< /td > < td >80< /td > < td >91
< /td > < /tr >

　　　< /table >

　　　< /center >

　　< /body >

　< /html >

（1）表格属性　从图2－23中，我们不难发现，用基本语法定义的表格无论从样式
上，还是从效果上都远远无法满足我们的需要。要想得到美观实用的表格效果，我们必须
设置表格、行及单元格的属性。

表2－14中给出了< table >标记的常用属性及用法。

表 2－14　table 标记的常用属性及用法

属　性	含　义
border	设置边框宽度，以像素为单位
width	设置表格宽度，以像素为单位
height	设置表格高度，以像素为单位
bordercolor	设置边框颜色
bordercolorlight	设置亮边框颜色
bordercolordark	设置暗边框颜色
bgcolor	设置表格背景色
background	设置表格背景图片
cellspacing	设置单元格间距，以像素为单位
cellpadding	设置单元格边距，以像素为单位
Align	设置对齐方式，可以是 left（左）、center（中）、right（右）
frame	设置表格边框样式，取值可以是 above（显示上边框）、below（显示下边框）、border（显示上下左右边框）、box（显示上下左右边框）、hsides（显示上下边框）、lhs（显示左边框）、rhs（显示右边框）、void（不显示边框）、vsides（显示左右边框）
rules	设置内部边框样式，取值可以是 all（显示所有的内部边框）、cols（仅显示行边框）、groups（显示介于行列间的边框）、none（不显示内部边框）、rows（不显示列边框）

55

我们如果把上例中表格定义部分加上如下属性设置，则效果会发生很大变化，如图 2 – 24 所示。

< table border = 2 bgcolor = #ffffdd bordercolor = #5555ff cellspacing = 2 cellpadding = 10 >

…… ……

</table >

图 2 – 24　运行结果

（2）表格的行与单元格　我们还可以逐行设置表格的属性，即进行表格的行属性设置。常用的行属性及其用法见表 2 – 15。

表 2 – 15　tr 标记的常用属性及用法

属　性	含　义
height	设置行高，以像素为单位
bordercolor	设置行边框颜色
bgcolor	设置行背景色
background	设置行背景图片
Align	设置行水平对齐方式
valign	设置行垂直对齐方式，取值可是 top（顶对齐）、middle（垂直居中对齐）、bottom（底端对齐）

同样，我们也可以以单元格为单位，来设置一个单元格的属性。单元格属性及用法见表 2 - 16。

表 2 - 16　td 标记的常用属性及用法

属　性	含　义
width	设置单元格宽度，以像素为单位
height	设置单元格高度，以像素为单位
colspan	设置单元格水平跨度，即水平方向占几列（用于设计不规则表）
rowspan	设置单元格垂直跨度，即垂直方向占几行（用于设计不规则表）
bordercolor	设置单元格边框颜色
bordercolorlight	设置单元格亮边框颜色
bordercolordark	设置单元格暗边框颜色
bgcolor	设置单元格背景色
background	设置单元格背景图片
Align	设置单元格水平对齐方式
valign	设置单元格垂直对齐方式，取值可是 top（顶对齐）、middle（垂直居中对齐）、bottom（底端对齐）
nowrap	设置文字内容不换行

（3）表格结构　在 HTML 语法中，我们可以对表格的每个部分进行细化。一般来说，一个表格可以分成标题、表头、表体、表尾四个部分，每个部分都有相应的标记与之相对应，我们把这些标记称为表格结构标记，见表 2 - 17。

表 2 - 17 后三个标记都具有类似 < table > 标记的属性，使用方法与 < table > 标记相同。表头中一般用 < th > 标记代替 < td > 标记来得到加粗效果。

表 2 - 17　表格结构标记

标记名	含　义
caption	定义表格标题
thead	定义表格头部
tbody	定义表格内容
tfoot	定义表格尾部

下面代码是表格结构标记的使用演示，运行效果见图 2 - 25 所示。

```
<! --Ex2-23. html-- >
< html >
    < head >
        < title >表格效果演示 </title >
    </head >
    < body >
    < center >
        < table border = 2　bordercolor = #5555ff cellspacing = 2 cellpadding = 10 >
            < caption >汽车销量统计表 </caption >
            < thead bgcolor = #ddddff align = "center" valign = "bottom" >
```

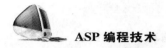

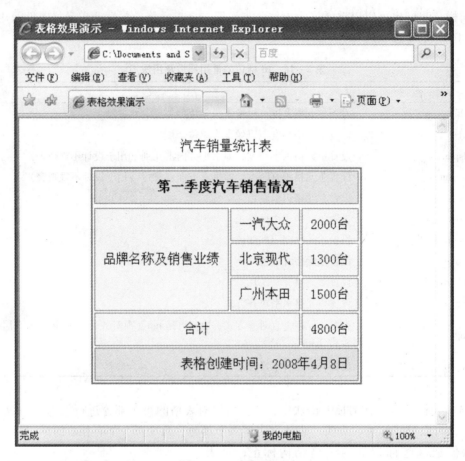

图 2 – 25　运行结果

< tr > < th colspan = 3 >第一季度汽车销售情况 </th > < tr >
</thead >
< tbody bgcolor = "#fff0d7" align = "left" valign = "middle" >
 < tr >
  < td rowspan = 3 >品牌名称及销售业绩 </td >
  < td >一汽大众 </td >
  < td >2000 台 </td >
 </tr >
 < tr >
  < td >北京现代 </td >
  < td >1300 台 </td >
 </tr >
 < tr >
  < td >广州本田 </td >
  < td >1500 台 </td >
 </tr >

```
        < tr >
            < td colspan =2 align = center >合计 </td >
            < td >4800 台 </td >
        </tr >
        </tbody >
        < tfoot >
            < tr >
    < td bgcolor = #ddddff colspan =3 align = right >表格创建时间：2008 年 4 月 8 日
</td >
            </tr >
        </tfoot >
    </table >
    </center >
</body >
</html >
```

(4) 综合实例——利用表格排版　实例代码（图 2 – 26）：

```
<！--Ex2-24. html-- >
<html >
< head >
<title > 表格定位 </title >
</head >
< body bgcolor = #ffdddd >
< table align = center >
    < tr >
    < td > < img src = ".. /images/banner. jpg" > </td >
    < td >            登录通道：</td >
    < td > < input type = button value = "会员"  > </td >
    < td > < input type = button value = "经销商"  > </td >
    </tr >
    < tr >
    < td > < hr width =100% size =2 color = #8888ff > </td >
    </tr >
</table >
< table align = center >
    < tr >
    < td > < img src = ".. /images/car11. jpg" > </td >
    < td > < img src = ".. /images/car12. jpg" > </td >
    < td > < img src = ".. /images/car13. jpg" > </td >
    < td > < img src = ".. /images/car14. jpg" > </td >
```

```
< td > < img src = ". . /images/car15. jpg" > </td >
< td > </td >
</tr >
</table >
< table align = center width = 880 cellspacing = 30 >
    < tr bgcolor = #aaffaa >
        < td width = 50%  align = center > < img src = ". . /images/car3. jpg" > </
        td >
    < td width = 50% >
        < table width = 100% >
            < tr bgcolor = #aaaaff > < td height = 35 align = center >
                < img src = ". . /images/navigation1. JPG" > </td > </tr >
            < tr bgcolor = #ffffaa > < td height = 35 align = center >
                < img src = ". . /images/navigation2. JPG" > </td > </tr >
            < tr bgcolor = #aaaaff > < td height = 35 align = center >
                < img src = ". . /images/navigation3. JPG" > </a > </td > </tr >
            < tr bgcolor = #ffffaa > < td height = 35 align = center >
                < img src = ". . /images/navigation4. JPG" > </td > </tr >
            < tr bgcolor = #aaaaff > < td height = 35 align = center >
                < img src = ". . /images/navigation5. JPG" > </td > </tr >
            < tr bgcolor = #ffffaa > < td height = 35 align = center >
                < img src = ". . /images/navigation6. JPG" > </td > </tr >
            < tr bgcolor = #aaaaff > < td height = 35 align = center >
                < img src = ". . /images/navigation7. JPG" > </td > </tr >
            < tr bgcolor = #ffffaa > < td height = 35 align = center >
                < img src = ". . /images/navigation8. JPG" > </td > </tr >
        </table > </td > </tr > </table >
    < center > < img src = ". . /images/banner2. jpg" > </center >
</body > </html >
```

2.1.8　建立表单页面

表单通常设计在一个 HTML 文档中，当用户填写完成后向服务器提交，经过服务器处理后，再将用户所需信息传回客户端的浏览器上，这样网页就实现了交互。

在网页中，表单最常见的控件包括文本框、按钮、复选框、下拉列表等，下面对 HT-ML 中表单的相关标记做详细介绍。

（1）表单标记 < form >　在 HTML 中，< form > </form > 标记对用来创建一个表单，在标记对之间可以添加各种表单控件。在 < form > 标记中，还可以设置表单的各种属性，包括表单名称、处理程序、传送方法等，表单的常用属性见表 2 –18。

图 2 - 26 运行结果

表 2 - 18 表单标记常用属性及说明

属性名	含 义
name	设置表单名称
action	设置表单要提交的地址，属性值可以是程序、电子邮箱，或是一个完整的 URL
method	定义表单数据的发送方式，属性值可以是 get 或 post。当取值为 get 时，网页会将表单数据附在 URL 之后，发送给服务器，速度比 post 快，但数据不能太长；取值为 post 时，表单数据与 URL 分开发送，速度慢，但没有长度限制。在没有指定发送方式时，一般默认为 get 方式
target	设置表单目标窗口的打开方式，属性取值参照表 2 - 2

（2）添加控件标记 < input > 在 HTML 表单中，< input > 标记是最常用的控件标记，大部分表单控件都是通过 < input > 来实现创建的。

基本语法：

< form >

< input name = "控件名称" type = "控件类型" id = "id 标识" >

</ form >

上述语法中，控件名称和 id 标识是为了便于程序对不同控件加以区分，其中，id 属性的值会同表单一起提交给服务器。Type 属性用来设置控件类型，取值不同，会得到不同类型的控件。

表 2 - 19 中，给出了 type 属性可选值。

61

表 2 – 19　type 取值及说明

type 取值	含　义
Text	定义文本框。可以通过 size 属性定义文本框长度，maxlength 属性定义输入文字时的最大值，value 属性定义文本框中的默认值。例如： < input type = text name = t1 size = 30 maxlength = 15 value = "计算机系" >
password	定义密码框。用户在页面中输入时不显示具体内容，以 * 代替，其他用法与 text 相同。例如： < input type = password name = pass size = 20 value = "" >
radio	定义单选按钮。可以用 value 属性设置选中后的取值，checked 设置是否处于选中状态，使用时，同一组单选按钮的 name 属性值应该相同，一组中具有 checked 属性的标记只能有一个。例如： < input type = radio name = r1 value = "apple" checked >苹果 < input type = radio name = r1 value = "banana" >香蕉 < input type = radio name = r1 value = "orange" >橘子
checkbox	定义复选框。复选框也有 name、value、checked 等属性，同一组复选框 name 属性也应相同，但 checked 属性可以有多个。例如： < input type = checkbox name = c1 value = "A" checked >长跑 < input type = checkbox name = c1 value = "B" >篮球 < input type = checkbox name = c1 value = "C" checked >游泳
button	定义普通按钮。可以用 value 属性定义按钮上面的文字，用 onclick 属性定义事件处理程序。例如： < input type = button name = b1 value = "关闭" onclick = " window. close ( )" >
submit	定义提交按钮。不需要设置 onclick 属性，在单击该类按钮进实现表单内容的提交。例如： < input type = submit name = "Submit" value = "提交" >
reset	定义重置按钮。这类按钮可以清除用户在页面上输入的信息，便于重新用户重新填写。例如： < input type = reset name = "Reset" value = "重置" >
image	定义图像提交按钮。可以用 src 属性引入图片。例如： < input type = image name = "MyImage" src = "img1. jpg" >
hidden	定义隐藏域。隐藏域不在页面中显示，其内容可以同网页一起提交。例如： < input type = hidden name = h1 value = "张学良" >
File	定义文件域。文件域控件会打开一个选择文件对话框，用户可以选择文件通过表单上传给服务器。例如： < input type = file name = "picture" >

　　（3）多行文本标记 < textarea >　　除上述 < input >标记外，HTML 中还有一些控件不能用 < input >标记生成。< textarea >标记可以生成一个多行文本框，这类控件在一些留言板中最为常见。

　　基本语法：

　　< textarea name = "多行文本名称" value = "默认值" rows = "行数" cols = "列数" >

　　< /textarea >

（4）下拉列表标记 < select > 　　< select > 与 < option > 标记配合使用将生成下拉列表的效果。

基本语法：

< select name = "下拉列表的名称" >

　　< option value = "选项值 1" selected > 选项显示内容 1

　　< option value = "选项值 2" > 选项显示内容 2

…… …… ……

< / select >

在上述语法中，选项值是提交表单时的值，选项显示内容是在页面中显示的内容，selected 表示该选项默认情况下是选中项，一个下拉列表中只能有一个默认选中项。

（5）综合实例——创建表单　下面代码将为我们创建一个用户注册表单，运行效果如图 2 - 27。

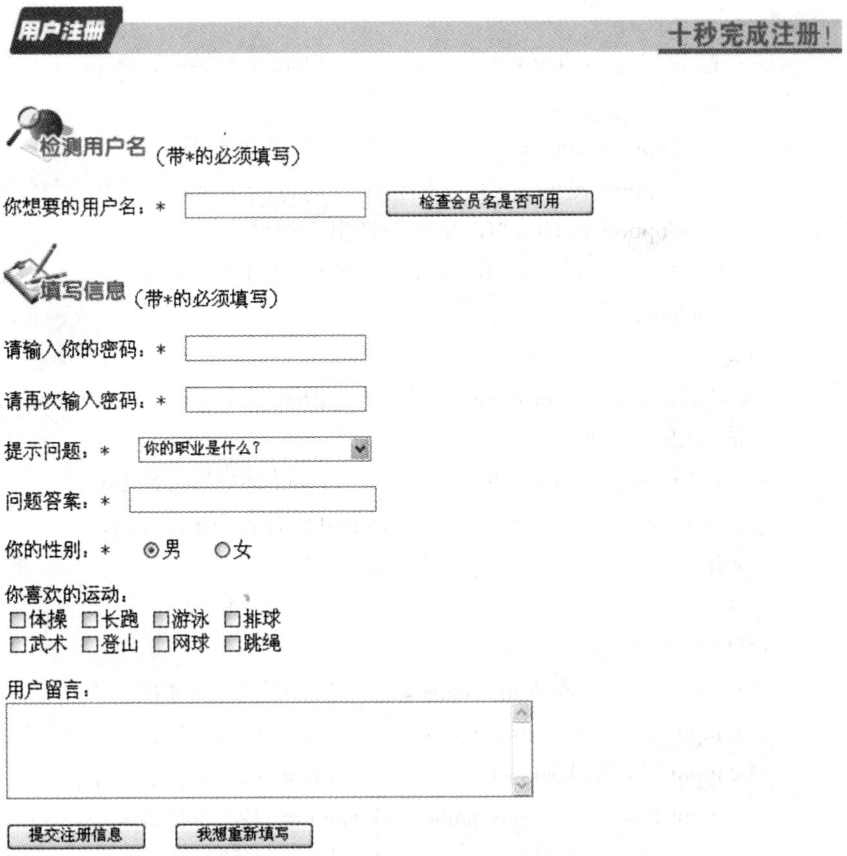

图 2 - 27　表单运行结果

< ！--Ex2-25. html-- >

< html >

　　< head > < title >用户注册< /title > < /head >

<body>

<img src = ".. \ images \ login. jpg">

<form action = "http: \ \ www. abc. com" name = MyForm method = "post">

<p><img src = ".. \ images \ reg_03. jpg">（带<font color = red> * </font>的必须填写）</p>

<p>你想要的用户名：<font color = red> * </font> <input type = text size = 20> <input type = submit value = "检查会员名是否可用"></p>

<p><img src = ".. \ images \ reg_07. jpg">（带<font color = red> * </font>的必须填写）</p>

<p>请输入你的密码：<font color = red> * </font> <input type = password size = 20></p>

<p>请再次输入密码：<font color = red> * </font> <input type = password size = 20></p>

<p>提示问题：<font color = red> * </font>

<select>

<option value = "A" selected>你的职业是什么？

<option value = "B">你就读小学校的名字是什么？

<option value = "C">你母亲出生的城市是什么？

<option value = "D">你最好的朋友的名字是什么？

</select>

</p>

<p>问题答案：<font color = red> * </font> <input type = text size = 28></p>

<p>你的性别：<font color = red> * </font>

<input type = radio name = r1 checked>男

<input type = radio name = r1>女

</p>

<p>你喜欢的运动：

<input type = checkbox name = c1 value = "G1">体操

<input type = checkbox name = c1 value = "G2">长跑

<input type = checkbox name = c1 value = "G3">游泳

<input type = checkbox name = c1 value = "G4">排球

<input type = checkbox name = c1 value = "G5">武术

<input type = checkbox name = c1 value = "G6">登山

<input type = checkbox name = c1 value = "G7">网球

<input type = checkbox name = c1 value = "G8">跳绳

</p>

<p>用户留言：
<textarea name = "word" rows = 5 cols = 60></textarea ＞ ＜／p ＞

   ＜ p ＞

    ＜ input type = submit value = "提交注册信息" ＞

    ＜ input type = reset value = "我想重新填写" ＞

   ＜／p ＞

  ＜／form ＞

 ＜／body ＞

 ＜／html ＞

2.1.9　窗口框架

框架的作用是把浏览器窗口划分为若干个区域，每个区域可以分别显示不同的网页内容。使用框架技术可以很方便地完成网页的导航工作。

在 HTML 语法中，可以用 ＜ frameset ＞ 和 ＜ frame ＞ 两个标记来完成框架的定义。其中，＜ frameset ＞ 标记定义一个窗口框架的整体结构，＜ frame ＞ 标记用来定义每一个框架中的子窗体。

基本语法：

＜ frameset 属性名 1 = "取值"属性名 2 = "取值"…… ＞

 ＜ frame 属性名 1 = "取值"属性名 2 = "取值"…… ＞

 ＜ frame 属性名 1 = "取值"属性名 2 = "取值"…… ＞

 …… ……

＜／frameset ＞

表 2 - 20 中列出了 ＜ frameset ＞ 标记常用的属性。

表 2 - 20　＜ frameset ＞标记常用属性说明

属性名	含　义
Cols	定义纵向分隔，单位像素或百分比
Rows	定义横向分隔，单位像素或百分比
framespacing	定义边框宽度
nordercolor	定义边框颜色

表 2 - 21 中列出了 ＜ frame ＞ 标记常用的属性。

表 2 - 21　＜ frame ＞标记常用属性说明

属性名	含　义
Src	定义加入框架中的网页路径及名称
name	定义标记名
frameborder	定义边框宽度
scrolling	定义滚动条，取值可以是 Yes、No、Auto
noresize	禁止改变框架大小
marginwidth	定义边缘宽度
marginheight	定义边缘高度

为实现理想的页面效果，往往使用框架嵌套，下面的代码演示了框架的用法，运行结果如图 2 - 28 所示。

```
< ! --Ex2-26. html-- >
< html >
    < head > < title >框架应用 </title > </head >
        < frameset rows = "20%,80%" bordercolor = #cc99ff >
            < frame src = "Ex2-21. html" >
                < frameset cols = "25%, * " >
                    < frame src = "Ex2-15. html" name = "left" noresize scrolling =
                    yes >
                    < frame src = "Ex2-19. html" name = "right" noresize scrolling =
                    auto >
                </frameset >
        </frameset >
</html >
```

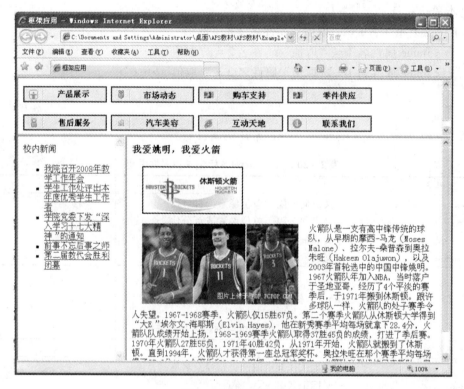

图 2 - 28　运行结果

2.1.10　注释标记

在网页中，除了基本元素外，还可以为 HTML 代码添加一些注释文字，适当地加入注释有助于以后对代码的检查与维护，同时也是一种很好的编程习惯。

基本语法：

< ! -- 注释文字 -- >

注释标记很简单，只要在语法中加入你要说明的文字内容即可，注释的文字不会显示在网页中。

2.2　CSS 样式表

随着网页设计技术的发展，我们发现，HTML 标记功能已经无法满足人们的需求了。大多数开发者总是希望能够为自己的页面添加更多的绚丽的元素，同时希望自己的网站风格统一、代码简练。CSS 技术的发展使这些需求成为现实。

2.2.1　CSS 的基本概念

CSS 是 Cascading Style Sheet 的缩写，可以译为"层叠样式表"或"级联样式表"，常被人简称为"样式表"。它可以定义在 HTML 文档中，也可以在外部文件（扩展名 . css）中书写。一个外部样式表可以作用于多个页面，乃至整个站点，具有很好的易用性和扩展性。

CSS 样式表的功能一般可以归纳为以下几点：

- 灵活控制网页中文字的字体、颜色、大小、间距、风格、位置等属性。
- 设置边框风格。
- 为网页中的任何元素设置不同的背景色及背景图片。
- 精确控制网页中各元素的位置。
- 可以为网页中的元素设置各种过滤器，从而产生诸如阴影、辉光、模糊和透明等效果。
- 可以与脚本语言相结合，使网页中的元素产生各种动态效果。

2.2.2　CSS 的创建

基本语法：

选择符 ｛样式属性：取值；样式属性：取值；……｝

在上述语法中，CSS 样式中的选择符可以有以下几种：

（1）标记选择符　选择符可以是 HTML 的任意标记，可以用大括号中的样式属性及取值重新定义标记的 CSS 样式。下面的代码定义了 < h1 > 标记的样式。

h1 ｛font-size：large；color：blue｝

（2）类选择符　用类选择符可以把相同的元素定义成不同的样式。定义类选择符时，在自定类名称之前加一个小数点分隔。

例如可以设置两种不同的段落属性，前者设置段落的文字颜色为红色，后者设置文字颜色为黑色。

. myred ｛color：red｝

. myblack ｛color：black｝

其中括号前的 myred 与 myblack 就是类选择符。有时也可省略类选择符前的 HT-

ML 标记。调用时可以写如下 HTML 代码：

　　　< p class = myred >

　　　< p class = myblack >

　　（3）ID 选择符　　ID 选择符用来对一个单一元素定义一个单独的样式。其定义的方法与类选择符大同小异，只需把小数点（.）改为井号（#）即可，调用时需要把 class 改为 id。

　　例如，我们要定义一个颜色样式添加给一个段落可以书写如下代码：

#style｛color：#00ff00｝

　　< p id = " style" >

　　（4）包含选择符　　包含选择符也称为关联选择符，是对某种元素（元素 1）中包含的其他元素（元素 2）定义的一种样式表，样式表对元素 1 中的元素 2 起作用，当元素 2 出现在元素 1 之外时，样式表无效。例如：

table a ｛font-size：16px｝

　　上面的代码定义了在表格中的超链接文字大小为 16 个像素，当超链接出现在表格以外时，该样式则不起作用。

2.2.3　CSS 的使用

　　下面介绍以下 4 种情况下使用 CSS 样式表的基本方法：

　　（1）调用外部样式表　　一个外部样式表可以应用于多个页面中，样式表文件可以用任何文本编辑器打开和编辑。当外部样式表文件完成之后，在页面的 < head > 区域中，可以用 < link > 标记引入。

　　基本语法：

　　< link rdl = " stylesheet" type = " text/css" href = " 样式表文件地址" >

　　上述语法中，rdl = " stylesheet" 指明在页面中使用的是外部样式表，type = " text/css" 指明文件的类型是样式表文本，href = " 样式表文件地址" 指明样式表文件的地址及文件名。

　　（2）使用内部样式表　　内部样式表一般放在页面的 < head > 标记中，用 < style > 标记来定义。

　　基本语法：

　　< style type = " text/css" >

　　　选择符｛样式属性：取值；样式属性：取值；……｝

　　　选择符｛样式属性：取值；样式属性：取值；……｝

　　　…… ……

　　</ style >

　　或

　　< style type = " text/css" >

　　<！--

　　　选择符｛样式属性：取值；样式属性：取值；……｝

　　　选择符｛样式属性：取值；样式属性：取值；……｝

……　……

-->

</style>

（3）导入外部样式表　我们还可以在 <style> 标记中引用一个外部样式表文件，导入时用@ import 声明。

基本语法：

< style type = " text/css" >

< ! -

@ import url （样式表文件地址）

选择符 {样式属性：取值；样式属性：取值；……}

选择符 {样式属性：取值；样式属性：取值；……}

……　……

-->

</style>

需要注意的是，在上述语法中，@ import 声明必须放在第一句，其他样式的定义则放在其后声明。

（4）在 HTML 标记中嵌入样式表　样式的定义还可以在 HTML 中完成，我们可以在 HTML 标记中加入 style 属性，除 basefont、param、script 等少数几个标记不支持 style 之外，几乎所有的 HTML 的 body 标记都支持 style 属性。

基本语法：

< HTML 标记 style = " 样式属性：取值；样式属性：取值……" >

由于这样定义的样式只能应用在一个标记中，不具有可重用性，因此不建议这样定义。

当对同一段文本应用多个 CSS 样式时，样式表之间可能存在矛盾，这时，浏览器会遵循以下规则：

①当两个不同样式应用于同一段文本时，若样式之间不存在矛盾，浏览器将显示这段文本所具有的所有属性。

②当不同样式之间存在冲突时，浏览器将按照与文本关系的远近来决定显示哪一属性。

③在 HTML 代码与 CSS 样式表产生矛盾时，CSS 样式具有较高优先级，浏览器将按照 CSS 样式表定义的属性显示。

书写 CSS 样式表时，需要注意以下原则：

①如果属性值是多个单词组成，则必须使用引号（""）将属性值引起。

②如果要对一个选择符指定多个属性，则需要使用分号（；）分隔。

③可以将具有相同属性和属性值的选择符组合起来，用逗号（,）分隔，以便简化代码。例如：p，table，h3 {font-size：12px}

④CSS 样式表中的注释语句与 HTML 不同：以 "/ *" 开始，以 " */" 结束。由于两种语法中注释语句不同，因此我们常常用 HTML 的注释语句将 CSS 的代码括起来，这

样可以避免因低版本浏览器不支持 CSS 而出现网页乱码现象的发生。

网站在创建 CSS 样式表时，多采用外部文件形式，从而提高代码的重用性。本书中的实例为方便起见，将 CSS 代码写在 HTML 中，读者可自行体会内部与外部的区别。下面我们通过一些典型实例来说明 CSS 样式表的用法及好处。

2.2.4 字体属性的设置

CSS 的字体属性及取值见表 2 – 22。

表 2 – 22 CSS 的字体属性用法说明

属性名	含义	取值及说明
Font-family	设置字体	取值为字体名，例如："宋体"、"黑体" 等。若取值中不只定义了一种字体，那么浏览器会由前向后选用，也就是说，当浏览器不支持第一种字体时，就会采用第二种，以此类推
Font-size	设置字号	取值可以是字体的绝对大小：xx-small、x-small、small、medium、large、x-large、xx-large。可是相对大小：larger、smaller。也可以长度值或百分比
Font-style	设置字体风格	取值为 normal 表示正常方式显示文字；取值为 italic 表示以斜体方式显示文字；取值为 oblique 表示以中间状态显示
Font-weight	设置字体加粗	取值可以为：lighter（最细）、normal（一般）、bold（粗）、bolder（最粗），也可以是具体的数值，其范围为 100～900。400 相当于 normal，700 相当于 bold
Font-variant	设置小型的大写字母	取值为 normal 表示正常，取值为 small-caps 表示以小型的大写字母方式显示

实例代码（图 2 – 29）：

```
<! --Ex2-27. html-- >
<html >
    <head >
        <title >字体属性设置 </title >
        <style >
            <! --
            h2{font-family: "华文行楷"," 黑体"; font-size: 36pt; font-style: italic}
            . s1 {font-family: " 宋体"; font-size: 18pt; font-style: normal; font-weight: bold}
            . s2{ font-size: 12pt; font-style: normal; font-weight: normal}
            . v1 {font-family: "Times New Roman"; font-variant: normal; font-style: normal; font-weight: normal}
```

.v2{font-family: "Times New Roman"; font-variant: small-caps;

　　　font-style: normal; font-weight: normal}

　　-->

　　</style>

　</head>

　<body>

　　<h2>外滩十八号</h2>

　　<p class=s1>歌手：袁成杰&戚薇 专辑：男才女貌</p>

　　<p class=s2>我不知道你在想什么，还是那个地点那条街哦，那缠绵的地点，难道是爱的天平已经倾斜，下着雨的夜（太熟悉的街），所有的感觉（已没有那么热烈），下着雨的夜（心痛的感觉）。刹那的视线（黑夜里天空下着雪），太多的理由（太多的借口），都无法代替（你对我爱的感觉），太多的画面（太多的理由），都变成要结束的一切。</p>

　　<p class=v1>You will feel like writing with it all the time.</p>

　　<p class=v2>You will feel like writing with it all the time.</p>

　</body>

</html>

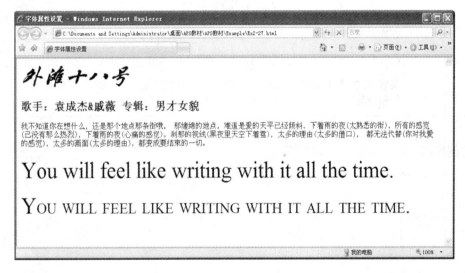

图 2-29　运行结果

2.2.5　文字的精细排版

CSS 中用于控制文字精细排版功能的属性及取值见表 2-23。

表 2-23　CSS 的文字精细排版属性用法说明

属性名	含义	取值及说明
Word-spacing	设置单词间隔	取值可以是 normal（正常）或是一个长度值，长度值可以是负值
Letter-spacing	设置字符（汉字）间隔	取值可以是 normal（正常）或是一个长度值，长度值可以是负值
Text-decoration	设置文字修饰	取值可以是：none（无修饰）、underline（添加下划线）、overline（添加删除线）、line-through（添加删除线）、blink（文字闪烁效果，只在 Netscape 浏览器中有效）
Vertical-align	设置文字垂直对齐方式	取值可以是：baseline（和上级元素的基线对齐）、sub（下标）、super（上标）、top（和行中最多的元素上对齐）、text-top（和行中的文字上对齐）、middle（中点对齐）、bottom（和行中最多的元素下对齐）、text-bottom（和行中的文字下对齐），取值也可以是百分比
Text-transform	转换英文的大小写	取值可以是：none（不转换）、capitalize（使每个词的第一个字母大写）、uppercase（使每个词的所有字母大写）、lowercase（使每个词的所有字母小写）
Text-align	设置文字的对齐方式	取值可以是：left（左对齐）、right（右对齐）、center（居中对齐）、justify（两端对齐）
Text-indent	设置首行缩进	取值可以是一个数值，也可为百分比
Line-height	设置文本基线之间的间隔值	取值可以是 normal（默认行高）、数值（以像素为单位）、百分比（相对于字体大小的比例）

实例代码（2-30）：

```html
<! --Ex2-28. html-- >
<html >
    <head >
        <title > 文字排版设置 </title >
        <style >
            <! --
            h2  {font-family:" 黑体"；letter-spacing：8px；text-align：center}
            . t1  {font-family:" 宋体"；text-decoration：underline；text-align：left}
            . t2  {text-indent：10%}
            . t3  {font-size：15pt；vertical-align：top}
            . t4  {font-size：15pt；vertical-align：bottom}
            -- >
        </style >
    </head >
```

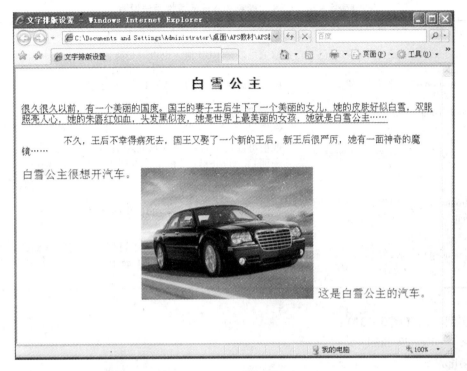

图 2 – 30　运行结果

```
<body>
    <h2>白雪公主</h2>
    <p class = t1>很久很久以前，有一个美丽的国度。国王的妻子王后生下了
一个美丽的女儿，她的皮肤好似白雪，双眼照亮人心，她的朱唇红如血，头发黑似夜，她
是世界上最美丽的女孩，她就是白雪公主……
    </p>
    <p class = t2>不久，王后不幸得病死去，国王又娶了一个新的王后，新王
后很严厉，她有一面神奇的魔镜……</p>
    <font class = t3>白雪公主很想开汽车。</font>
    <img src = "../images/car8.jpg">
    <font class = t4>这是白雪公主的汽车。</font>
</body>
</html>
```

2.2.6　颜色和背景的设置

CSS 中设置颜色和背景的属性及取值见表 2 – 24。

73

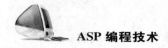

表 2-24 CSS 中颜色和背景的属性用法说明

属性名	含义	取值及说明
Color	设置元素的颜色	取值可以是 RGB 值，也可以是颜色英文名
Background-color	设置背景色	取值可以是 RGB 值，也可以是颜色英文名
Background-image	设置背景图像	取值为 url（图像地址）
Background-repeat	设置背景图像平铺属性	取值可以是：repeat（在纵向和横向上平铺）、no-repeat（不平铺）、repeat-x（只在水平方向平铺）、repeat-y（只在垂直方向平铺）
Background-attachment	设置背景图片是否随对象内容滚动	取值可以是：scroll（滚动）、fixed（静止）
Background-position	设置背景图片初始位置	取值可以是数值、百分比，也可以用关键字［top｜center｜bottom］（垂直方向）、［left｜center｜right］（水平方向）来描述

实例代码（图 2-31）：

```
<! --Ex2-29. html-- >
< html >
< head >
    < title >颜色与背景设置 </title >
    < style >
    <! --
h1 {font-family:" 楷体_GB2312"; color: purple; background-color: yellow; text-align:
    center} . c1 {font-family:" 黑体";
    background-image: url（../images/4. jpg）; background-repeat: repeat; color: #
    ee88ee}
-- >
    </ style >
</ head >
< body >
    < h1 >奥运的由来 </h1 >
    < p class = c1 >古希腊是一个神话王国，优美动人的神话故事和曲折离奇的民间
```

传说，为古奥运会的起源蒙上一层神秘的色彩。传说：古代奥林匹克运动会是为祭祀宙斯而定期举行的体育竞技活动。另一种传说与宙斯的儿子赫拉克勒斯有关。赫拉克勒斯因力大无比获"大力神"的美称。他在伊利斯城邦完成了常人无法完成的任务，不到半天功夫便扫干净了国王堆满牛粪的牛棚，但国王不想履行赠送 300 头牛的许诺，赫拉克勒一气之下赶走了国王。为了庆祝胜利，他在奥林匹克举行了运动会。关于古奥运会起源流传最广的是佩洛普斯娶亲的故事。古希腊伊利斯国王为了给自己的女儿挑选一个文武双全的驸马，提出应选者必须和自己比赛战车。比赛中，先后有 13 个青年丧生于国王的长矛之下，

而第14个青年正是宙斯的孙子和公主的心上人佩洛普斯。在爱情的鼓舞下，他勇敢地接受了国王的挑战，终于以智取胜。为了庆贺这一胜利，佩洛普斯与公主在奥林匹亚的宙斯庙前举行盛大的婚礼，会上安排了战车、角斗等项比赛，这就是最初的古奥运会，佩洛普斯成了古奥运会传说中的创始人。奥运会的起源，实际上与古希腊的社会情况有着密切的关系。

      </p>

    </body>

  </html>

图2-31　运行结果

2.2.7　边框属性的设置

边框属性用来控制元素所占用空间的边缘。利用边框属性可以设置元素外框的宽度、样式、颜色等。表2-25中列出了CSS中常用边框属性及含义。

表2-25　CSS中边框常用属性说明

属性名	含　义
Border-top-width	设置上边框宽度，取值可以是thin（细边框）、medium（默认边框）、thick（粗边框），或取某一固定数值
Border-right-width	设置右边框宽度，取值同上
Border-bottom-width	设置下边框宽度，取值同上
Border-left-width	设置左边框宽度，取值同上
Border-top-color	设置上边框颜色

属性名	含　义
Border-right-color	设置右边框颜色
Border-bottom-color	设置下边框颜色
Border-left-color	设置左边框颜色
Border-top-style	设置上边框样式，取值可以是：none（不显示边框，默认值）、dotted（点线）、dashed（虚线）、solid（实线）、double（双实线）、groove（边框带立体沟槽）、ridge（边框成脊形）、inset（使整个方框凹陷）、outset（使整个方框凸起）
Border-right-style	设置右边框样式，取值同上
Border-bottom-style	设置下边框样式，取值同上
Border-left-style	设置左边框样式，取值同上
Border-width	设置整个边框宽度
Border-color	设置整个边框颜色
Border-style	设置整个边框样式

实例代码（图 2 - 32）：

```
<! --Ex2-30. html-->
<html>
    <head>
        <title>设置边框属性</title>
        <style>
            <!--
            h1{
                    font-family: "黑体";
                    color: purple;
                    letter-spacing: 8px;
                    text-align: center;
                    border-style: inset;
                    border-width: 1px 5px 10px 3px;
                    border-top-color: green;
                    border-right-color: red;
                    border-bottom-color: red;
                    border-left-color: green
            }
            p{
                font-family: "宋体";
                text-indent: 30pt;
                font-size: 16pt;
```

```
                border-style: dashed;
                border-color: blue;
                border-width: 3px
        }
                -- >
            < /style >
        < /head >
        < body >
            < h1 > 白雪公主 < /h1 >
            < p > 很久很久以前，有一个美丽的国度。国王的妻子王后生下了一个美丽的
女儿，她的皮肤好似白雪，双眼照亮人心，她的朱唇红如血，头发黑似夜，她是世界上最
美丽的女孩，她就是白雪公主…… < /p >
            < p > 不久，王后不幸得病死去，国王又娶了一个新的王后，新王后很严厉，
她有一面神奇的魔镜…… < /p >
        < /body >
< /html >
```

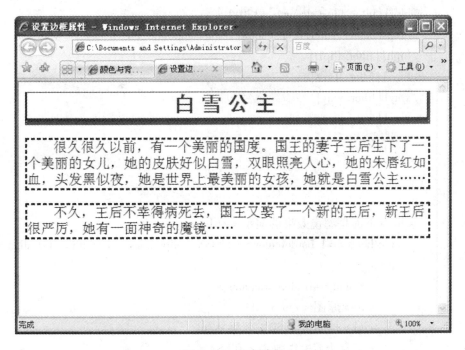

图 2 - 32　运行结果

2.2.8　滤镜特效技术的应用

filter 是微软对 CSS 的扩展，与 Photoshop 中的滤镜相似，它可以用很简单的方法对页面中的元素进行特效处理。

基本语法：

filter：滤镜名称（参数 1，参数 2，……）

常见滤镜见表 2－26。

实例代码（图 2－33）：

```
<! --Ex2-31. html-->
<html>
    <head>
        <title>滤镜效果</title>
        <style>
            <!--
            h1{
                    font-family: "黑体";
                    color: purple;
                    letter-spacing: 8px;
                    text-align: center;
            }
        . alpha1{filter: alpha( opacity = 50) }
        . blur1{filter: blur( strength = 120) }
        . dropshadow1{filter: dropshadow( color = #660066, offx = 5, offy = 4, positive = 1) }
        . fliph1{filter: flipH}
        . flipv1{filter: flipV}
        . xray1{filter: xray}
        . gray1{filter: gray}
            -->
        </style>
    </head>
<body>
    <h1>下面是滤镜效果的演示</h1>
    <table border = 1 bordercolor = #880000 cellpadding = 4 width = 600 align = cen-
        ter>
        <tr height = 40 align = center>
            <td>原图</td>
            <td>透明度为 50% 效果</td>
            <td>动感模糊效果</td>
            <td>阴影效果</td>
        </tr>
        <tr height = 240 align = center>
            <td><img src = ". . /images/1211. jpg"></td>
            <td class = alpha1><img src = ". . /images/1211. jpg"></td>
            <td class = blur1><img src = ". . /images/1211. jpg"></td>
```

表 2－26　常用滤镜及含义

滤镜名	含　义
alpha	设置不透明度
blur	设置动感模糊
chroma	对颜色进行透明处理
dropShadow	设置阴影
flipH	设置水平翻转
flipV	设置垂直翻转
glow	设置发光效果
gray	设置灰度处理
invert	设置反相
xray	设置 X 光片效果
mask	设置遮罩效果
wave	设置波形效果

```
        < td class = dropshadow1 > < img src = ".. /images/1211. jpg" > </td >
    </tr >
        < tr height = 40 align = center >
        < td > 水平翻转效果 </td >
        < td > 垂直翻转效果 </td >
        < td > X 光片效果 </td >
        < td > 灰度效果 </td >
    </tr >
        < tr height = 240 align = center >
        < td class = fliph1 > < img src = ".. /images/1211. jpg" > </td >
        < td class = flipv1 > < img src = ".. /images/1211. jpg" > </td >
        < td class = xray1 > < img src = ".. /images/1211. jpg" > </td >
        < td class = gray1 > < img src = ".. /images/1211. jpg" > </td >
    </tr >
    </table >
</body >
</html >
```

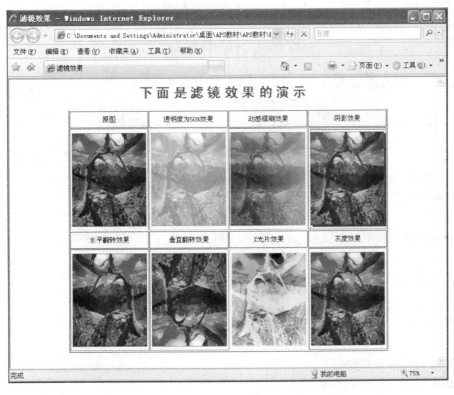

图 2 –33　运行结果

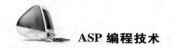

2.3 任务：企业网站首页制作

本任务通过企业网站首页的编写制作，进一步熟悉 HTML 中文本、段落、图像、表格等标记的使用方法。

实例代码（图 2 - 34）：

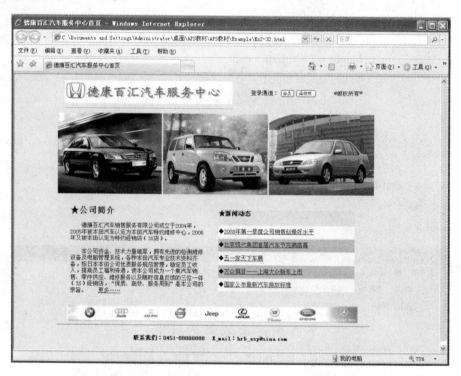

图 2 - 34 运行结果

```
<！--Ex2-32. html-->
<html>
<head>
<title>德康百汇汽车服务中心首页</title>
<style type = "text/css">
    . style1{font-family: "宋体"；font-size: 16px}
</style>
</head>

<body bgcolor = #ffdddd>
<table align = center class = style1>
    <tr>
        <td><img src = "../images/banner. jpg"></td>
        <td>      登录通道：</td>
```

```
         < td > < input type = button value = "会员"  > </td >
         < td > < input type = button value = "经销商"  > </td >
         < td  >             &reg; 版权所有 &trade; </
           td >
      </tr >
      < tr >
         < td > < hr width = 100%  size = 2 color = #8888ff > </td >
      </tr >
   </table >
   < table align = center >
      < tr >
         < td > < img src = "../images/car1. jpg" > </td >
         < td > < img src = "../images/car3. jpg" > </td >
         < td > < img src = "../images/car6. jpg" > </td >
      </tr >
   </table >
   < table align = center width = 880 cellspacing = 30 class = style1 >
      < tr >
         < td width = 50% >
            < p align = center > < h2 > ★公司简介 </h2 > </p >
            < p >        德康百汇汽车销售服务有限公司
成立于 2004 年，2005 年被本田汽车认定为本田汽车特约维修中心，2006 年又被本田认定
为特约经销店（3S 店）。
            </p >
            < p >        本公司资金、技术力量雄厚，拥
有先进的检测维修设备及电脑管理系统，各种本田汽车专业技术资料齐备，按日本本田公
司优质服务规范管理，稳定员工收入，提高员工福利待遇，使本公司成为一个集汽车销
售、零件供应、维修服务以及随时信息反馈的三位一体（3S）经销店，"保质、高效、服
务周到"是本公司的宗旨。         < a href = "abort. html" >更多……
</a > </p >
         </td >
         < td width = 50% >
            < table width = 100%  class = style1 >
            < tr  bgcolor = #aaffaa > < td height = 35 > < h3 > ★新闻动态 </h3 > </
td > </tr >
            < tr bgcolor = #ffffaa > < td height = 35 > ◆ < a href = "" >2008 年第一季
度公司销售创最好水平 </a > </td > </tr >
            < tr bgcolor = #aaaaff > < td height = 35 > ◆ < a href = "" >北京现代集团
首届汽车节完满落幕 </a > </td > </tr >
```

81

< tr bgcolor = #ffffaa > < td height = 35 > ◆ < a href = "" > 五一家天下车展 </a > </td > </tr >

< tr bgcolor = #aaaaff > < td height = 35 > ◆ < a href = "" > 万众瞩目——上海大众新车上市 </a > </td > </tr >

< tr bgcolor = #ffffaa > < td height = 35 > ◆ < a href = "" > 国家公布最新汽车排放标准 </a > </td > </tr > </table > </td > </tr > </table >

< center > < img src = "../images/banner2. jpg" > </center >

< hr width = 900 align = center size = 3 color = #bb8866 >

< p > < h4 align = center class = style1 > 联系我们：0451-88888888   E_mail: hrb_asp@ sina. com </h4 > </p >

</body >

</html >

2.4　任务：企业留言板表单制作

本任务通过制作企业留言板表单，进一步熟悉 HTML 表单控件、导航等标记的使用方法。

实例代码（图 2 - 35）:

<! --Ex2-33. html-- >

< html >

< head >

< title > 德康百汇汽车服务中心首页 </title >

< style type = "text/css" >

. style1{font-family: "宋体"；font-size: 16px}

</style >

</head >

< body bgcolor = #c8c8ff >

< form method = "post" name = "myform" >

< table align = center class = style1 >

< tr > < td > < img src = "../images/banner. jpg" > </td >

< td >   登录通道：</td >

< td > < input type = button value = "会员" > </td >

< td > < input type = button value = "经销商" > </td >

< td >   &reg; 版权所有 &trade; </td > </tr >

< tr > < td > < hr width = 100% size = 2 color = #8888ff > </td > </tr >

</table >

< center > < img src = "../images/banner1. jpg" > </center >

< table align = center width = 880 cellspacing = 10 >

< tr >   < td bgcolor = #ffdfff width = 23% >

< table cellspacing = 10 align = center >

< tr > < td > < a href = "return1. html" > < img src = ". . /images/navigation1. jpg" >
</ a > </ td > </ tr >

< tr > < td > < a href = "return1. html" > < img src = ". . /images/navigation2. jpg" >
</ a > </ td > </ tr >

< tr > < td > < a href = "return1. html" > < img src = ". . /images/navigation3. jpg" >
</ a > </ td > </ tr >

< tr > < td > < a href = "return1. html" > < img src = ". . /images/navigation4. jpg" >
</ a > </ td > </ tr >

< tr > < td > < a href = "return1. html" > < img src = ". . /images/navigation5. jpg" >
</ a > </ td > </ tr >

< tr > < td > < a href = "return1. html" > < img src = ". . /images/navigation6. jpg" >
</ a > </ td > </ tr >

< tr > < td > < a href = "return1. html" > < img src = ". . /images/navigation7. jpg" >
</ a > </ td > </ tr >

< tr > < td > < a href = "return1. html" > < img src = ". . /images/navigation8. jpg" >
</ a > </ td > </ tr >

</ table >

</ td >

< td width = 75% >

< table   align = center class = style1 >

< tr > < td class = style1 > 如果你有什么需要我们在线给予帮助的地方，请给我们留
言。</ td > </ tr >

< tr > < td >姓   名： < input name = "name" type = text
value = "" size = 20 > </ td > </ tr >

< tr > < td >公   司： < input type = text name = "com-
mpany" value = "" size = 20 > </ td > </ tr >

< tr > < td >联系电话： < input type = text name = "phone" value = "" size = 20 >
</ td > </ tr >

< tr > < td >   E_Mail: < input type = text name = "email" value = "" size
= 20 > </ td > </ tr >

< tr > < td >留言标题： < input type = text name = "title" value = "" size = 20 > </
td > </ tr >

< tr > < td >留言内容： < textarea name = "content" cols = 50 rows = 4 size = 20 max-
length = 50 > </ textarea > </ td > </ tr >

< tr > < td >   < input
type = submit value = " 提交留言" >   < input type = submit
value = "重新留言" > </ td > </ tr > </ table > </ td > </ tr >

```
</table>
<center> <img src = "../images/banner2.jpg"> </center>
<hr width = 900 align = center size = 3 color = #bb8866>
<p> <h4 align = center class = style1>联系我们：0451-88888888   
    E_mail: hrb_asp@sina.com </h4> </p>
</form>
</body>
</html>
```

图 2-35　运行结果

习　题

一、填空题

（1）在网页中如果想设置显示文字为红色，字体为"幼圆"，需要书写的 HTML 代码为：_____。

（2）<title>标记的功能是_____，该标记一般出现在网页的_____标记中，即网页的_____部。

（3）网页中可以使用的图像文件的格式有_____、_____和_____。

（4）打开某网页，10 秒钟后自动跳转到 http://www.google.com.cn，需要书写的 HTML 代码为：_____。

（5）修改一个网页的超链接颜色为绿色，查看过的为蓝色，需要书写的 HTML 代码为：_____。

（6）想在 HTML 文件中插入一条黄色，宽度为 12 的水平线，需要书写的 HTML 代码为＿＿＿＿＿＿＿＿＿＿＿＿＿＿＿＿＿＿＿＿＿＿＿＿＿＿＿＿＿＿＿＿＿。

二、问答题

（1）什么是 HTML？什么是 CSS？

（2）＜body＞标记的常用属性有哪些，各属性的含义是什么？

（3）如何设置网页显示时的边距？

（4）请列举并说明列表项的种类及用途。

（5）CSS 样式表的功能有哪些？如何创建一个 CSS 样式？

三、操作题

（1）使用本章介绍的 HTML 标记，在网页中显示下列的方程式：

◆$X^2 + Y^2 = Z^2$

◆$4A_1 + 2B_2 - 1 = 0$

（2）请将本书的前三章目录，建立成一个嵌套列表，在网页中显示输出。

（3）建立一个自己的门户网站，将热门网站分类，同时创建指向这些网站的超链接。

（4）在网页中创建一个课程表，使用不同的单元格颜色区分不同的课程。

（5）创建一个嵌套表格，要求主表为 2×2，在第二行第一列单元格中嵌套一个 4×1 的子表，尝试在每一个单元格中填入内容。

（6）请用表格标记对网页内容进行定位，创建一个含照片的个人简历。

（7）请选用 HTML 中的各种表单标记，创建一张同学通讯录录入表单，要求含提交和重置按钮。

（8）建立一个左右分割成三个部分的框架页，比例为 20%、30%、50%，在三个框架中填入网页。

（9）利用图片标记与超链接标记，创建网站的导航条，导航按钮分别为"首页"、"新闻"、"军事"、"体育"、"财经"、"音乐"、"游戏"、"论坛"，要求导航准确，美观大方。

（10）利用讲过的 HTML 与 CSS 相关知识，创建一个以奥运为主题的网站，要求整个网站主题鲜明，图文并茂，导航准确，二级网页不少于三张，同时利用外部 CSS 文件统一网站的风格。

第三章　VBScript 脚本语言

我们常常把 VBScript 代码嵌套在 HTML 标记中，用于操纵、处理、控制网页中的对象，同时根据用户的请求执行相应的操作，从而达到交互的目的。本章将和大家一同探讨 VBScript 的相关知识。

通过本章的理论学习和练习，用户应了解和掌握以下内容：

- VBScript 的基础。
- 在 HTML 中加入 VBScript 代码的方法。
- VBScript 的数据类型、常量、变量、运算符、表达式等。
- VBScript 中的流程控制语句。
- VBScript 的内置函数。

3.1　VBScript 概念、方法和规则

VBScript（Microsoft Visual Basic Scripting Edition）是一种脚本语言，它是微软编程语言 Visual Basic 家族中的一个成员。可以用于微软 IE 浏览器的客户端脚本和微软 IIS（Internet Information Service）的服务器端脚本。

VBScript 的大部分语法与 VB 的语法相同，因而熟练掌握 VB 编程技术的学员，会很轻松地完成 VBScript 脚本的编写。在网页设计过程中，VBScript 扮演如下角色：

- 动态网页的实现。
- 表单处理与验证。
- 直接使用浏览器对象，创建灵活的网页内容。

3.1.1　脚本语言的概念

网页编程中，我们常常提到脚本语言的概念，那么什么是脚本语言呢？所谓脚本语言，它是介于 HTML 和 C，C＋＋，Java，Visual Basic 等编程语言之间的一种语言，这种语言不用经过编译连接等步骤，可以直接以源代码的形式运行。常见的脚本语言有 VBScript、JavaScript 等，对一些程序员来说，喜欢客户端用 JavaScript，服务器端用 VBScript。与传统意义上的编程语言相比，脚本语言有以下特点：

- 脚本语言为一种嵌入式语言，常常出现在 HTML 文档中，是 HTML 文档的一部分，其自身无法单独运行。
- 脚本也是一种语言，其同样由程序代码组成。
- 脚本语言与编程语言也有很多相似地方，其函数与编程语言相似，语法中也涉及常量、变量、运算符、表达式等概念。

- 脚本语言是一种解释性的语言，一般都有相应的脚本引擎来解释执行。
- 脚本语言一般都是以文本形式存在，可以用任意文本编辑器来完成。

3.1.2 VBScript 与 HTML

HTML 标记语言的特长是可以利用丰富的标记来指定页面元素的位置及其展示方式，但展示的内容相对固定，一般我们称之为静态的网页。VBScript 的出色之处在于可以根据数据库的更新动态地产生符合用户需求的结果，但控制结果输出的能力较弱。也就是说，HTML 与 VBScript 各有优点和劣势，单独使用 HTML 或 VBScript 来开发 Web 应用一般很难达到要求，尤其是一些大型网站对动态信息的要求更多。因此，在开发过程中，我们往往将两者结合在一起，混合编写 Web 应用程序，以达到理想的效果。利用 HTML 与 VB-Script 联合开发的文件扩展名必须是.asp，只有这样服务器才会识别 VBScript 代码。

3.1.3 在网页中嵌入 VBScript 代码

一个 ASP 程序可由服务器端脚本与 HTML 文本共同构成，我们常做的事情，就是将脚本语言有机地嵌入到 HTML 文档中。所有包含在定界符 < % % > 之间的 VBScript 代码均被视为服务器端脚本，这些代码在服务器端运行，生成标准的 HTML 文本输出到客户端，在客户端下载网页时，我们只能看到纯粹的 HTML 代码，看不到 ASP 脚本源程序，采用这样的方式好处有两种，一是保证了 ASP 源代码不会泄密；二是保证了对所有客户端浏览器版本的兼容。

在 ASP 程序编写时，我们可以使用多种脚本语言，如 VBScript、JScript、PerlScript 等，我们可以采用下面的语法结构来定义使用的脚本语言：

< % @ LANGUAGE = ScriptingLanguage % >

例如：

< % @ LANGUAGE = VBScript % >

< % @ LANGUAGE = JScript % >

在使用 < % % > 标记时，默认使用的脚本语言为 VBScript. 所有的 VBScript 代码均应写在 < % % > 标记之间，< % % > 标记可以写在一个 HTML 文档的任意位置，习惯上我们常常把程序的定义部分写在 < head > 标记中，如定义脚本语言的种类，定义变量、常量等，而把需要在网页中显示输出部分写在 < body > 标记中。下面是一个简单的 VBScript 应用实例，程序执行时将在网页中输出一段信息。

实例代码：

< ! --Ex3-1. asp-- >

< html >

    < head >

       < title >这是一个简单的 VBScript 程序实例 </title >

< % @ Language = VBScript % >

    </head >

    < body >

       < % response. write " < h1 >欢迎进入 VBScript 世界!" % > < br >

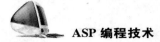

```
< % response. write Date% >
    </body >
</html >
```

编写此类程序时，首先应保证 HTML 文件的正确性、完整性，在此基础上再嵌入 VB-Script 代码，而且嵌入的 VBScript 代码应该用适当的符号加以分隔。另外，我们也可以用 <script> 标记代替 <% %> 标记来完成脚本语言的嵌入。 <script> 标记与 <% %> 标记的区别在于前者产生的是客户端脚本，后者产生的是服务器端脚本。当我们使用 InputBox 或 MsgBox 生成对话框时，必须使用 <script> 标记，因为这两个函数不能应用在服务器端。

基本语法：

```
< script language = "脚本语言类型"  >
    脚本程序
</script >
```

下面的代码演示了 <script> 标记的用法。

```
<! --Ex3-2. asp-- >
< html >
    < head >
        < title > VBScript 程序实例 </title >
        < script Language = VBScrip >
            Sub send_onclick
                MsgBox "用户名:"  &UserInfo. Name. Value, 0, "你好!"
            End Sub
        </ script >
    </ head >
    < body >
        < h2 > 请输入用户名 </h2 >
        < form name = "UserInfo" >
            < input type = "text" name = "Name" size = 20 > < br > < br >
            < input type = "submit" name = "Send" value = "提交信息"  >
        </ form >
    </ body >
</ html >
```

3.1.4 VBScript 语言书写规则

VBScript 是由一条或多条语句组成的，包括函数、语句、运算符、表达式等。另外，语句中还可以包含注释语句，注释语句是指用单引号开头的语句，当脚本被执行时，注释部分会被跳过。

VBScript 中语句书写规则与 VB 较为相似，当长语句一行编写不下时，可以在语句的最后加上连接符 "_"，使一条长语句可以分多行编写。如果在一行中想编写多条语句，可以用":"将多条语句分隔。下面的代码片段是完全正确的。

Dim number1，number2，number3，number4，number5 _　　，number6，number7，
number8

Response. write " 中华人民共和国中央人民政府" _

&" 黑龙江省哈尔滨市" _

&" 全体人民为奥运加油"

Response. write " 输出 1"：Response. write " 输出 2"

3.2　VBScript 语法基础

VBScript 脚本语言是一种易于掌握的编程语言，其语法与 Visual Basic 相似，读者可以使用 MSDN 在线帮助来查找相关的知识。

3.2.1　数据类型

VBScript 只有一种数据类型——Variant，它是通过子类型来识别存储在变量中的数据，在声明变量时，无需指明子类型。

Variant 类型的子类型有：

- Empty 子类型：没有初始化的变量。
- Null 子类型：空值，表示变量中没有包含有效值。
- Boolean 子类型：布尔类型，值为真（True）或假（False）。
- Byte 子类型：字节类型，取值为 0 ~ 255 之间的整数。
- Integer 子类型：整数类型，取值为 - 32768 ~ 32767 之间的整数。
- Long 子类型：长整数类型，取值为 - 2，147，483，648 ~ 2，147，483，647 之间的整数。
- Single 子类型：单精度浮点类型，取值范围为（ +/ - 1.401298E - 45） ~ （ +/ - 3.402823E38）。
- Double 子类型：双精度浮点类型，取值范围为（ +/ - 4.94065645841247E - 324） ~ （ +/ - 1.79769313486232E308）。
- String 子类型：字符串类型，可变长的字符串，最多可存 20 亿个字符。
- Currency 子类型：货币类型，用于表示货币值，取值范围为 - 922 337 203 685 447.5808 ~ +992 337 203 685 447.5807。
- Date 子类型：日期时间类型，取值类型为 100 年 1 月 1 日到 9999 年 12 月 31 日。
- Object 子类型：对象类型。
- Array 子类型：数组类型。
- Error 子类型：错误代码。

在运算过程中，VBScript 可以进行一些子类型的自动转换，例如，一个数学表达式中同时含有整数、单精度数和双精度数时，其运算结果为双精度数。VBScript 总是向着较复杂、较精确的子类型转换。

当数值类型与字符串类型出现在一个表达式中时，老版本 VBScript 会以最前面的类型

为基准进行转换（新版本会将所有的加法运算理解为数值运算），下面的一段代码说明了这个问题，程序运行结果如图3-1所示。

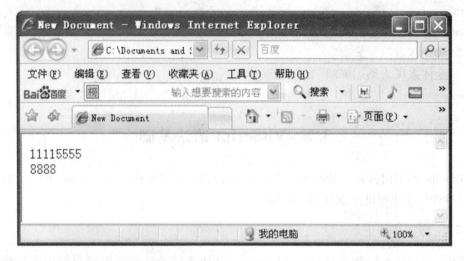

图3-1　运行结果

```
<！--Ex3-3. asp-->
<html>
    <head>
        <title>VBScript 数据类型自动转换</title>
</head>
    <body>
        <%
                '声明两个变量，用于存储字符串子类型
                Dim str1, str2
                '声明两个变量，用于存储数值类型
                Dim num1, num2
                str1 = "1111"
                str2 = "2222"
                num1 = 5555
                num2 = 6666
                str1 = str1 + num1
                num2 = num2 + str2
                Response. write str1
                Response. write " <br>"
                Response. write num2
        %>
    </body>
</html>
```

3.2.2　变量

VBScript 中只有 Variant 一种数据类型，因此所有的变量的数据类型均为 Variant 类型。

（1）声明变量　在 VBScript 脚本语言中，我们可以使用 Dim、Private、Public 等关键字来声明变量，如果使用 Private 声明，此变量只在声明的程序内有效，为私有变量，如果用 Public 声明，变量可以到达别的程序，为公有变量。当声明多个变量时，我们可以将它们写在一行，变量名之间用逗号分隔，例如：

Dim strName，intNumber，dBirthday

上述程序代码声明了三个变量，在赋值之前我们还无法确定它们的子类型。事实上，VBScript 中并没有要求变量必须先声明后使用，只要有需要我们随时可以直接使用一个陌生的变量，但这样会给程序维护带来很大的困难，我们不建议这样做。如果要求程序中使用的每一个变量必须声明，只需要在程序代码的第一行书写下面一行代码就可以了。

< % Option Explicit % >

此程序中的变量需要先声明，才能使用。

（2）变量命名规则　在程序中所有变量命名必须遵循 VBScript 的标准命名规则。

①变量名第一个字符必须是字母。

②变量名不区分大小写。

③长度不能超过 255 字符。

④变量名中不能出现句点。

⑤变量在声明的作用域中必须唯一。

合法的变量名，例如：MyName，a1，intAge，x，k 等。不正确的变量名如：1a，_ stu，a. b 等。

（3）变量赋值　在声明变量后，我们需要给变量赋值，在 VBScript 中，用 " = " 来完成变量的赋值，例如：

intNumber = 1001

strName = "刘德华"

下面一段程序演示了在 VBScript 中变量的使用与输出，程序运行结果如图 3 - 2 所示。

```
<! --Ex3-4. asp-- >
<html >
    < head > < title > VBScript 变量的使用 </title >  </head >
    < body >
        < %
            Dim strName, intNumber, dBirthday
            strName = "王诚"
            intNumber = 10024
            dBirthday = #1985-11-30#
            Response. write "学生姓名:" & strName & " < br > "
            Response. write "学号:" & intNumber & " < br > "
            Response. write "出生日期:" & dBirthday
```

```
    % >
  </body >
</html >
```

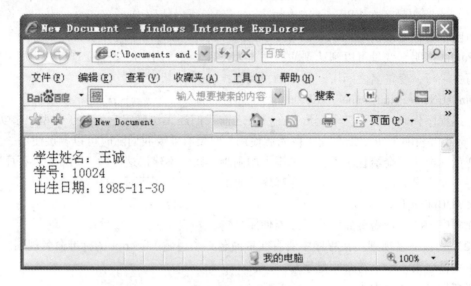

图 3 - 2   运行结果

（4）数组变量   当程序中需要使用多个相同功能类型变量时，我们可以声明一个数组变量来简化程序代码。这样我们就可以使用数组变量的名称和下标来完成赋值和读取等操作了。

VBScript 中数组分为固定数组与动态数组两种。所谓固定数组是一种固定大小的数组，也就是说数组声明的同时就决定了数组的大小。固定数组用 Dim 关键字声明，数组的下标从 0 开始，下面的代码声明了一个有 5 个元素的一维数组。

Dim MyArray（5）

我们也可以声明一个多维数据，例如：

Dim arrayTable（3，5）

所谓动态数组是用 ReDim 关键字声明的一个可变长度的数组，声明之初可以设定长度，也可以为空，同时在使用过程中我们随时都可以利用 ReDim 关键字来修改数组的长度。下面是声明动态数组的例子。

ReDim arrayStudent（）

……

ReDim arrayStudent（40）

……

ReDim Preserve arrayStudent（60）

在程序中，重新调整动态数组大小的次数是没有限制的，我们可以根据需要进行灵活应用。但需要注意的是，当将数组由大调小时，会造成数据的丢失。上例中 Preserve 关键字的作用是调整大小后保留数组的内容。

数组的赋值方法与一般变量相同，为提高代码效率，数组变量的应用常常要用到循环语句。下面一段代码演示的动态数据的用法，程序运行结果如图 3-3 所示。

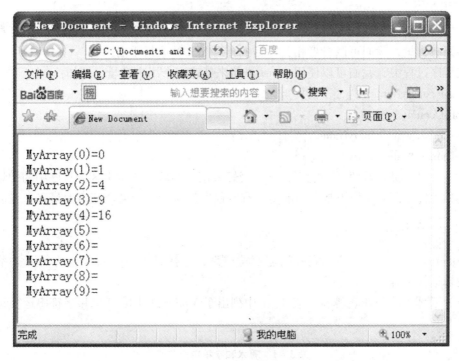

图 3-3　运行结果

```
<! --Ex3-5. asp-->
<html>
    <head>
        <title>动态数组</title>
</head>
    <body>
        <%
            ReDim MyArray(10)
            Dim i
            For i =0 To 9
                MyArray(i)  = i * i
            Next
            ReDim Preserve MyArray(4)
            ReDim Preserve MyArray(10)
            For i =0 To 9
                Response. write "MyArray(" & i & ")  =" & MyArray(i)  & "<br>"
            Next
        %>
    </body>
</html>
```

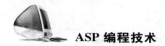

3.2.3 常量

常量是在程序中不变的量，一般用于替代不变的数值或字符信息，VBScript 自身定义了许多固有常量，我们可以参考相关书籍或查看 MSDN 联机手册。

在程序过程中，我们可以使用 Const 语句来创建一个用户常量，例如：

Const conMyName = " 张新明"

Const conMyAge = 23

Response. write conMyName

Response. write conMyAge

常量一旦定义，其值就不能再改变。最好采用一种命名方案来区分程序中的常量与变量，例如可以使用 con 作为常量的前缀，有些程序员也把常量名全部用大写字母表示。

3.2.4 运算符

VBScript 中定义了一整套完整的运算符体系，包括算术及字符串运算符、关系运算符、逻辑运算符等。

（1）算术和字符串运算符　表 3 – 1 中列出了 VBScript 中的算术和字符串运算符及其含义。

表 3 – 1　算术和字符串运算符

运算符	含　义	举例说明
+	加法	3 + 5 = 8
−	减法	3 − 2 = 1
*	乘法	5 * 5 = 25
/	除法	7/2 = 3.5
\	整除	7 \ 2 = 3
mod	取余	7mod2 = 1
^	求幂	4^3 = 64
&	字符串连接	" abc"&"def" = "abcdef"

在表 3 – 1 中，" + " 运算符和 "&" 运算符都可以实现字符串的连接，但 " + " 运算符在运算时有可能无法确定是做加法还是做字符串连接，所以建议在做字符串连接时，最好还是采用 "&" 运算符。

（2）关系运算符　关系运算符又称比较运算符，通常用于循环和条件语句中的判断条件，其中 Is 运算符用来检查两个对象引用的对象是否相同。表 3 – 2 中，给出了关系运算符及其含义。

（3）逻辑运算符　如果循环或条件语句的判断条件不止一个，那么我们就需要利用逻辑运算符来连接多个关系表达式。VBScript 逻辑运算符共有 6 种。表 3 – 3 中，给出了逻辑运算符及其含义。

表 3 – 2　关系运算符

运算符	含　义
=	等于
< >	不等于
>	大于
<	小于
> =	大于等于
< =	小于等于
Is	对象比较

表 3-3　逻辑运算符

运算符	含　义
Not	逻辑非。返回与操作数相反的值
And	逻辑与。只有两边操作数都为 True 时，结果才为 True
Or	逻辑或。只要有一个操作数为 True，结果就为 True
Xor	逻辑异或。当两个操作数相同时，返回 False，两个操作数不同时，返回 True
Eqv	逻辑等价。当两个操作数相同时，返回 True，两个操作数不同时，返回 False
Imp	逻辑蕴涵。运算结果为：True Imp True = True、True Imp False = False、False Imp True = True、False Imp False = True

（4）运算符的优先级　当 VBScript 的表达式包含多个运算符时，将按预定顺序计算第一部分，这个顺序被称为运算符的优先级。通常，当表达式包含多种运算符时，首先计算算术运算符，然后计算关系运算符，最后计算逻辑运算符。当运算符等级相同时，按照从左到右的顺序依次计算。在所有运算符中，括号运算符等级最高，所以我们可以使用括号把我们要优先计算的部分括起来，以达到预期的结果。表 3-4 中，给出了各类运算符的优先顺序。

表 3-4　各类运算符的优先顺序

运算符种类	运算符	含　义	优先顺序
括号和函数	（ ）		1
运算符	函数		2
算术和字符串 运算符	^	求幂	3
	-	负号	4
	*	乘法	5
	/	除法	5
	\	整除	6
	Mod	取余	7
	+	加法	8
	-	减法	8
	&	字符串连接	9
关系运算符	=	等于	10
	< >	不等于	10
	>	大于	10
	<	小于	10
	> =	大于等于	10
	< =	小于等于	10
	Is	对象比较	10
逻辑运算符	Not	非	11
	And	与	12
	Or	或	13
	Xor	异或	14
	Eqv	等价	15
	Imp	蕴涵	16

3.2.5 条件语句

在程序的执行过程中，条件语句可以依据关系表达式结果的不同有选择地改变程序的执行流程。在 VBScript 中，条件语句有以下两种。

（1）If 语句　基本语法 1：

```
If 判断条件 Then
    程序代码 1
Else
    程序代码 2
End if
```

由于 VBScript 的语法与 VB 极为相似，因此在这里不做更多的说明。我们都知道，如果一个年份能被 400 整除，或者该年份能够被 4 整除但不能被 100 整除，那么这个年份就是闰年，否则不是闰年。下面我们就通过程序来完成闰年的判断。

```
<! --Ex3-6. asp-- >
<html >
    < head >
        < title >闰年判断 </title >
</head >
    < body >
        < script language = "VBScript" >
            Dim year
            year = InputBox("请输入一个年份"," 闰年判断"，2008)
        If ((year Mod 400) =0) Or (((Year Mod 4) =0) And ((Year Mod 100) < >0))
        Then
                MsgBox "这个年份是闰年" ,," 闰年判断"
            Else
                MsgBox "这个年份不是闰年" ,," 闰年判断"
            End If
        </script >
    </body >
</html >
```

基本语法 2：

```
If 判断条件 1 Then
    程序代码 1
Elseif 判断条件 2 Then
    程序代码 2
Elseif 判断条件 3 Then
    程序代码 3
……
Else
```

程序代码 N

End if

下面代码说明了语法 2 的用法，程序会依据输入的不同分值区域给出相应的评价。

```
<! --Ex3-7. asp-- >
<html >
    <head >
            <title > 成绩分析 </title >
</head >
<body >
        <script language = "VBScript" >
            Dim score
            score = InputBox("请输入一个成绩（0~100）:","成绩分析")
            If  score > = 90 Then
                MsgBox "你的成绩优秀。",,"成绩结果"
            ElseIf score > = 80 Then
                MsgBox "你的成绩良好。",,"成绩结果"
            ElseIf score > = 70 Then
                MsgBox "你的成绩中等。",,"成绩结果"
            ElseIf score > = 60 Then
                MsgBox "你的成绩及格。",,"成绩结果"
            Else
                MsgBox "你的成绩不及格。",,"成绩结果"
            End If
        </script >
        </body >
</html >
```

（2）Select Case 语句　基本语法：

```
Select Case 表达式
Case 数值 1
    程序代码 1
Case 数值 2
    程序代码 2
……
Case Else
    程序代码 N
End Select
```

Select Case 语句根据"表达式"的值确定要执行的代码段。如果"表达式"的值为"数值 1"，那么执行程序代码 1。以此类推，当"表达式"的值没有相应的 Case 与之相匹配时，程序执行 Case Else 后面的"程序代码 N"。

下面的代码演示了 Select Case 语句的用法，程序中 DatePart（"h"，now）返回当前时间的小时部分（0~23）。

```
<! --Ex3-8. asp-->
<html>
    <head>
            <title>Select Case 语句演示</title>
    </head>
    <body>
        <%
            Dim nowHour
            nowHour = DatePart( "h", now)
            Select Case nowHour
            Case 0, 1, 2, 3, 4, 5
                Response. write "凌晨时分，注意休息"
            Case 6, 7, 8, 9, 10, 11
                Response. write "上午好，开始工作吧"
            Case 12, 13, 14, 15, 16, 17, 18, 19
                Response. write "下午好，努力加油"
            Case 20, 21, 22, 23
                Response. write "晚安，美好的一天结束了"
            End Select
        %>
        </body>
</html>
```

3.2.6 循环语句

循环语句用于重复执行一组语句，在 VBScript 中，循环语句有以下四种。

（1）Do... Loop 循环 Do... Loop 语句的功能是判定条件为 True 时，或直到条件变为 True 时，重复执行程序代码。

基本语法：

```
Do While 判断条件
    程序代码
[Exit Do]
    程序代码
Loop
```

或

```
Do Until While 判断条件
    程序代码
[Exit Do]
```

程序代码

Loop

在循环语句中，我们可以在任何位置放置 Exit Do，用于随时跳出循环。下面的代码说明了 Do... Loop 语句的用法，程序运行结果如图 3 −4 所示。

```
<！--Ex3-9. asp-->
<html>
    <head>
            <title>Do... Loop 语句演示</title>
    </head>
    <body>
            <script language = "VBScript">
                Dim counter, myNum
                counter  = 0
                myNum  = 20
                Do Until myNum  = 10
                    myNum  = myNum - 1
                    counter  = counter + 1
                    If myNum  < 12 Then Exit Do
                Loop
                MsgBox "循环重复了 " & counter & " 次。"
            </script>
    </body>
</html>
```

图 3 −4　Do... Loop 运行结果

（2）While... Wend 循环　While... Wend 语句的功能是只要指定的条件为 True，那么就会重复执行循环语句。

基本语法：

While 判断条件

　　程序代码

Wend

与 Do... Loop 语句相比，由于 While... Wend 缺少一定的灵活性，所以我们建议大家最好使用 Do... Loop 语句。

（3）For… Next 循环 For… Next 语句是一种计数循环语句，它的循环是在用户给定次数的情况下执行的，在循环中使用计数器变量，该变量的值随每一次循环增加或减少，从而达到控制循环次数的目的。

基本语法：

For counter = start To end［Step step］

　　　程序代码

［Exit For］

　　　程序代码

Next

语法中，关键字 Step 用于指定计数器变量每次增加或减少的值，当希望计数器变量每次递减时，我们可以把 step 设为负值，此时计数器变量的终止值必须小于起始值。下面一段代码演示了 For… Next 语句的用法，运行结果如图 3 - 5 所示。

```
<! --Ex3-10. asp-- >
< html >
    < head >
            < title > For… Next 语句演示 < /title >
</head >
< body >
        < script language = "VBScript" >
            Dim j, total
            For j  = 2 To 10 Step 2
            total  = total + j
            Next
            MsgBox "总和为 " & total & ". "
        < /script >
        < /body >
</html >
```

图 3 - 5　For… Next 运行结果

（4）For Each… Next 循环 For Each… Next 语句和 For… Next 语句比较相似，只不过此循环通常是使用在对象和对象的数据集合，用来显示对象所有的元素，For Each… Next 不是简单地指定循环次数，而是对于对象集合中的每一个元素循环一次，此语句特别适合那些不知道有多少个元素的对象。

3.2.7 VBScript 过程

在 VBScrip 中，过程被分为两类，无返回值的 Sub 过程和有返回值的 Function 过程。

（1）Sub 过程 Sub 过程是包含在 Sub 和 End Sub 语句之间的一组 VBScript 语句，执行操作但不返回值。Sub 过程可以使用参数（由调用过程传递的常数、变量或表达式）。如果 Sub 过程无任何参数，则 Sub 语句必须包含空括号（)。

Sub 过程在客户端脚本编程中使用较多，一般用来实现客户端的动态显示。

调用 Sub 过程时，只需输入过程名及所有参数值，参数值之间使用逗号分隔。另外一种调用方法，就是使用 Call 语句，但如果使用了 Call 语句，则必须将所有参数包含在括号之中。

下面代码演示了 Sub 过程的调用过程。

```
<! --Ex3-11. asp-- >
<html >
    <head >
        <title >Sub 过程代码示例</title >
        < %
            Sub myMulti( num1，num2)
                Response. write "运算结果是:" & num1 ∗ num2 & " < br > "
            End Sub
        % >
</head >
<body >
        < %
        Call myMulti( 6,8)
        myMulti 7,9
        % >
        </body >
</html >
```

运行结果：

    运算结果是：48
    运算结果是：63

（2）Function 过程 Function 过程其实就是函数，是包含在 Function 和 End Function 语句之间的一组 VBScript 语句。Function 过程与 Sub 过程类似，但是 Function 过程可以返回值。

Function 过程可以使用参数（由调用过程传递的常数、变量或表达式）。如果 Function 过程无任何参数，则 Function 语句必须包含空括号（)。Function 过程通过函数名返回一个值，这个值是在过程的语句中赋给函数名的。Function 返回值的数据类型总是 Variant。

下面代码演示了 Function 过程的使用方法（图 3 -6）。

```
<！--Ex3-12. asp-->
<html>
    <head>
        <title>Function 过程代码示例</title>
        <script language="VBScript">
            Function myMulti(num1，num2)
                myMulti = num1 * num2
            End Function
        </script>
    </head>
    <body>
        <script language="VBScript">
            Dim result
            result = myMulti(8,9) + myMulti(4,8) + 100
            MsgBox result
        </script>
    </body>
</html>
```

运行结果：

图 3-6　Function 运行结果

3.2.8　内部函数

VBScript 语言为使用者提供了丰富的内部函数，常用的内部函数近百种，本书附录 2 中列举了 VBScript 的内部函数的种类及功能，本节对常用的一些函数加以介绍。

（1）数学函数　可分为以下 10 种。

①Abs 函数：Abs（number）返回一个数的绝对值，参数 number 可以是任意有效的数值表达式，当参数中包含 Null 时，返回 Null 值，如果是未初始化的变量，返回值为 0。

②Sqr 函数：Sqr（number）函数返回一个数的平方根。参数 number 可以是任意一个大于等于 0 的数值。

③Rnd 函数：Rnd（number）函数产生一个随机数。因每一次连续调用 Rnd 函数时

都用序列中的前一个数作为下一个数的种子，所以对于任何最初给定的种子都会生成相同的数列。

④Sqn 函数：Sqn（number）函数返回表示数字符号的整数。当 number 为正数时返回 +1，为负数时返回 -1，为零时返回 0。

⑤Int 函数、Fix 函数：Int（number）和 Fix（number）函数都删除 number 参数的小数部分并返回以整数表示的结果。Int 和 Fix 函数的区别在于如果 number 参数为负数时，Int 函数返回小于或等于 number 的第一个负整数，而 Fix 函数返回大于或等于 number 参数的第一个负整数。例如，Int 将 -8.4 转换为 -9，而 Fix 函数将 -8.4 转换为 -8。

⑥Sin 函数、Cos 函数、Tan 函数、Atn 函数：四个函数分别返回某个角的正弦值、余弦值、正切值和反正切值。

⑦Exp 函数：Exp（number）函数返回 e（自然对数的底）的幂次方。

⑧Log 函数：Log（number）函数返回参数 number 的自然对数值。

⑨Oct 函数：Oct（number）函数返回表示最大可到 11 位的八进制的字符串。number 参数是任意有效的表达式，当参数为 Null 时，返回值为 Null。

⑩Hex 函数：Hex（number）函数返回表示最大可到 8 位的十六进制的字符串。number 参数是任意有效的表达式，当参数为 Null 时，返回值为 Null。

（2）日期时间函数　有以下 6 种。

①Date 函数、Time 函数、Now 函数：Date（）函数返回当前系统日期，Time（）函数返回当前系统时间，Now（）函数返回当前系统的日期和时间。

②DataAdd 函数：DateAdd（interval，number，date）函数返回指定时间 date 间隔的日期。返回值与参数 date 的间隔由 interval 和参数 number 指定。

参数 interval 有多个可选值，当值为"d"时，表示以相差以日为单位，值为"m"时，表示以月为单位，值为"y"时表示以年为单位。参数 number 必须为整数，为正表示加年/月/日的值，为负时表示减。

③DateDiff 函数：DateDiff（interval，date1，date2）函数返回两个日期之间的间隔，参数 interval 意义同上。可以说 DateDiff 函数是 DateAdd 函数的逆运算。

④Day 函数、Month 函数、Year 函数：Day（date）函数返回日期数据 date 的日。Month（date）函数返回日期数据 date 的月。Year（date）函数返回日期数据 date 的年。

⑤Hour 函数、Minute 函数、Second 函数：Hour（time）函数返回时间数据 time 的小时部分。Minute（time）函数返回时间数据 time 的分钟部分。Second（time）函数返回时间数据 time 的秒。

⑥MonthName 函数：MonthName（month［，Abbreviate］）函数返回表明指定月份的字符串。参数 month 为月份的数值定义。例如，一月是 1，二月是 2，以此类推。参数 Abbreviate 为可选项，Boolean 值，表明月份名称是否简写。如果省略，默认值为 False，即不简写月份名称。

（3）字符串函数　有以下 10 种。

①Left 函数、Right 函数：Left（string，length）函数返回指定数目的从字符串左边算起的子字符串。Right（string，length）函数返回指定数目的从字符串右边算起的子字符串。

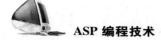
②Len 函数：Len（string）返回字符串的长度值。

③Mid 函数：Mid（string，start［，length］）函数从字符串中返回指定数目的字符。参数 start 指定取字符串的开始位置，参数 length 表示取字符串的长度。

④LTrim 函数、RTrim 函数、Trim 函数：LTrim（string）函数返回不带前导空格的字符串，即去掉 string 的左侧空格。RTrim（string）函数返回不带后续空格的字符串，即去掉 string 的右侧空格。Trim（string）函数将同时去掉 string 的两侧空格。

⑤InStr 函数、InStrRev 函数：InStr（string1，string2［，start［，compare］］）返回字符串 string2 在另一字符串 string1 中第一次出现的位置。可选参数 start 用于设置每次搜索的开始位置。如果省略，将从第一个字符的位置开始搜索。可选参数 compare 指示在计算子字符串时使用的比较类型的数值，默认值为 0，表示执行二进制比较，数值为 1 时表示执行文本比较数。InStrRev（string1，string2［，start［，compare］］）函数返回某字符串在另一个字符串中出现的从结尾计起的位置。

⑥Replace 函数：Replace（expression，find，replacewith［，compare［，count［，start］］］）函数将完成字符串的查找并替换，其中指定数目的某子字符串将被替换为另一个子字符串。参数 expression 为字符串表达式，包含要替换的子字符串。参数 find 表示要查找的子串。参数 replacewith 用来指定要替换的子字符串。可选参数 compare 意义与上面相同。参数 count 指定执行子字符串替换的数目。参数 start 指定开始查找子串的位置。

⑦StrComp 函数：StrComp（string1，string2［，compare］）函数返回一个表明字符串比较结果的值。比较结果当 string1 小于 string2 时返回 –1；当 string1 等于 string2 时返回 0；当 string1 大于 string2 时返回 1。可选参数 compare 意义同上。

⑧String 函数：String（number，character）函数返回具有指定长度的重复字符组成的字符串。

⑨Space 函数：Space（number）返回由指定数目的空格组成的字符串。参数 number 为字符串中用户所需的空格数。

⑩LCase 函数、UCase 函数：LCase（string）返回字符串 string 的小写形式。UCase（string）返回字符串 string 的大写形式。

（4）格式化函数　有以下 3 种。

①FormatDateTime 函数：FormatDateTime（Date［，NamedFormat］）返回表达式，此表达式将被格式化为日期或时间的指定格式。可选参数 NamedFormat 的取值及含义见表3 –5。

表 3 –5　NamedFormat 参数取值及含义

运算符	含　义
0	显示日期和/或时间。如果有日期部分，则将该部分显示为短日期格式。如果有时间部分，则将该部分显示为长时间格式。如果都存在，则显示所有部分。例如：2008-6-20 20：32：58
1	使用计算机区域设置中指定的长日期格式显示日期。例如：2008 年 6 月 20 日
2	使用计算机区域设置中指定的短日期格式显示日期。例如：2008-6-20
3	使用计算机区域设置中指定的时间格式显示时间。例如：20：32：58
4	使用 24 小时格式（hh：mm）显示时间。例如：20：32

②FormatNumber 函数：FormatNumber（expression［，exp1［，exp2［，exp3［，exp4］］］］）返回已被格式化的数值表达式。必选参数 expression 指定要被格式化的表达式。可选参数 exp1 指定小数点右侧显示位数，默认值为 –1，表示使用计算机的区域设置。可选参数 exp2 指定是否显示小数值小数点前面的零，可选值为 –1 时表示 true，为 0 时表示 false，为 –2 时表示使用计算机区域设置中的默认设置。可选参数 exp3 指定是否将负值置于括号中。可选参数 exp4 指定是否使用计算机区域设置中指定的数字分组符号将数字分组。exp3、exp4 两参数的取值与 exp2 相同。

③FormatPercent 函数：FormatPercentNumber（expression［，exp1［，exp2［，exp3［，exp4］］］］）返回已被格式化为尾随有 % 符号的百分比（乘以 100）表达式。其用法与参数与 FormatNumber 相同。

（5）类型转换函数 有以下 9 种。

①CBool 函数：CBool（expression）将表达式的值转换为 Boolean 子类型。值为 0 时返回 false，否则返回 true。

②CByte 函数：CByte（expression）将表达式的值转换为 Byte 子类型。如果值超出 Byte 子类型范围，则发生错误。

③CCur 函数：CCur（expression）将表达式的值转换为 Currency 子类型。参数 expression 可以是任意有效的数值表达式。

④CDate 函数：CDate（expression）将表达式的值转换为 Date 子类型。参数 expression 可以是任意有效的日期数值表达式。

⑤CDbl 函数：CDbl（expression）将表达式的值转换为 Double 子类型。参数 expression 可以是任意有效的数值表达式。

⑥CInt 函数：CInt（expression）将表达式的值转换为 Integer 子类型。参数 expression 可以是任意有效的数值表达式。

注意：当参数为小数时，CInt 函数通常将其四舍五入为最接近的偶数。例如，0.5 被四舍五入为 0，而 1.5 则被四舍五入为 2。

⑦CLng 函数：CLng（expression）将表达式的值转换为 Long 子类型。参数 expression 可以是任意有效的数值表达式。其用法与 CInt 函数相同。

⑧Csng 函数：CSng（expression）将表达式的值转换为 Single 子类型。参数 expression 可以是任意有效的数值表达式。其用法与 CDbl 函数相同。

⑨CStr 函数：CStr（expression）将表达式的值转换为 String 子类型。参数 expression 可以是任意有效的表达式。

（6）其他函数 有以下 10 种。

①IsArray 函数：IsArray（expression）判断变量是否为数组，是返回 true，否则返回 false。

②IsDate 函数：IsDate（expression）判断表达式是否可以被转换成日期子类型，是返回 true，否则返回 false。

③IsEmpty 函数：IsEmpty（expression）判断变量是否已被初始化，是返回 true，否则返回 false。

④IsNull 函数：IsNull（expression）判断表达式中是否包含空值，是返回 true，否则

返回 false。

⑤IsNumeric 函数：IsNumeric（expression）判断表达式的值是否为数字，是返回 true，否则返回 false。

⑥IsObject 函数：IsObject（expression）判断表达式是否引用了有效的对象，是返回 true，否则返回 false。

⑦Eval 函数：Eval（expression）函数计算一个表达式的值并返回结果。

⑧TypeName 函数：TypeName（expression）函数返回参数表达式的子类型名称。

⑨InputBox 函数：InputBox（prompt［，title］［，default］［，xpos］［，ypos］［，helpfile，context]）将生成一个输入对话框。用户可以通过对话窗口中的文本框输出信息，完成程序的交互。当用户单击"确定"按钮关闭对话框时，文本框中的内容将作为返回值返回。此函数只能应用于客户端脚本中。

参数 prompt 为字符串表达式，作为消息显示在对话框中。prompt 的最大长度大约是 1 024 个字符，这取决于所使用的字符的宽度。如果 prompt 中包含多行，则可在各行之间用回车符（Chr（13））、换行符（Chr（10））或回车换行符的组合（Chr（13）& Chr（10））以分隔各行。

参数 title 设定显示在对话框标题栏中的字符串表达式。如果省略 title，则应用程序的名称将显示在标题栏中。

参数 default 显示在文本框中的字符串表达式，在没有其他输入时作为默认的响应值。如果省略 default，则文本框为空。

参数 Xpos 为数值表达式，用于指定对话框的左边缘与屏幕左边缘的水平距离（单位为缇）。如果省略 xpos，则对话框会在水平方向居中。

参数 Ypos 用于指定对话框的上边缘与屏幕上边缘的垂直距离（单位为缇）。如果省略 ypos，则对话框显示在屏幕垂直方向距下边缘大约三分之一处。

参数 helpfile 为字符串表达式，用于标识为对话框提供上下文相关帮助的帮助文件。如果已提供 helpfile，则必须提供 context。

参数 context 为数值表达式，用于标识由帮助文件的作者指定给某个帮助主题的上下文编号。如果已提供 context，则必须提供 helpfile。

⑩MsgBox 函数：MsgBox（prompt［，buttons］［，title］［，helpfile，context]）将生成一个消息对话框，在对话框中显示消息，等待用户单击按钮，并返回一个值指示用户单击的按钮。此函数只能应用于客户端脚本中。

参数 prompt 作为消息显示在对话框中的字符串表达式。最大长度与用法与 InputBox 函数相同。

参数 buttons 为数值表达式，用于是表示指定显示按钮的数目和类型、使用的图标样式等。表 3 - 6 中列出了 buttons 参数的取值与用法。buttons 的默认值为 0。

参数 title 为显示在对话框标题栏中的字符串表达式。如果省略 title，则将应用程序的名称显示在标题栏中。

参数 Helpfile 与参数 Context 的作用与 InputBox 函数相同。

在本书附录 2 中，列出了 VBScrip 中函数的分类及功能，学员可作为学习中的参考，同时也可利用 MSDN 在线帮助加强这方面的学习。

表 3 – 6　buttons 参数取值及含义

常数	值	描　　述
vbOKOnly	0	只显示"确定"按钮
vbOKCancel	1	显示"确定"和"取消"按钮
vbAbortRetryIgnore	2	显示"放弃"、"重试"和"忽略"按钮
vbYesNoCancel	3	显示"是"、"否"和"取消"按钮
vbYesNo	4	显示"是"和"否"按钮
vbRetryCancel	5	显示"重试"和"取消"按钮
vbCritical	16	显示"临界信息"图标
vbQuestion	32	显示"警告查询"图标
vbExclamation	48	显示"警告消息"图标
vbInformation	64	显示"信息消息"图标
vbDefaultButton1	0	第一个按钮为默认按钮
vbDefaultButton2	256	第二个按钮为默认按钮
vbDefaultButton3	512	第三个按钮为默认按钮
vbDefaultButton4	768	第四个按钮为默认按钮
vbApplicationModal	0	应用程序模式：用户必须响应消息框才能继续在当前应用程序中工作
vbSystemModal	4096	系统模式：在用户响应消息框前，所有应用程序都被挂起

3.3　任务：后台账号密码判断程序的实现

在实际应用中，有许多网站都要注用户以合法的身份注册登录，这是一种保证网站资源安全性的有效手段和办法。本节通过一个账号密码的判断程序来巩固前面所学的内容。

由于我们还没有学习关于后台数据库方面的知识，所以本任务假设用户名为"admin"，密码为"QQ12345"。用户打开网页后，必须输入合法的用户名和相应的密码才能正确登录，否则将清空文本框要求重新填写，错误代码最多输入 5 次。

实例代码：

```
<! --login. asp-- >
< HTML >
< HEAD >
< TITLE > 德康百汇汽车服务中心首页 </TITLE >
< style type = "text/css" >
    . style1{ font-family: "宋体"；font-size: 16px}
</ style >
< script language = "VBScript" >
Sub Login_valueOf( )
        Dim user1, password1
        Dim i, count
```

```
        user1 = myform. userName. value
        password1 = myform. userPass. value
        count = CInt( myform. myHidden. value)
        If count > = 5 Then
            MsgBox "输入密码次数超过 5 次，窗口关闭!"
            Window. close( )
        ElseIf user1 = "" Then
            MsgBox "用户名不能为空!"
        ElseIf password1 = "" Then
            MsgBox "密码不能为空!"
        ElseIf user1 = "admin" And password1 = "QQ12345" Then
            MsgBox "用户登录成功! 欢迎进入网站!"
        Else
            MsgBox "密码不正确，请重新输入!"
            myform. myHidden. value = count + 1
            myform. userPass. value = ""
        End If
    End Sub
</script >
</HEAD >


<BODY bgcolor = #c8c8ff >
<form method = "get" name = "myform" >
<input type = hidden name = myHidden value = "0" >
<table align = center class = style1 >
    <tr >
        <td > <img src = "../images/banner. jpg" > </td >
        <td >           登录通道： </td >
        <td > <input type = button value = "会员"  > </td >
        <td > <input type = button value = "经销商"  > </td >
        <td >            &reg;版权所有 &trade; </
        td >
    </tr >
    <tr >
        <td > <hr width = 100%  size = 2  color = #8888ff > </td >
    </tr >
</table >
<center > <img src = "../images/banner1. jpg"  > </center >
<table align = center width = 880 cellspacing = 10 >
```

＜tr＞

＜td bgcolor＝#ffdfff width＝23％＞

＜table cellspacing＝10 align＝center＞

＜tr＞＜td＞＜a href＝"return. html"＞＜img src＝".. /images/navigation1. jpg"＞
＜/a＞＜/td＞＜/tr＞

＜tr＞＜td＞＜a href＝"return. html"＞＜img src＝".. /images/navigation2. jpg"＞
＜/a＞＜/td＞＜/tr＞

＜tr＞＜td＞＜a href＝"return. html"＞＜img src＝".. /images/navigation3. jpg"＞
＜/a＞＜/td＞＜/tr＞

＜tr＞＜td＞＜a href＝"return. html"＞＜img src＝".. /images/navigation4. jpg"＞
＜/a＞＜/td＞＜/tr＞

＜tr＞＜td＞＜a href＝"return. html"＞＜img src＝".. /images/navigation5. jpg"＞
＜/a＞＜/td＞＜/tr＞

＜tr＞＜td＞＜a href＝"return. html"＞＜img src＝".. /images/navigation6. jpg"＞
＜/a＞＜/td＞＜/tr＞

＜tr＞＜td＞＜a href＝"return. html"＞＜img src＝".. /images/navigation7. jpg"＞
＜/a＞＜/td＞＜/tr＞

＜tr＞＜td＞＜a href＝"return. html"＞＜img src＝".. /images/navigation8. jpg"＞
＜/a＞＜/td＞＜/tr＞

＜/table＞

＜/td＞

＜td width＝75％＞

＜table cellspacing＝10 align＝center class＝style1＞

＜tr＞＜td＞用户名：＜input type＝text value＝"" name＝userName size＝20＞＜/
td＞＜/tr＞

＜tr＞＜td＞密＆nbsp;＆nbsp;码：＜input type＝password name＝userPass value
＝"" size＝20＞＜/td＞＜/tr＞

＜tr＞＜td＞＆nbsp;＆nbsp;＆nbsp;＆nbsp;＆nbsp;＆nbsp;＆nbsp;＆nbsp;＜input type
＝button value＝"登录" onclick＝"Login_valueOf( )"＞＆nbsp;＆nbsp;＆nbsp;＆nbsp;＜input
type＝button value＝"退出"＞＜/td＞＜/tr＞

＜tr＞＜/tr＞   ＜tr＞＜/tr＞   ＜tr＞＜/tr＞   ＜tr＞＜/tr＞   ＜tr＞＜/tr＞

＜/table＞

＜/td＞

＜/tr＞

＜/table＞

＜center＞＜img src＝".. /images/banner2. jpg"＞＜/center＞

＜hr width＝900 align＝center size＝3 color＝#bb8866＞

＜p＞＜h4 align＝center class＝style1＞联系我们：0451-88888888＆nbsp;＆nbsp;
＆nbsp;＆nbsp; E_mail: hrb_asp@ sina. com＜/h4＞＜/p＞

```
    </form>
</BODY>
</HTML>
```

习 题

一、填空题

(1) 在 ASP 中加入注释的方法是_____。

(2) 在 VBScript 中定义变量的方法是使用_____关键字。

(3) 函数 Len（）的作用是_____，函数 Rtrim（）的作用是_____。

(4) 函数 Len（）的作用是_____，函数 Rtrim（）的作用是_____。

(5) 函数 DateDiff（）的作用是_____，函数 DateAdd（）的作用是_____。

(6) 函数 CDbl（）的作用是_____，函数 Csng（）的作用是_____。

(7) 函数 Hex（）的作用是_____，函数 Fix（）的作用是_____。

(8) 函数 msgBox（）的作用是_____，函数 inputBox（）的作用是_____。

二、问答题

(1) 如何界定 ASP 脚本代码与普通的 HTML 代码？

(2) VBScript 中有几种数据类型，常见的子类型有哪几种，举例说明。

(3) 在 VBScript 中如何定义常量，为什么要定义常量。

(4) 在 VBScript 中语法中，条件语句有哪几种，简述实现各种条件判断的语法。

(5) 在 VBScript 中语法中，循环语句有哪几种，简述实现各种循环语句的语法。

(6) VBScript 中有几种过程类型，其区别是什么？

三、操作题

(1) 编写一个程序，在网页中输出 1~100 之间的整数、奇数和偶数。

(2) 请建立一个注册用户的表单，在输入数据后使用 VBScript 程序代码显示输入的数据。

(3) 编写用输入对话框得到一个表达式，同时判断该表达式能否转换为日期类型，如果能，将输入的日期推后 100 天用消息对话框显示输出。

(4) 编写一个小程序，在网页上以长日期和长时间格式输出当前的日期和时间，要求字体为 20pix，颜色红色。

(5) 利用循环语句在网页中输出乘法口诀表。

第四章 ASP 内置对象及交互技术

目前的 ASP 版本总共提供了 6 个内建对象，分别是：Request 对象、Response 对象、Server 对象、Session 对象、Application 对象及 ObjectContext 对象。其各自功能简述如下：

（1）Request 对象负责从客户机接收信息　为脚本提供客户端在请求一个页面或传送一个窗体时提供的所有信息，这包括能够标识浏览器和用户的 HTTP 变量，存储他们的浏览器对应于这个域的 cookie，以及附在 URL 后面的值（查询字符串或页面中 < Form > 段中的 HTML 控件内的值）。它也给我们提供了通过 Secure Socket Layer（SSL），或其他的加密通信协议，访问证书的能力并提供有助于管理连接的属性。

（2）Response 对象负责响应用户请求　Response 对象用来访问所创建的并返回客户端的响应。它为脚本提供了标识服务器和性能的 HTTP 变量，发送给浏览器的信息内容和任何将在 Cookie 中存储的信息。它也提供了一系列用于创建输出页的方法，如无所不在的 Response. Write 方法。

（3）Application 对象负责保存所有 ASP 程序用户的共用信息　Application 对象是在为响应一个 ASP 页的首次请求而载入 ASP DLL 时创建的，它提供了存储空间用来存放变量和对象的引用，可用于所有的页面，任何访问者都可以打开它们。

（4）Session 对象负责保存单个用户与应用程序交互的各种信息　独特的 Session 对象是在每一位访问者从 Web 站点或 Web 应用程序中首次请求一个 ASP 页时创建的，它将保留到默认的期限结束（或者由脚本决定中止的期限）。它与 Application 对象一样提供一个空间用来存放变量和对象的引用，但只能供目前的访问者在会话的生命期中打开的页面使用。

（5）Server 对象负责控制 ASP 的运行环境　Server 对象提供了一系列的方法和属性，在使用 ASP 编写脚本时是非常有用的。最常用的是 Server. CreateObject 方法，它允许我们在当前页的环境或会话中在服务器上实例化其他 COM 对象。还有一些方法能够把字符串翻译成在 URL 和 HTML 中使用的正确格式，这通过把非法字符转换成正确、合法的等价字符来实现。

（6）ObjectContext 对象　供 ASP 程序配合 MTS 进行分散式的事务处理。

4.1　ASP 对象模型

4.1.1　Request 对象

基本语法：

Request［. 集合 ｜ 属性 ｜ 方法］（变量）

Request 集合　包括 Form 集合、QueryString 集合、Cookies 集合、ServerVariables 集合等，这都是 Request 对象中常用的数据集合，以下是各集合的详细用法：

（1）Form 数据集合　Form 数据集合是 Request 对象中最常使用的数据集合。使用 Form 数据集合可以取得客户端用 POST 方式传送的表单上的各对象内容值。

基本语法如下：

Request. Form（element）［（index）｜. Count］

Element：指定集合要检索的表格元素的名称。

Index：可选参数，使用该参数可以访问某参数中多个值中的一个。它可以是 1 到 Request. Form（parameter）. Count 之间的任意整数。

Count：集合中元素的个数。当 Form 以 POST 方法提交时，就应该使用 Form 数据集合。

例：用 Form 数据集合获取用户输入的数据。

第一步：用户输入数据页面 4. 1form. html（图 4 –1）。

图 4 –1　Form 表单提交显示页面

<！DOCTYPE html PUBLIC "-//W3C//DTD XHTML 1. 0 Transitional//EN"
"http：//www. w3. org/TR/xhtml1/DTD/xhtml1-transitional. dtd" >
<html xmlns = "http：//www. w3. org/1999/xhtml" >
<head >
<meta http-equiv = "Content-Type" content = "text/html；charset = gb2312" / >
<title >获取用户输入的数据——提交数据 </title >
</head >
<body >
<form Action = "4. 1form. asp" Method = "post" >

姓名：< input type = "text" name = "name" > < br / > < br / >

密码：< input type = "text" name = "password" > < br / > < br / >

< input　type = "submit" value = "提交"　>

</ form >

</ body >

</ html >

第二步：用户数据接收页面 4.1form. asp（图 4 - 2）。

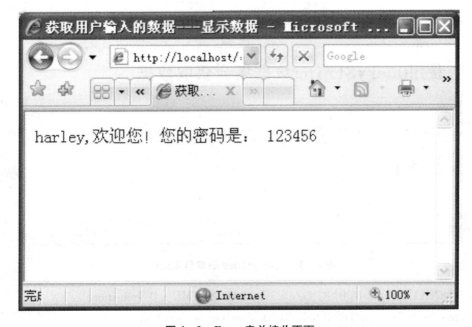

图 4 - 2　Form 表单接收页面

< % @ LANGUAGE = "VBSCRIPT" CODEPAGE = "936"% >

<! DOCTYPE html PUBLIC "-//W3C//DTD XHTML 1. 0 Transitional//EN"

"http: //www. w3. org/TR/xhtml1/DTD/xhtml1-transitional. dtd" >

< html xmlns = "http: //www. w3. org/1999/xhtml" >

< head >

< meta http-equiv = "Content-Type" content = "text/html; charset = gb2312" / >

< title >获取用户输入的数据——显示数据 </ title >

</ head >

< body >

< % = Request. Form("name")% >，欢迎您！您的密码是：

< % = Request. Form("password")% >

</ body >

</ html >

注意：代码 < % = % > 等价于 < % Response. Write ( )% >，也就是在页面输出变量。

（2）QueryString 数据集合　使用 QueryString 数据集合可以取得客户端用 GET 方式传

ASP 编程技术

送的各参数内容值。客户端常通过在超链接后接"？"的方式传输信息给服务器端，服务器端再用 QueryString 数据集合接收。基本语法与 Form 集合相同。

例：用 QueryString 数据集合获取数据

第一步：用户输入数据页面 4.2QueryString. html（图 4 – 3）。

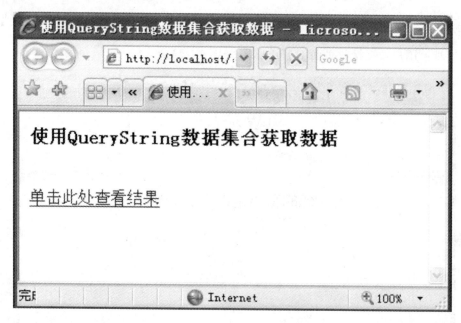

图 4 – 3　　QueryString 表单显示页面

```
< ! DOCTYPE html PUBLIC "-//W3C//DTD XHTML 1.0 Transitional//EN"
"http://www. w3. org/TR/xhtml1/DTD/xhtml1-transitional. dtd" >
< html xmlns = "http://www. w3. org/1999/xhtml" >
< head >
< meta http-equiv = "Content-Type" content = "text/html; charset = gb2312" / >
< title >使用 QueryString 数据集合获取数据 < /title >
< /head >
< body >
< h3 >使用 QueryString 数据集合获取数据 < /h3 > < br >
< a href = "4. 2queryString. asp?name = harley&password = 123456" >单击此处查看结果
< /a >
< /body >
< /html >
```

第二步：用户输入数据页面 4.2QueryString. asp（图 4 – 4）。

```
< % @ LANGUAGE = "VBSCRIPT" CODEPAGE = "936"% >
< !DOCTYPE html PUBLIC "-//W3C//DTD XHTML 1.0 Transitional//EN"
"http://www. w3. org/TR/xhtml1/DTD/xhtml1-transitional. dtd" >
< html xmlns = "http://www. w3. org/1999/xhtml" >
```

图 4 – 4　**QueryString 表单接收页面**

< head >

< meta http-equiv = "Content-Type" content = "text/html; charset = gb2312" / >

< title > 获取用户输入的数据——显示数据 </title >

</head >

< body >

< % = Request. QueryString("name") % >，欢迎您！　< br / > < br / > 您的密码是：

< % = Request. QueryString("password") % >

</body >

</html >

注意：当 Form 要以 GET 的方式进行提交，接收页面也需要用 QueryString 集合。

（3）ServerVariables 集合　Request 对象的 ServerVariables 集合可用来取得一些客户端的信息，如客户机 IP 地址、名称等，也可取得服务器端的环境变量，如服务器地址、服务器端口号等等。

基本语法

Request. ServerVariables（服务器环境变量）

常用的服务器环境变量：

ALL_HTTP：客户端发送的 HTTP 标签。

SERVER_NAME：服务器的计算机名称或 IP 地址。

SERVER_PORT：服务器正在运行的端口号。

REMOTE_ADDR：发出 Request 请求的远端客户机的 IP 地址。

HTTP_USER_AGENT：客户端发出 Request 的浏览器类型。

例：用 ServerVariables 数据集合获取数据（图 4 – 5）。

< % @ LANGUAGE = "VBSCRIPT" CODEPAGE = "936"% >

< ! DOCTYPE html PUBLIC "-//W3C//DTD XHTML 1. 0 Transitional//EN"

115

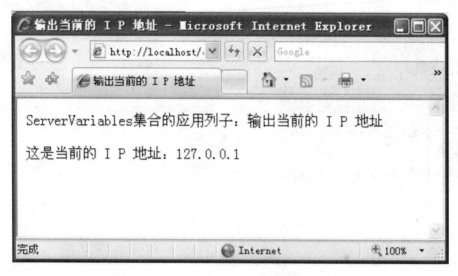

图 4 – 5　ServerVariables 获取 IP 输出

"http://www.w3.org/TR/xhtml1/DTD/xhtml1-transitional.dtd" >

< html xmlns = "http://www.w3.org/1999/xhtml" >

< head >

< meta http-equiv = "Content-Type" content = "text/html; charset = gb2312" / >

< title > 输出当前的 IP 地址 </ title >

</ head >

< body >

ServerVariables 集合的应用列子：输出当前的 IP 地址 < br / > < br / >

< %

dim ThisIP

ThisIP = Request.ServerVariables("REMOTE_ADDR")

Response.Write "这是当前的 IP 地址：" &ThisIP

% >

</ body >

</ html >

4.1.2　Response 对象

Response 对象用于动态响应客户端请求，并将响应信息返回到客户端浏览器中。

基本语法：

Response [.集合 ︱ 属性 ︱ 方法]

Response 方法

Response 对象的方法包括 AppendToLog、BinaryWrite、Clear、End、Flush、Redirect、Write 等。

（1）Write 方法　Write 方法是 Response 对象最常用的方法，该方法可以向浏览器动态输出信息。

基本语法：

Response. Write 变量 ｜ 函数 ｜ "字符串"

例：Response. Write 方法向浏览器输出（图4－6）。

图4－6　**Response. Write 方法向浏览器输出**

< % @ LANGUAGE = "VBSCRIPT" CODEPAGE = "936"% >

<! DOCTYPE html PUBLIC "-//W3C//DTD XHTML 1. 0 Transitional//EN"

"http: //www. w3. org/TR/xhtml1/DTD/xhtml1-transitional. dtd" >

< html xmlns = "http: //www. w3. org/1999/xhtml" >

< head >

< meta http-equiv = "Content-Type" content = "text/html;　charset = gb2312" / >

< title > Response. Write 方法向浏览器输出 </title >

</head >

< body >

Response. Write 方法向浏览器输入 < br / > < br / >

< %

Response. Write" 当前的时间是："　&now( )

% >

</body >

</html >

（2）Redirect 方法　Redirect 方法可以用来将客户端的浏览器重定向到一个新的网页。

基本语法：

Response. Redirect　URL

例：Response. Redirect 方法浏览器页面跳转。

< % @ LANGUAGE = "VBSCRIPT" CODEPAGE = "936"% >

<! DOCTYPE html PUBLIC "-//W3C//DTD XHTML 1. 0 Transitional//EN"

"http://www. w3. org/TR/xhtml1/DTD/xhtml1-transitional. dtd" >

< html xmlns = "http://www. w3. org/1999/xhtml" >

< head >

< meta http-equiv = "Content-Type" content = "text/html; charset = gb2312" / >

< title > Response. Redirect 方法的 URL 跳转 </title >

</head >

< body >

< %

Response. Write "Http://www. 163. com"

% >

</body >

</html >

注意：Response. Write 还可以 URL 跳转到一个页面，像这样：R esponse. Write "index. asp"

（3）Flush 方法　Flush 方法可以立即发送缓冲区中的数据。

基本语法：

Response. Flush

注意：事先应将 Response 对象的 Buffer 属性设为 True。

（4）End 方法　End 方法使 Web 服务器停止处理脚本并返回当前结果，文件中剩余的内容将不被处理。

基本语法：

Response. End

例：Response. End 方法停止脚本运行并返回结果。

< %

Response. Write　"The first line.　< br >"

Response. End

Response. Write　"The second line. "

% >

注意：运行到 Response. End 代码处下面其他脚本代码都停止运行并返回结果。

（5）Clear 方法　Clear 方法可以清除缓冲区中的所有 HTML 输出。

基本语法：

Response. Clear

Response 属性

Response 对象的属性包括 Buffer、CacheControl、Charset、ContentType、Expires、ExpiresAbsolute、IsClientConnected、PICS、Status 等。

①Buffer 属性：Buffer 属性用于指示是否缓冲页输出。如果是缓冲页输出，则只有等当前页的所有服。

务器脚本处理完毕或是调用了 Flush 或 End 方法后，才将响应发送给客户端。

基本语法：

Response. Buffer = Ture 或 False

默认情况下，Buffer 属性值为 False。当设为 True 时，即表示缓冲页输出。

注意：一般情况下 Response. Buffer 要放在页面代码第一行。

②ContentType 属性：ContentType 属性用来指定响应的 HTTP 内容类型。默认为 text/html。

基本语法：

Response. ContentType = 内容类型

③Expires 属性：Expires 属性指定了在浏览器上缓冲存储的页离过期还有多少时间。如果用户在某页过期之前又返回此页，则显示缓冲区中的页面。

基本语法：

Response. Expires = 分钟数

4.1.3 Application 对象

Application 对象用于存储对所有用户都共享的信息，并可以在 Web 应用程序运行期间持久地保持数据。

基本语法：

Application（" 属性 | 集合名称"）= 值

Application 集合

包括 Contents 集合和 StaticObjects 集合。

其中 Contents 集合表示没有使用 < OBJECT > 元素定义的存储于 Application 对象中的所有变量（及它们的值）的一个集合；而 StaticObjects 集合表示使用 < OBJECT > 元素定义的存储于 Application 对象中的所有变量（及它们的值）的一个集合。

①Contents. Remove（"变量名"）：从 Application. Content 集合中删除一个 Application 变量。

②Contents. RemoveAll（）：从 Application. Content 集合中删除所有变量。

③Lock（）：锁定 Application 对象，使得只有当前的 ASP 页面对内容能够进行问。

④Unlock（）：解除对在 Application 对象上的 ASP 网页的锁定。

⑤OnStart 事件和 OnEnd 事件：在它启动和结束时触发。

两个事件的代码必须放在 global. asa 中，其语法如下：

```
< Script Language = " ScriptLanguage" RUNAT = Server >
Sub Application_OnStart
    '事件的处理代码
End Sub
Sub Application_OnEnd
    '事件的处理代码
End Sub
</Script >
```

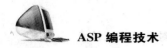

4.1.4 Session 对象

Session 对象，可以使不同的用户存储自己的信息，当用户在应用程序的 Web 页之间跳转时，存储在 Session 对象中的变量将不会丢失。

基本语法：

Session（" 属性 | 集合名称"）= 值

Session 集合

Contents 集合和 StaticObjects 集合。

其中 Contents 集合表示存储于这个特定 Session 对象中的所有变量和其值的一个集合，并且这些变量和值没有使用 < OBJECT > 元素进行定义；而 StaticObjects 集合表示通过使用 < OBJECT > 元素定义的、存储于这个 Session 对象中的所有变量的一个集合。

①Contents. Remove（" 变量名"）：从 Session. Content 集合中删除一个 Session 变量。

②Contents. RemoveAll（）：从 Session. Content 集合中删除所有变量。

③Abandon（）：删除所有存储在 Session 对象中的对象并释放这些对象的资源。

Session 属性

包括 TimeOut 属性、SessionID 属性、CodePage 属性、LCID 属性等。

①TimeOut 属性：定义以分钟为单位的超时周期。在超时周期内没有进行刷新或请求一个网页，该会话结束。

②SessionID 属性：记录着每个 Session 的代号，这个代号由服务器产生，它是一个不重复的长整数数字。

③CodePage 属性：定义用于在浏览器中显示页内容的代码页（Code Page）。

④LCID 属性：定义发送给浏览器的页面地区标识（LCID）。LCID 是唯一地标识地区的一个国际标准缩写。

Session 对象还提供了在它启动和结束时触发的两个事件：OnStart 事件和 OnEnd 事件。

这两个事件的代码必须放在 global. asa 中，其语法如下：

< Script Language = " ScriptLanguage" RUNAT = Server >

Sub Session_OnStart

事件的处理代码

End Sub

Sub Session_OnEnd

事件的处理代码

End Sub

 </SCRIPT >

4.1.5 Server 对象

Server 对象提供对服务器上访问的方法和属性。

基本语法：

Server. 属性 ｜ 方法

Server 属性

Server 对象只是一个属性 ScriptTimeout，表示脚本程序能够运行的最大时间，在脚本运行起过这一时间之后即做超时处理，如下代码指定服务器处理脚本在 400 秒后超时。

< % Server. ScriptTimeout = 400 % >

注意：ScriptTimeout 的值在设置过程中要适当，要能够页面运行就可以，不要太少，代码脚本没有执行完，会出现超时；也不要太大，会浪费页面资源。

Server 方法

CreateObject、HTMLEncode、MapPath、URLEncode 等。

（1）CreateObject 方法　用于创建一个 ActiveX 组件实例。

基本语法：

Set 对象实例名称 = Server. CreateObject（" ActiveX 组件"）

CreateObject 方法创建连库对象。

< % set Conn = Server. CreateObject（" Connection"）% >

（2）HTMLEncode 方法　HTMLEncode 方法允许对特定的字符串进行 HTML 编码。Server 对象的 HTMLEncode

会不解释 HTML 代码标签，并按着给定的字符串进行文本输出。

基本语法：

Server. HTMLEncode（string）

< % Response. Write Server. HTMLEncode（" 换 行 标 记 为 < br >，不 同 于 分 段。"）% >

注意：此处输出的字符串会连 < br > 这样的 HTML 标签当作文本输出。

（3）MapPath 方法　MapPath 方法将返回指定虚拟路径在服务器上的物理路径。

基本语法：

Server. MapPath（Path）

Server. MapPath（PATH_INFO）能得到当前文件的虚拟路径，所以，如果把当前文件的虚拟路径映射为物理路径，可以使用以下代码。

< % Response. write " 当前文件的虚拟路径为:"% >

< % = Request. ServerVariables（" PATH_INFO"）% >

< % Response. write " 该文件的物理路径为:"% >

< % = Server. MapPath（Request. ServerVariables（" PATH_INFO"））% >

假设将该文件保存为 Indx. asp，则执行完该程序，在页面中将显示以下内容：

该文件的虚拟路径为：/asp/index. asp

该文件的物理路径为：D：/aspsite/aspbook

那么，包含连库文件 Conn. asp 时，要用到 Server. MapPath 方法，正确的与 ACCESS 数据库进行接，如果你的 Conn. asp 在站点的根目录下，我们可以这样来写：

< %

'声明变量 Conn

Dim Conn

'建立数据库连接过程

Sub OpenConn（）

'ACCESS 数据库的文件名，请使用相对于网站根目录的绝对路径

db = " /database/HwData. mdb"

Set Conn = Server. CreateObject（" ADODB. Connection"）

Connstr = " Provider = Microsoft. Jet. OLEDB. 4. 0；Data Source = " &Server. MapPath（db）

Conn. Open Connstr

End Sub

'关闭数据库连接过程

Sub CloseConn（）

On Error Resume Next

Conn. close

Set Conn = nothing

End sub

% >

注意：Server. MapPath 获得的路径都是服务器上的物理路径，也就是常说的绝对路径。

①Server. MapPath（" /"）。获得应用程序根目录所在的位置，如 C：\ Inetpub \ wwwroot \ 。

②Server. MapPath（" ./"）。获得所在页面的当前目录，等价于 Server. MapPath（""）。

③Server. MapPath（" ../"）。获得所在页面的上级目录。

④Server. MapPath（" ~/"）。获得当前应用级程序的目录，如果是根目录，就是根目录，如果是虚拟目录，就是虚拟目录所在的位置。如 C：\ Inetpub \ wwwroot \ Example \ 。

（4）URLEncode 方法 URLEncode 方法可以根据 URL 规则对字符串进行正确编码，基本语法：

Server. URLEncode（string）

< %@ LANGUAGE = " VBSCRIPT" CODEPAGE = " 936"% >

< html >

< head > < title > URLEncode 方法示例 </title > </head >

< body >

< %

Response. write " 您好，欢迎光临我的网站"% >

< % Response. write " < br >"

Response. write " http：//www. microsoft. com 字符串的 URL 编码是："

Response. write " < br >"

Response. Write（Server. URLEncode（" http：//www. microsoft. com"））

```
% >
</body >
</html >
```

4.2 任务：会员注册—Request 对象的 FORM 集合中获取数据

会员注册主要体现在 Request 对象的 FORM 集合的获取中，Request. form 方法它是用来接收表单的变量，给 < Form > 标签中 Method 属性设定为"POST"，也就是我们常说的 POST 方法。

会员注册提交页面代码如下（图 4 - 7）：

Register. asp

```
< % @ LANGUAGE = "VBSCRIPT" CODEPAGE = "936"% >
< ! DOCTYPE html PUBLIC "-//W3C//DTD XHTML 1. 0 Transitional//EN"" http://
www. w3. org/TR/xhtml1/DTD/xhtml1-transitional. dtd" >
< html xmlns = "http://www. w3. org/1999/xhtml" >
< head >
< meta http-equiv = "Content-Type" content = "text/html; charset = gb2312" / >
< title > 会员注册 </title >
< style type = "text/css" >
< ! --
. STYLE1 {
        font-size: 14px;
        font-weight: bold;
}
-- >
</style >
</head >
< body >
< form Action = "Registration. asp" Method = "Post"    >
< table width = "474" border = "0" align = "center" cellpadding = "5" cellspacing = "1" bg-
color = "#999999" >
< tr >
< td height = "35" colspan = "2" align = "center" bgcolor = "#FFFFFF" > < span class = "
STYLE1" > 会  员  注  册 </span > </td >
</tr >
< tr >
< td width = "125" height = "35" align = "center" bgcolor = "#CCCCCC" > 用   户
  名 </td >
< td width = "326" height = "35" bgcolor = "#FFFFFF" > < input name = "u_username"
```

type = "text" id = "u_username" size = "25" maxlength = "25" / > < / td >

     < / tr >

     < tr >

     < td height = "35" align = "center" bgcolor = "#CCCCCC" > 密   码 < / td >

     < td height = "35" bgcolor = "#FFFFFF" > < input name = "u_pwd" type = "text" id = "u_pwd" size = "25" maxlength = "25" / > < / td >

     < / tr >

     < tr >

     < td height = "35" align = "center" bgcolor = "#CCCCCC" > 确认密码 < / td >

     < td height = "35" bgcolor = "#FFFFFF" > < input name = "u_againpwd" type = "text" id = "u_againpwd" size = "25" maxlength = "25" / > < / td >

     < / tr >

     < tr >

     < td height = "35" align = "center" bgcolor = "#CCCCCC" > 电子邮箱 < / td >

     < td height = "35" bgcolor = "#FFFFFF" > < input name = "u_email" type = "text" id = "u_email" size = "25" maxlength = "25" / > < / td >

     < / tr >

     < tr >

     < td height = "35" align = "center" bgcolor = "#CCCCCC" > 验   证   码 < / td >

     < td height = "35" bgcolor = "#FFFFFF" > < input name = "u_code" type = "text" id = "u_code" size = "10" maxlength = "10" / >

    < img src = "admin/RedCode. asp" > < / td >

     < / tr >

     < tr >

     < td height = "35" colspan = "2" align = "center" bgcolor = "#FFFFFF" > < input type = "submit" name = "Submit" value = "提交" / >

< input type = "reset" name = "Submit2" value = "重置" / > < / td >

     < / tr >

     < / table >

     < / form >

     < / body >

     < / html >

    上面代码不仅给 < Form > 表单加了 POST 方法，还对表单值接收页面进行了指定，< form Action = "Registration. asp" Method = "Post" > ，指定接收页面为 registration. asp。

    会员注册接收页面（处理页面）代码如下：

     < ! --#include file = "conn. asp"-- >

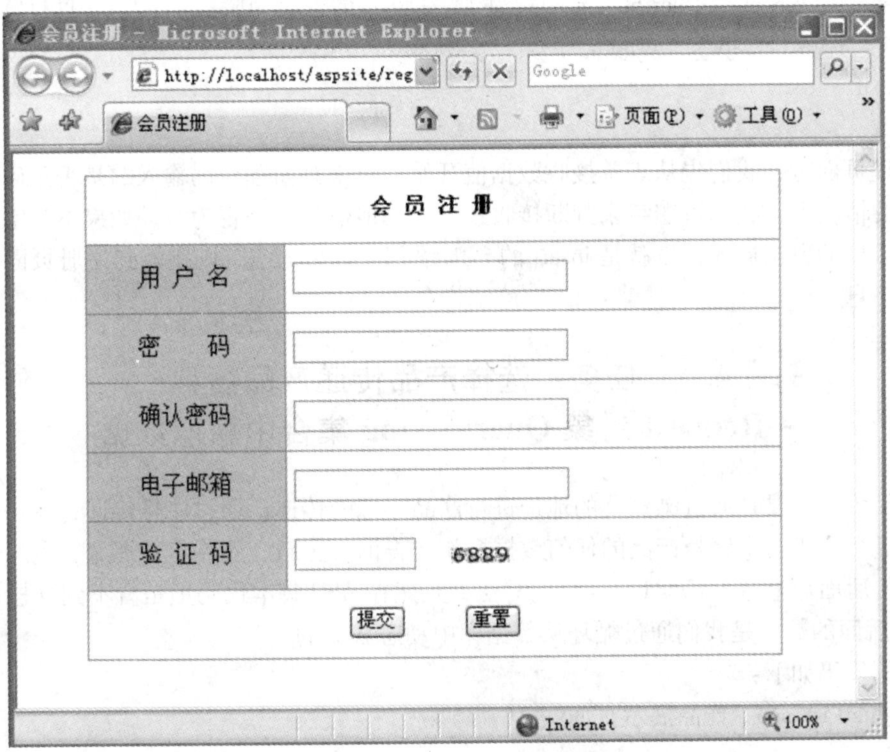

图 4 - 7　会员注册提交页面

```asp
<! --#include file = "Md5. asp"-- >
<%
u_username = Trim( Request. Form( "u_username") )
u_pwd = Trim( Request. Form( "u_pwd") )
u_againpwd = Trim( request. Form( "u_againpwd") )
u_email = trim( Request. Form( "u_email") )
u_code = Md5( Trim( Request. Form( "u_code") ) )
If   u_code < > Cstr( Session( "RedCode") )  or u_code = "" then
Response. Write( " < script > alert('验证码输入错误，请重新输入!!'); location. href = '
register. asp' </script > ")
End if
'判断验证码是否输入正确
If u_username < > "" and u_pwd < > "" and u_againpwd < > "" and u_email < > "" Then
'判断接收到的信息是否为空，不空继续执行数据插入
Sql = "insert into admin( username, pwd, apwd, email)  values('"&u_username&"', '"&u_
pwd&"', '"&u_againpwd&"', '"&u_email&"') "
Conn. Execute( Sql)
Response. Write( " < script > alert('注册成功!!');location. href = 'index. asp' </script > ")
Else
```

Response. Write(" < script > alert ('注册失败，请检查填写的注册信息!!')；location. href = 'register. asp' </script > ")

End if

% >

处理页面时，我们先从表单接收数据值开始，再来判断验证码输入的是否正确。那么在正确的情况下，我们可继续来判断接收过来的其他数据值是否为空，如果不为空，那么就进行数据的数据插入，也就是 insert 的 SQL 语句。如果为空，则跳转到注册页面重新填写注册信息。

4.3　任务：选择产品传递产品名称
——Request 对象 QueryString 集合中获取数据

产品传递主要是通过浏览器的地址进行产品序号的传递，通过序号传递，在每个页面都可以进行关于这个序号产品的任何数据操作，查询、更新、删除等。那么，我们一般都会在文件后面加上"？ID = 1"这样的写法，当然在 ASP 脚本代码里是看不到这样的代码的，ID 后面的数字是我们通过循环从数据库中动态获取的。

实例代码如下：

ProductList. asp　产品展示页面

......

```
< ! --#include file = "conn. asp"-- >
< TABLE cellSpacing = 0 cellPadding = 0 width = 744 border = 0 >
< TR >
    < TD width = 177 vAlign = top >
    < IMG height = 3 src = "images/backgound_04. gif" width = 3 > </TD >
    < TD width = 567 align = "center" vAlign = top >
    <!--客户案例显示开始，conn. asp 在上方包含了-- >
        < table width = "32%"    border = "0" cellspacing = "5" >
        < tr >
            < td align = "center" >
             < %
            Dim SqlStr, Rs, ID
            ID = Replace( Request. QueryString( "P_ID") ,"'","")
            SqlStr = "select  *  from HW_Products"

            If ID < > "" Then
                SqlStr = SqlStr&" where P_ID = "&ID
            End If
            SqlStr = SqlStr&" order by AddDate desc"
            Set Rs = Server. Createobject( "ADODB. RECORDSET")
```

```
'本处不需要 Call OpenConn( ),在本页读取新闻分类时已调用
Rs. Open SqlStr, conn, 1, 1
if not Rs. eof then
        pages = 4 '定义每页显示的记录数
        Rs. pageSize = pages '定义每页显示的记录数
        allPages = Rs. pageCount '计算一共能分多少页
        page = Request. QueryString( "page") '通过分页超链接传递的
页码
        'if 语句属于基本的排错处理
            If isEmpty( page) or Cint( page) < 1 then
                page = 1
            Elseif Cint( page) > allPages then
                page = allPages
            End if
        '设置记录集当前的页数
        Rs. AbsolutePage = page
        i = 1
        Do while not Rs. eof and pages > 0
        '这里输出你要的内容………………
% >
< a href = "ProductShow. asp?ID = <% = Rs( "ProID") % > " >
        < img src = "upfiles/ <% = Rs( "PhotoUrl") % > " width = "240"
height = "200" border = "0" > </a >
            < br >
            < a
href = "ProductShow. asp?ID = <% = Rs( "ProID") % > " > <% = Rs( "Title") % > </a >
        </td >
    <%
    If i mod 2 = 0 Then Response. Write" </tr > <tr > "
        i = i + 1
        pages = pages - 1
        Rs. MoveNext
        loop
Else
    Response. Write( "数据库暂无内容!" )
End if
% >
</tr >
</table >
```

127

```
<! --客户案例显示结束-- >
< br >
< form Action = "ProductList. asp" Method = "GET" >
    < %
        If Page < >1 Then
            Response. Write " < A HREF = ?Page = 1 >第一页 </A > "
            Response. Write " < A HREF = ?Page = " & ( Page-1) &" >上一页 </
A > "
        End If

        If Page < > Rs. PageCount Then
            Response. Write " < A HREF = ?Page = " & ( Page + 1) & " >下一页
</A > "
            Response. Write " < A HREF = ?Page = " & Rs. PageCount & " >最后
一页 </A > "
        End If
    % >
        页数: < font color = "Red" > < % = Page% >/ < % = Rs. PageCount% > </
font > 输入页数:
        < input TYPE = "TEXT" Name = "Page" SIZE = "3" >
        < input type = "submit" name = "Submit" value = "转到" >
    </form >
    </TD >
</TR >
</TABLE >
......
```

在传递序号过程中, 我们需要传递的地址写在 < a >标签 Href 属性里, 像这样 < a href
= "ProductShow. asp?ID = < % = Rs("ProID") % > " > < % = Rs("Title") % > </a >. 通过浏
览器地址栏传递 ID, 在 ProductShow. asp 产品展示页面, 我们要用到 Request. QueryString 方
法, 接收到地址栏的传递值。

ProductShow. asp 产品展示页面代码如下:

```
< html >
......
<! --#include file = "conn. asp"-- >
< %
Dim SqlStr, Rs, ID
ID = Replace( Request. QueryString( "ID") , "'", "")
Set Rs = Server. CreateObject( "ADODB. RecordSet")
SqlStr = "select * from HW_Products where ProID = "&ID
```

′调用包含文件中的 OpenConn( ) 过程，建立与数据库的连接

Call OpenConn( )

Rs. Open SqlStr, conn, 1, 3

′更新浏览次数

Rs("Hits") = Rs("Hits") + 1

Rs. update

% >

< table width = "500" border = "0" align = "center" >

    < tr >

        < td height = "30" align = " center" bgcolor = "#CCCCCC" class = "font14" >

< % = Rs("title") % > </td >

    </tr >

    < tr >

        < td align = "center" > < img src = "upfiles/ < % = Rs("PhotoUrl") % > " border

= "0" > < br >阅读次数：< % = Rs("Hits") % > </td >

    </tr >

    < tr >

        < td bgcolor = "#F4F4F4" >   < strong >项目简介：</

strong >   < % = Rs("ProIntro") % > </td >

    </tr >

  </table >

< % Call CloseConn( ) % >

......

  </html >

在编写传递数据值的代码时，一定对 GET、POST 两种方法进行区分，GET 是应用在地址栏传递，用到的是 Request. QueryString 的方法；POST 是表单传递，用到的是 Request. Form 的方法，切忌不要混淆。

4.4　任务：后台管理员安全验证
—Application 对象与 Session 对象及其使用

4.4.1　Session 对象的使用

在管理员后台登录后，需要一个 Session 变量在后面页面进行传递，通过 Session 这一特性，我们可以判断 Sessin 变量是否被初试化，也就是判断 Session 变量是否有管理登录后的信息，如果没有（没有信息有两情况，其一，直接执行后面页面，没有通登录来进行后台管理。其二，Session 超时。）则视为非法登录，返回管理员登录页面。我们通过管理员登录成功后，给 Session 变量赋值，也就是管理员信息，利用 Session 特性在每个页面进行传递。

管理员安全验证，可以通用 login. asp、CheckUserlogin. asp、Session. asp 三个文件来实

现，他们分别为：管理员登录页面、登录验证页面、管理员验证页面。

Login. asp 管理员登录页面代码如下：

```
< html >
< head >
< meta http-equiv = "Content-Type" content = "text/html; charset = gb2312" >
< title > 管理员登录 </title >
< script language = "javascript" >
function CheckForm( ) {
        var username = Document. Myform. Username. value;
        var pass = Document. Myform. Password. value;
        If ( username = = '' ) {
            alert('请输入用户名');
            Document. Myform. Username. Focus( );
            return false;
          }
        If ( pass = = '' ) {
            alert('请输入登录密码');
            Document. Myform. Password. Focus( );
            return false;
          }
}
</script >
</head >
< body >
< form name = "Myform" Method = "Post" Action = "CheckUserlogin. asp" onSubmit = "re-
turn CheckForm( ); " >
< table width = "335" height = "132" border = "1" align = "center" cellpadding = "0" cell-
spacing = "0" >
< tr align = "center" bordercolor = "#FF0000" bgcolor = "#FFFFFF" >
< td colspan = "2" bordercolor = "#0066FF" bgcolor = "#33CCFF" >
        < strong > 管理员登录 </strong >
        </td >
</tr >
< tr bordercolor = "#FF0000" bgcolor = "#FFFFFF" >
< td align = "center" bordercolor = "#0066FF" > 用户名： </td >
< td bordercolor = "#0066FF" >  
< input name = "Username" type = "text" style = "width: 120px" >
</td >
</tr >
```

```
< tr bordercolor = "#FF0000" bgcolor = "#FFFFFF" >
< td align = "center" bordercolor = "#0066FF" > 密     码: </td >
< td bordercolor = "#0066FF" >  
< input name = "Password" type = "password" style = "width: 120px" >
</td >
</tr >
< tr bordercolor = "#FF0000" bgcolor = "#FFFFFF" >
< td colspan = "2" align = "center" bordercolor = "#0066FF" >
        < input type = "submit" name = "Submit" value = "登录"  >
        </td >
</tr >
</table >
</form >
</body >
</html >
```

CheckUserlogin. asp 登录验证页面代码如下:

```
<! --包含公共连库文件 conn. asp -- >
<! --#include file = ".. / conn. asp" -- >
<! --#include file = ".. / md5. asp" -- >
< %
'获取用户名并去除表单数据中的空格
AdmName = Trim( Request. Form( "Username") )
'获取密码并去除表单数据中的空格
AdmPass = Trim( Request. Form( "Password") )
'将获取的密码值进行 MD5 加密
AdmPass = md5( Trim( Request. Form( "Password") ) )
'调用包含文件中的 OpenConn( ) 过程，建立与数据库的连接
Call OpenConn( )
Set Rs = Server. CreateObject( "ADODB. RecordSet")
SqlStr = "Select  ∗  from HW_Admin where username = '"&AdmName&"' and password = '"
&AdmPass&"'"
Rs. Open SqlStr, conn, 1, 3
if Rs. EOF then
    Response. Write " < script > alert('用户不存在或密码错误'); location. href = 'log-
in. asp'; </script >"
    Response. end
else
    '创建 Session 对象，保存用户名信息
    Session( "Username") = AdmName
```

```
'创建 Session 对象，保存权限信息
Session( "Flag") = Rs( "Flag")
Response. Redirect( "Admin_Index. asp")
Response. end
```
end if
```
'调用关闭数据库连接过程
Call CloseConn( )
% >
```
Session. asp 管理员验证页面代码如下：
```
< %
If Session( "Username") = "" and Session( "Flag") = "" then
    Response. Write " < Script language = 'javascript' > alert( '不是管理员，没有权限进
入后台!') ; location. href = 'login. asp'; < /Script > "
End if
% >
```
注意：Session. asp 管理员验证页面，需要包含到每个后台页面代码的第一行，如果出现 Session 超时，或者 Session 变量没有初始化，则进行页面跳转，防止非法操作。

4.4.2 Application 对象的使用

ASP 的 Application 和 Session 对象体现了其他 ASP 内置对象所没有的特征——事件。每一个访客访问服务器时都会触发一个 OnStart 事件（第一个访客会同时触发 Application 和 Session 的 OnStart 事件，但 Application 先于 Session），每个访客的会话结束时都会触发一个 OnEnd 事件（最后一个访客会话结束时会同时触发 Application 和 Session 的 OnEnd 事件，但 Session 先于 Application）。

OnStart 和 OnEnd 这两个事件一般应用在虚拟社区中统计在线人数、修改用户的在线离线状态等。要具体定义这两个事件，需要将代码写在 Global. asa 文件，并将该文件放在站点的根目录下（缺省是 \ Inetpub \ wwwroot \ ）。另外，Application 和 Session 对象规定了在 OnEnd 事件里除了 Application 对象外其他 ASP 内置对象（Response、Request、Server、Session...）一概不能使用。以下举一个虚拟社区统计在线人数的例子来说明如何使用这两个事件。

文件说明：

global. asa 位于 d: \ Inetpub \ wwwroot \ 目录下

default. asp 位于 d: \ Inetpub \ wwwroot \ 目录下，虚拟社区登录页面

login. asp 位于 d: \ Inetpub \ wwwroot \ 目录下，用于检测用户输入的用户名及密码

index. asp 位于 d: \ Inetpub \ wwwroot \ 目录下，虚拟社区首页

bbs. mdb 位于 d: \ Inetpub \ wwwroot \ 目录下，存储用户信息的数据库

global. asa 文件代码如下：
```
< script LANGUAGE = "VBScript" RUNAT = "Server" >
Sub Application_OnStart
```

```
application("online") = 0
End Sub
Sub Application_OnEnd
End Sub
Sub Session_OnStart
End Sub
Sub Session_OnEnd
If Session. Contents("pass") then '判断是否为登录用户的 Session_OnEnd
Application. Lock
Applicaiton("online") = Application("online") - 1
Application. Unlock
End if
End Sub
</script>
```

login. asp 登录页面代码如下：

```
……'密码验证，连接数据库，检测用户输入的用户名及密码是否正确
If 密码验证通过 then
Session("name") = rs("name")
Session("id") = rs("id")
Session("pass") = True
Else
rs. close
conn. close
Response. write "密码错误!"
Response. end
End if
Application. lock
Application("online") = Application("online") + 1
conn. Execute ("update bbs set online = 1 where id = "&Session("id")) '将用户的状态设
```
为在线
```
Application. Unlock
rs. close
conn. close
Response. Redirect "index. asp" '初始化数据后跳转到社区首页
```

　　在本例中，用 Application("online")变量记录已经登录社区的在线人数，因为一旦有用户访问服务器而不管用户是否登录，都会产生 OnStart 事件，所以不能在 OnStart 事件里使 Applicaiton("online")加 1。因为不管是否是登录用户的会话结束都会产生 OnEnd 事件（假如有访客访问了服务器但并不登录社区，他的会话结束后也会产生 OnEnd 事件），所以在 Session_OnEnd 事件里，用了一句 if 语句来判断是否为已登录用户的 OnEnd 事件，如

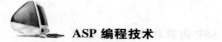

果是才将在线人数减 1。

这只是一个统计在线人数的简单例子，对于一个完整的虚拟社区来说，仅仅统计有多少人在线是不够的，在本例中数据库里有个 online 字段是用来记录用户的在线状态，用户登录的时候，在 login. asp 里将 online 设为 1，但用户离线时并没有将 online 设为 0，要完善它，就要修改一下 Session_OnEnd 事件，在该事件里将 online 设为 0。

完整 global. asa 文件代码如下：

```
< script LANGUAGE = "VBScript" RUNAT = "Server" >
Sub Application_OnStart
    Application( "online") = 0
    Set Application( "conn") = Server. CreateObject( "ADODB. Connection")
    Application( "db") = Server. MapPath( "/database/HwData. mdb") '此处最好使用绝对
路径 \ bbs. mdb,
    End Sub
Sub Application_OnEnd
    Set Application( "conn") = nothing
End Sub
Sub Session_OnStart
End Sub
Sub Session_OnEnd
If Session. contents( "pass") then '判断是否为登录用户的 Session_OnEnd
        Application( "con"). Open = "driver = { Microsoft Access Driver ( * . mdb) } ; dbq = "
&Spplication( "db")
        Application. Lock
        Application( "online") = Application( "online") - 1
         Application ( " con ") . Execute ( " update friends set online = 0 where id = "
&Session. Contents( "id"))
        Application. Unlock
        Application( "con"). close
End if
End Sub
</ script >
```

至此，完整的代码已经完成了。因为在 Application 和 Session 的 OnEnd 事件里不能使用 Server 对象，所以要将数据库的连接及数据库在服务器上的物理地址存储在 Application 变量中，并在 Application_OnStart 事件中预先处理。

4.5　任务：后台管理员登录信息自动记忆—Cookie 应用

4.5.1　Cookie 中存储用户的细节情况

可以使用 Cookie 来存储这两类值：当浏览器关闭时我们不想保存的值（例如用户的

注册信息）以及在用户访问站点时要保留的值。在每种情况下 Cookie 的值对于来自用户浏览器的每个页面请求的 ASP 都是可用的。

然而，需要记住的是，Cookie 只有在对 Cookie 中的虚拟路径（path）内的页面发出请求时，才会发往服务器。缺省时，假如 path 的值在 Cookie 中没有设置，则其值为创建 Cookie 的页面的虚拟路径。为使一个 Cookie 发往一个站点的所有页面，需要使用 path = "/"。这里是个实例，从自定义的 Login. asp 页面中，将用户的注册信息存贮在一个 Cookie 中，由于没有应用有效期，Cookie 值仅在关闭这个浏览器这前保留：

Request. Cookies("User") ("UID") = " < % = Request("UserName") % > "

Request. Cookies("User") ("PWD") = " < % = Request("Password") % > "

Request. Cookies("User"). Path = "/"

现在，在用户从根目录或其子目录请求的每个页面中，都可以找到这个 Cookie. 假如它不存在，可以将用户重定向到注册页面：

If (Request. Cookies("User") ("UID") < > "harely") _

Or (Request. Cookies("User") ("PWD") < > "123456") Then

Response. Redirect "login. asp?UserName = " & Request. Cookies("User") ("UID")

End If

由于把 cookie 中的用户名放在 Response. Redirect 的 URL 查询字符串中，假如在口令输入时出现错误且希望用户不必重新键入用户名，可以在 Login. asp 页面中使用它：

< from Action = "check_user. asp" Method = "Post" >

< input type = "text" name = "UserName" Value = " < % = Request. QueryString("User-Name") % > " > < input type = "submit" Value = "Login" >

</from >

那么我们就可以通用 Request. QueryString 方法取出 URL 也就是地址栏传过来的值。

4.5.2 修改现有的 Cookie

可以使用 ASP 修改现有的 Cookie，但不能只修改 Cookie 中的一个值。当更新一个在 Response. Cookies 集合中的 Cookie 时，现有的值将丢失。我们可以用如下代码创建一个 cookie，可以使用：

Response. Cookies("VisitCount") ("StartDate") = dtmStart

Response. Cookies("VisitCount") ("LastDate") = Now

Response. Cookies("VisitCount") ("Visits") = CStr(intVisits)

Response. Cookies("VisitCount"). Path = "/" 'Apply to entire site

Response. Cookies("VisitCount"). Expires = DateAdd("m", 3, Now)

假如想要更新 Visits 和 LastDate 的值，必须先不需改变的所有值，然后重写整个的 Cookie：

datDtart = Response. Cookies("VisitCount") ("StartDate")

intVisits = Response. Cookies("VisitCount") ("Visits")

Response. Cookies("VisitCount") ("StartDate") = dtmStart

Response. Cookies("VisitCount") ("LastDate") = Now

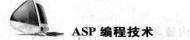

Response. Cookies("VisitCount") ("Visits") = Cstr(intVisits)

Response. Cookies("VisitCount"). Path = "/"

Response. Cookies("VisitCount"). Expires = DateADD("m", 3, Now + 1)

且对于几乎所有的其他 Response 方法和属性，应该在写入任何内容（即打开 < HTML > 标记或任何文本或其他的 HTML）到响应之前完成这个工作。

4.5.3 Cookie 的存放

Cookie 是 Web 服务器保存在用户硬盘上的一段文本。Cookie 允许一个 Web 站点在用户的电脑上保存信息并且随后再取回它。信息的片断以'名/值'对（name-value pairs）的形式储存。

如果您使用 IE 浏览器访问 Web，您会看到所有保存在您的硬盘上的 Cookie。它们最常存放的地方是：C：\ Documents and Settings \ 您的用户名 \ Local Settings \ Temporary Internet Files。每一个文件都是一个由 "名/值" 对组成的文本文件，另外还有一个文件保存有所有对应的 Web 站点的信息。

在这个文件夹里的每个 Cookie 文件都是一个简单而又普通的文本文件。例如：Cookie：administrator@ sina. com. cn/。透过文件名，您可以看到是哪个 Web 站点在您的机器上放置了 Cookie（当然站点信息在文件里也有保存）。您也能双击打开每一个 Cookie 文件。

4.5.4 Cookie 的具体应用

这一个 Cookie 进行数据提交处理的实例，通过这个例子可以看出在实际使用过程中如何进行 Cookie 的操作。

数据录入页面：cookinput. html，代码如下：

```
< html >
< head >
< meta http-equiv = "Content-Type" content = "text/html;  charset = gb2312" >
< title > 数据认证 </ title >
</ head >
< body >
<P > 请您输入姓名：
< form Method = "post" Action = "cookCheck. asp" >
< P >
< input type = "text" Name = "myname"   Size = "20" >
< P >
性别：
< input type = "radio" Name = "sex" Value = "男"  > 先生
< input type = "radio" Name = "sex" Value = "女"  > 女士
< P >
< input type =  "Submit" Value = "提交"  >
< input type =  "Reset" Value = "清除"  >
```

```
</form >
</body >
</html >
```

数据接收文件：cookCheck. asp, 代码如下：

```
< % @ LANGUAGE = "VBSCRIPT" CODEPAGE = "936"% >
< %
Response. Buffer = True
'检查用户是否输入了姓名
If Request( "myname")  < >  ""Then
        '取得用户输入的姓名和性别
        Response. Cookies( "name")  = Request. Form( "myname")
        Response. Cookies( "sex")   = Request. Form( "sex")
        Response. Redirect "cookmanage. asp"
Else'用户输入的姓名为空
% >
< table border = 0 >
< tr >
< td > < h3 > < center >姓名不能为空 </center > </h3 > </td >
</tr >
</table >
< % End if % >
```

数据处理文件：cookManage. asp, 代码如下：

```
< % @ LANGUAGE = "VBSCRIPT" CODEPAGE = "936"% >
< %
response. Write( Request. cookies( "name"))
If Request. cookies( "sex") = "男" Then
        Response. Write( "先生：")
Else
        Response. Write( "女士：")
End if
% >
< br >      
谢谢您的光临！
< p >      
现在时间是：< % = time % >
```

习　　题

一、选择题

（1）对于 Request 对象，如果省略获取方法，如 Request("user_name")，将按什么顺

序依次检查是否有信息传入：(　　　)。

A. Form、QueryString、Cookies、Server Variables、ClientCertificate

B. QueryString、Form、Cookies、Server Variables、ClientCertificate

C. Cookies、QueryString、Form、Server Variables、ClientCertificate

D. Form、QueryString、Cookies、Server Variables、ClientCertificate

（2）QuerySt*** 获取方法、Form 获取方法获取的数据子类型分别是：(　　　)。

A. 数字、字符串 　　　　　　　　　　B. 字符串、数字

C. 字符串、字符串 　　　　　　　　　D. 必须根据具体值而定

（3）Session 对象的默认有效期为多少分钟？(　　　)

A. 10 　　　　　B. 15 　　　　　C. 20 　　　　　D. 30

(4)下面程序段执行完毕，c 的值是：(　　　)。

```
<%
Session( "a") = 1
Session( "b") = 2
c = Session( "a") + Session( "b")
%>
```

A. 12 　　　　　　B. 3 　　　　　　C. ab 　　　　　D. 以上都不对

（5）下面程序段执行完毕，页面上显示内容是什么？(　　　)

```
<%
Dim strTemp
strTemp = "user_name"
Session( "strTemp") = "张红"
Session( strTemp) = "王刚"
Response. Write Session( "user_name")
%>
```

A. 张红 　　　　　　　　　　　　　B. 王刚

C. 张红、王刚 　　　　　　　　　　D. 语法有错，无法正常输出

（6）在同一个应用程序的页面 1 中添加 Server. ScriptTimeOut = 300，那么在页面 2 中添加 c = Server. ScriptTimeOut，则 c 等于多少秒？(　　　)

A. 60 　　　　　B. 90 　　　　　C. 300 　　　　　D. 以上都不对

二、操作题

利用 Session 内置对象特性，编写后台管理员登录模块，要求在后台每个页面都可以判断管理员是否登录。

第五章　ASP 的文件处理

在 ASP 脚本中提供了一系列组件，其中包括对服务器端硬盘上文件系统的操作对象以及各种数据集合、属性和方法及利用 ADO 创建的各种内置对象。其中操作文件的对象和数据集合包含有：FileSystemObject 对象、Text Stream 对象、File 对象及 Files 集合、Folder 对象及 Folders 集合、Drive 对象及 Drives 集合及 Ad Rotator 组件等。

本章主要内容
- FileSystemObject 对象。
- Text Stream 对象。
- File 对象及 Files 集合。
- Folder 对象及 Folders 集合。
- Drive 对象及 Drives 集合。
- 广告轮回组件。

5.1　ASP 组件概述

ASP 使用 VBScript 或者 JScript 脚本完成编程，而这两种脚本本身能力非常有限，必须依靠 ActiveX（活动服务器组件）来增强 ASP 应用程序的功能。通过调用 ASP 的内置 ActiveX 组件或自己编写所需的组件可以节省大量的代码和时间，例如 File Access 组件、广告轮回组件和第三方组件等，使我们的程序功能更加强大。

ActiveX 组件是一个存储在 Web 服务器上的文件，通常是指包含了执行代码的动态链接库文件（.dll）或可执行文件（.exe），该文件包含执行某一特定任务的代码，通过指定的接口提供指定的一组服务（表 5 - 1）。

表 5 - 1　ASP 内置组件

组 件 名	功　　能	组 件 的 注 册 名
Ad Rotator	使用独立数据文件方式，帮助维护、修改 Web 页面	MSWC. AdRotator
Browser Capabilities	用于判断客户端浏览器的类型和设置	MSWC. BrowserType
File Access	提供文件的输入输出的方法	Scripting. FileSystemObject
Context Linking	可把一系列的 Web 页连接在一起	MSWC. NextLink
Counters	创建一个或多个计数器，跟踪网页的访问次数信息	MSWC. Counters
Page Counter	与 Counters 类似，但只能对页面点击次数进行统计	MSWC. PageCounter

5.2　文件存取组件

File Access 组件可用来访问服务器端文件系统。用户通过使用 File Access 组件创建的对象和集合来实现对文件或文件夹的创建、复制、读写及删除等操作（表 5 - 2）。

表 5 - 2　File Access 组件的对象与集合

对象和集合	描　　　述
FileSystemObject 对象	提供操作文件系统的方法
Drives 数据集合	服务器上所有可用驱动器的集合
Drive 对象	指向某个特定驱动器，为该驱动器提供处理的属性和方法
Folders 数据集合	是某个文件夹或者驱动器根目录所有子文件夹的集合
Folder 对象	指向某个特定文件夹，为该文件夹提供处理的属性和方法
Files 数据集合	是一个文件夹或根目录下所有文件的集合
File 对象	指向某个特定的文件，为该文件提供处理的属性和方法
TextStream 对象	指向一个打开的文本文件，为读取与修改其内容提供属性和方法

5.2.1　FileSystemObject 对象

FileSystemObject 对象允许访问服务器的文件系统，可以使用该对象访问本地或网络服务器上的驱动器文件夹及文件名，从而在服务器上的所有驱动器中读取或操作信息。

FileSystemObject 对象注册的组件名为：Scripting. FileSystemObject，创建一个 FileSystemObject 对象的实例的格式为：

set fso = server. createObject（" scripting. FileSystemObject"）

后面将直接使用 fso 变量名作为 FileSystemObject 对象的一个实例来说明其方法和属性等。

● FileSystemObject 对象的属性　该对象只有一个属性，即 Drives 属性。属性返回的值是一个关于当前服务器硬盘上所有驱动器的集合。

引用属性的一般方法是：Set　ds = fsof. Drives

其中，fsof 是一个 FileSystemObject 对象的实例，而 ds 变量则是返回一个关于服务器上所有驱动器的 Drives 数据集合，而不是一般的变量，因此定义该变量像定义一个对象一样，需要关键字 Set。

● FileSystemObject 对象的方法　FileSystemObject 对象提供了一系列的方法对文件（File）、文件夹（Folder）、驱动器（Drive）等对象进行操作，同时也提供了两种与 TextStream 对象一起使用的方法：CreateTextFile 和 OpenTextFile。其具体的说明见表 5 - 3。

表 5 – 3　**FileSystemObject** 对象的方法

方　　法	描　　　　　述
BuildPath	生成一个文件路径或者文件夹路径
CopyFile	从一个地址拷贝文件到另一个地址
CopyFolder	从一个地址拷贝文件夹到另一个地址
CreateFolder	在指定路径生成一个新文件夹
CreateTextFile	在指定路径生成一个新的文本文件
DeleteFile	删除指定路径的文件
DeleteFolder	删除指定路径的文件夹
DriveExists	判断指定驱动器是否存在
FileExists	判断指定路径的文件是否存在
FolderExists	判断指定的文件夹是否存在
GetAbsolutePathName	从一个相对路径返回其绝对路径并返回
GetBaseName	返回文件的基本文件名
GetDrive	从指定参数返回一个 Drive 对象并返回
GetDriveName	从指定的参数的路径中解析出其所在的驱动器号并返回
GetExtensionName	从指定参数的文件中解析出文件的后缀名
GetFile	基于给定的文件参数返回一个 File 对象
GetFileName	返回文件的全称，不包括路径
GetFolder	基于给定的文件夹参数返回一个 Folder 对象
GetParentFolderName	返回给定路径的父一级文件夹的名字
GetSpecialFolder	返回特定系统文件夹的路径
GetTempName	返回一个随机的临时文件名
MoveFile	从一个地址将某文件移动到另一地址
MoveFolder	移动文件夹到另一地址
OpenTextFile	打开一个文本文件，并返回一个 'TextStream 对象

（1）BuildPath 方法　BuildPath 方法用于在指定路径的目录中增加更深一级的目录。使用的格式为：

Mypath = fsof. BuildPath（Path_Original，Path_Extended）

参数含义如下：

Path_Original 参数：用于指定的原始目录路径，在此基础之上增加一个新的目录。

Path_Extended 参数：用于指定将要增加的更深一级的目录。

```
< %
Dim path
Dim fsof
Path = "C: \ Documents and Settings \ "
Set fsof = Server. CreateObject( "Scripting. FileSystemObject")
Response. write fsof. BuildPath( path, "all users ") & " < br > "
```

Response. write fsof. BuildPath(path, " \ all users ") & " < br > "

% >

两种输出结果完全相同，都是 C：\ Documents and Settings \ All Users，在这两个参数中应用分隔符并不影响最后返回的路径。

（2）CopyFile/Copyfolder 方法　CopyFile/Copyfolder 方法用于在服务器上复制文件，可以一次复制一个，也可以复制多个。

fsof. CopyFile/Copyfolder location_Source，Location_Destination，OverWriteFlag

参数含义如下：

location_Source 参数：源文件/文件夹所在路径

Location_Destination 参数：将文件/文件夹件复制到的路径

OverWriteFlag 参数：是否覆盖存在的文件/文件夹，默认是 True。

< %

Dim f1

Dim f2

Set fsof = Server. CreateObject("Scripting. FileSystemObject")

f1 = "f: \ asp \ fsof. txt"

f2 = "e: \ "

fsof. CopyFile f1, f2

% >

以上程序结果是将 f：\ asp \ fsof. txt 文件复制到 e：\ 中，也可以使用通配符，比如" ∗. txt" 也可以使用 OverWriteFlag 对原来文件进行覆盖。同样的方法也可以对文件夹进行类似的操作，也可以使用通配符。

（3）CreateFolder/CreateTextFile 方法　可有以下两种方法。

①CreateFolder 方法：用于在服务器上创建一个新的文件夹。该文件夹的路径和名字由传递给该方法的参数来决定。语法格式为：

< % Set 变量名 = fsof. CreateFolder （Location_NewFolder）% >

Location_NewFolder 参数：创建新文件夹的路径和名字。

< %

Set fsof = Server. CreateObject("Scripting. Filesystemobject")

Set b = fsof. CreateFolder("f: \ asp \ myasp")

% >

程序运行后将在 f：\ asp 录下创建一个新的文件夹 myasp。

②CreateFolder 方法：用来获取指定的文件名并创建该文件，该文本文件的格式可以是标准 ASCII 文件，也可以是 Unicode 文本文件。用此方法建立一个文件后，返回一个 TextStream 对象使得可以对此文件进行读写操作。其语法格式为：

Set 变量名 = fsof. CreateTextFile （Path_file，OverWriteFlag，Format_Unicode）

参数含义如下：

Path_file 参数："需创建的文本文件名"，可指定文件的路径。

OverWriteFlag 参数："是否覆盖"，表示是否覆盖已有的同名文件，有 True （覆盖）

和 False（不覆盖）两种。

Format_Unicode 参数："以何种格式覆盖"代表是否创建 Unicode 格式的文本文件。默认值是 False，即创建的是 ASCII 文本文件。如果指定为 true，则创建的是 Unicode 格式的文件。

```
<%
set fsof = server. createobject( "scripting. filesystemobject")
set mytext = fsof. createtextfile( "f: \ asp \ t1. txt", true)
以下用到 TextStream 对象中的 Write 和 Close 方法
mytext. write"此处为写入到 f: \ asp \ t1. txt 中的内容"
mytext. close
% >
```

此程序运行后，在浏览器窗口中不会显示任何内容。但打开 f 盘 asp 目录，可看到多了一个 t1. txt 文件。

（4）Deletefile/DeleteFolder 方法　Deletefile/DeleteFolder 方法是用来删除文件或文件夹，也可以使用通配符来删除一批文件或文件夹。

其语法格式是：

Set 变量名 = fsof. Deletefile/DeleteFolder（Name_file/Name_folder，deletereadonly）

参数含义如下：

Name_file/Name_folder 参数：要删除的文件或文件夹路径及名称。

deletereadonly 参数：是否将只读文件/文件夹也删除。默认为 Flase。

```
<%
dim fsof
set fsof = server. createobject( "scripting. filesystemobject")
fsof. deletefile "f: \ asp \ t1. txt", true
fsof. deletefolder "f: \ asp \ "
fsof. deletefolder "f: \ myasp \ ∗ . txt"
% >
```

此程序删除了 f：\ asp \ t1. txt，treu 表示是只读文件也要删除，同时删除了 f：\ asp \ 文件夹和 f：\ myasp \ 文件夹下的所有 txt 文件，如果不存在则返回错误。

（5）DriveExists、FileExists、FolderExists 方法　这三个方法是用来判断一个驱动器、文件、文件夹是否存在在服务器上。如果存在则返回一个 True，否则返回 flase。

其语法格式是：

变量名 = fsof. DriveExists（DriveLetter）

变量名 = fsof. FileExists（Path_File）

变量名 = fsof. FolderExists（Path_Folder）

参数含义如下：

DriveLetter 参数：驱动器符号

Path_File 参数：文件的路径，可以是相对也可以是绝对的。

Path_Folder 参数：文件夹的路径，可以是相对也可以是绝对的。

```
< %
set fso = server. createobject( "scripting. filesystemobject")
response. write( fsof. fileexists( "f: \ asp \ t1. txt") )
% >
```

```
< %
set    fsof = server. CreateObject( "Scripting. Filesystemobject")
Response. write( fsof. folderexists( "f: \ abc ") )
% >
```

以上程序分别返回是否存在 f: \ asp \ t1. txt 和 f: \ abc 如果存在则返回 True 值。

（6）GetFile/GetFolder/GetDrive 有以下 3 种方法。

①GetFile 方法：返回一个指向文件路径参数的 File 对象。可以使用 File 对象的属性和方法对该文件进行一系列的操作。

其语法格式为：

Set 变量名 = fsof. GetFile （Path_File）

参数含义如下：

Path_File 参数：文件名

如果"文件名"参数代表的文件不存在，程序将返回一个错误。另外，该文件名必须写完整，即不能把后缀省略。

```
< %
set fsof = server. createobject( "scripting. filesystemobject")
set a = fsof. getfile( "f: \ asp \ t1. txt")
response. write a
% >
```

输出结果是：t1. txt

②GetFolder 方法：返回一个基于参数的 Folder 对象。语法格式为：

Set 变量名 = fsof. GetFolder （" Path_Folder " ）

参数含义如下：

Path_Folder 参数：文件夹名

参数"文件夹"表示所要指向的文件夹的路径。文件夹路径参数可以是一个绝对路径，也可以是一个相对路径。可以用 Response 对象的 Write 方法显示出基于参数的 Folder 对象所指向的文件夹路径。

```
< %
Set    fsof = server. createObject( "Scripting. FileSystemObject")
Set b = fsof. CreateFolder( "f: \ asp \ myasp")
response. write( fsof. getfolder( "f: \ asp \ myasp") )
response. write( fsof. getfolder( ". \ ") )
response. write( fsof. getfolder( ".. \ ") )
% >
```

注意：参数虽然可以是相对路径和绝对路径，但是其表示的路径必须是存在的；否则程序将返回一个错误信息。另外，不能用带有文件名称的路径作为参数，否则也会返回错误。

③GetDrive 方法：－返回一个基于参数 Drive 对象。

语法格式为：

Set 变量名 = fsof. GetDrive（"DriverLetter"）

参数含义如下：

DriverLetter 参数：驱动器名称

```
< %
set fsof = server. createObject( "Scripting. FileSystemObject")
Set c = fsof. getdrive( "c")
% >
```

程序运行后返回的 Drive 对象指向驱动器 C。

此外 GetBaseName、GetDriveName、GetExtensionName、GetfileName、GetParentFolder-Name、GetSpecialFolder、GetTempName 的用法及格式同以上三例类似。

（7）Movefile/Movefolder 方法　Movefile/Movefolder 方法用来移动器上的文件及文件夹到其他目录之下。

其语法格式为：

Set 变量名 = fsof. Movefile/Movefolder（Path_File/Path_Folder，LocatinationFolder）

参数含义如下：

Path_File/Path_Folder 参数：要移动的文件和文件夹的路径及名称。

LocatinationFolder 参数：要移动到的文件夹地址。

```
< %
Dim fsof
Set fsof = server. createObject( "Scripting. FileSystemObject")
Fsof. MoveFile  "f: \ asp \ * . txt","e: \ "
% >
```

该程序是将 f: \ asp \ * . txt 移动到 e：\ 目录下，移动时必须保证被移动的文件和文件夹是存在的，目标文件夹下不能有与需要移动的文件和文件夹同名文件和文件夹，否则会返回错误。

（8）OpenTextFile 方法　OpenTextFile 方法用来获取指定的文件名并打开该文件，若指定文件不存在，则创建。同样用此方法后，也返回一个 TextStream 对象，可以用该对象在文件被打开后操作该文件。其语法格式为：

Set 变量名 = fsof. opentextfile（Path_File，OpenMode，CreateNewFlag，TextFormat）

参数含义如下：

Path_File 参数："文本文件名"代表将要打开或创建的文件的名字及路径。

OpenMode 参数："输入/输出模式"：可选值见表 5 - 4：

表5－4	"输入/输出模式"的可选值及简要说明
可选值	简　要　说　明
1	TextStream 对象用于从文本流中读取数据(默认)
2	TextStream 对象用于从文本流中写入数据
8	TextStream 对象可以向文本流中读取或追加数据

表5－5	"以何种格式打开"的可选值及简要说明
可选值	简　要　说　明
0	ASCII 格式(默认)
-1	Unicode 格式
-2	系统默认格式

CreateNewFlag 参数:"是否创建":标识若指定的文件不存在,是否根据指定的文件名及路径创建新的文件。

TextFormat 参数:"以何种格式打开"可选值见表5－5:

```
< %
set fsof = server. createobject( "scripting. filesystemobject")
set mytext = fsof. opentextfile( "f: \ asp \ t1. txt", 8, true)
′以下用到 TextStream 对象中的 Write 和 Close 方法
mytext. write( request. servervariables( "REMOTE_HOST") )
mytext. close
% >
```

此程序运行后,在浏览器窗口中不会显示任何内容。再次打开 f 盘 asp 目录下的 t1. txt 文件,可看出文件内容中多了个 IP 地址 (127.0.0.1)。

5.2.2　TextStream 对象

TextStream 对象提供了一系列的属性和方法来对文本文件进行存取等基本操作。网站在数据量不大,结构简单的数据需要存储时,也可以用文件来实现 Web 数据库的功能。这就避免了数据库存取的麻烦,提高了效率。

当用 TextStream 对象打开一个文本文件时,便得到一个 TextStream 对象的实例。这个对象的实例指向这个文本文件的开始。因此也称这样的 TextStream 对象为文件指针。

得到 TextStream 对象的唯一方法是如前所述的用 FileSystemObject 对象打开一个存在的文本文件或者创建一个新的文件。

(1) TextStream 对象的属性　TextStream 对象所提供的属性及其表示的意义见表5－6。

表5－6　TextStream 对象的属性信息

属　　性	描　　　　　　　述
AtEndOfLine	判断文件指针是否已经到达一行信息的末尾。它的返回值是一个逻辑值,若文件指针已经到达一行的末尾,那么该属性返回 true;否则,该属性将返回 false
AtEndOfStream	判断文件指针是否已经到达文件的末尾。它的返回值也是一个逻辑值,若文件指针已经到达文件的末尾,那么该属性返回 true;否则,该属性将返回 false
Column	在文本文件的一行信息中,文件指针所处的当前位置。返回值是一个数值,即从该行首字符为1算起,到文件指针所在位置的数值
Line	返回文件指针在文件中所处的行号

（2）TextStream 对象的方法　　TextStream 对象提供的操作文件的方法及意义见表 5 - 7。

表 5 - 7　TextSlream 对象的方法信息

方　　法	描　　　　　　　述
Close	关闭一个打开的 TextStream 对象。一般用于在操作完一个文件后将其关闭。关闭了 TextStream 对象也就是关闭了文件。就像一般的程序设计语言一样，文件操作总是先打开，最后关闭
Read	从一个已经打开的文本文件中读取一定数目的字符。该方法有一个参数，指定要从文件中读取的字符数
ReadLine	从文件指针当前所在位置，在文本文件中读取一行字符
ReadAll	读取文件中所有的内容
Skip	将文件指针从当前位置跳转到一定数目的字符之后。该方法有一个参数，指定要跳转的字符数
SkipLine	将文件指针跳转到下一行的开始之处
Write	向一个已经打开的文本文件中写入一定数目的字符。该方法有一个参数，指定要往文件中写入的字符数
WriteBlankLines	向一个已经打开的文本文件中写入一定数目的换行。该方法有一个参数，指定要往文件中写入的换行数
WriteLine	向一个已经打开的文本文件中写入一行字符，并且在写完后加上一个换行

```
< %
set fsof = server. createobject( "scripting. filesystemobject")
set d = fsof. opentextfile( "f: \ asp \ t1. txt")
while not d. atendofstream    '判断是否到文件尾
response. write( d. readline)   '读取一行内容，并显示
repsponse. write( " < br > ")
wend
d. close                        '关闭文件
% >
```

结果是显示 f：\ asp \ T1. TXT 文件中的内容

5.2.3　File 对象及 Files 集合

File 对象指向某个特定的文件，并为该文件提供一系列处理的属性和方法。创建一个 File 对象的实例有以下两种方法：

方法一：通过 FileSystemObject 对象的 GetFile 方法创建 File 对象的实例。

Set 变量名 = fsof. GetFile （文件名）

方法二：通过 Files 数据集合的 Item 属性来创建 File 对象的实例。

Set 变量名 = f. Item （文件名）

说明：参数"f"为 Files 集合：set f = MF. Files；"MF"为 Folder 对象的实例；参数

"文件名"代表将要指向的文件的路径及文件名称。

这两种方法创建的 File 对象的实例完全等价，都可以通过 File 对象提供的属性和方法来查看文件的属性信息或者对文件进行操作。

（1）File 对象的属性 File 对象提供了很多有关文件的属性，这些属性描述了一个特定文件的很多有用信息，详见表 5－8：

表 5－8 File 对象的属性信息

属 性	描 述
Attributes	文件的属性，如只读，可写等
DateCreated	文件创建的日期
DateLastAccessed	文件最后一次被访问的日期
DateLastModified	文件最后一次被修改的日期
Drive	文件所在驱动器的符号
Name	文件的名字
ParentFolder	返回文件的所属文件夹的名字
Path	返回文件的绝对路径信息
ShortName	短名字格式下文件的名字
ShortPath	短名字格式下文件的路径
Size	该文件的大小（单位：字节）
Type	返回文件的类型信息，即后缀名信息

```
< html > < body >
< %
set fsof = server. createobject( "scripting. filesystemobject")
set e = fsof. getfile( "f: \ asp \ t1. txt")
% >
< br >文件名称：< % = e. name % >
< br >路   径：< % = e. path % >
< br >所在盘符：< % = e. drive % >
< br >文件大小：< % = e. size % >
< br >文件类型：< % = e. type % >
< br >文件属性：< % = e. attributes % >
< br >创建时间：< % = e. datecreated % >
< /body > < /html >
```

结果是显示 f：\ asp \ T1. TXT 文件中的属性。

（2）File 对象的方法 File 对象提供了 4 种操作文件的方法，用来完成一个文件的复制（Copy）、删除（Delete）、移动（Move）和打开（OpenAsTextStream）的操作。

①Copy 方法：－把 File 对象指向的文件复制到另一个地址。

语法格式为：e. copy 该文件复制到的目的地址 [，是否覆盖]

说明：

a. 参数"e"是 File 对象的实例。

b. 参数"是否覆盖"标识是否覆盖原有的同名文件。如果指定为 true，则把目的地址同名的文件覆盖；否则，不覆盖原有文件。

②Delete 方法： – 把 File 对象指向的文件删除。

语法格式为：e. Delete 是否删除只读文件

说明：

参数"是否删除只读文件"标识是否删除只读的文件。如果指定为 true，则把只读的文件删除；否则，不删除只读的文件。

③Move 方法： – 把 File 对象指向的文件移动到另外一个地址。

语法格式为：e. Move 目的地址

说明：

参数"目的地址"代表要把文件移动到的目的地址。如果目的地址已有相同名字的文件，该方法将返回一个错误。

④OpenAsTextStream 方法： – 以纯文本格式打开一个文件，并返回一个指向该文件的 TextStream 对象的实例。

语法格式为：Set d = e. OpenAsTextstream 打开方式，编码格式

说明：

a. 变量"d"：是 TextStream 对象的一个实例，使用 TextStream 对象可以实现对文本文件的读取、写入等基本操作。

b. 参数"打开方式"：代表打开文件的方式。有 3 个可选值：1，2 和 8，其中，1 表示以只读方式打开；2 表示以只写方式打开；8 表示以追加方式打开。

c. 参数"编码方式"：代表所要打开的文本文件的编码格式。有 3 个可选值：0，–1和–2，其中，0 表示以标准 ASCII 编码格式打开文件；–1 表示以 Unicode 编码格式打开文件；–2 表示以系统默认的编码格式打开文件。

（3）Files 集合 Files 集合是一个文件夹或根目录下所有文件对象 File 的集合。创建一个 Files 集合对象的实例是通过 Folder 对象的 Files 属性来完成的，该集合中包含的每个 File 对象对应目录下的一个文件。

语法格式为：Set 变量名 = MF. Files

说明：MF 是一个 Folder 对象的实例，上面这条语句创建了一个包含 MF 指向的文件夹下的所有文件的一个集合。

Files 集合有以下两个属性：

①Count 属性：返回文件夹中文件的总数。

②Item 属性：返回一个 File 对象。

```
< %
Set fsof = Server. CreateObject（" Scripting. Filesystemobject"）
Set MF = fsof. GetFolder（" f：\ asp"）
Set f = MF. Files
Response. Write" f：\ asp 目录下共有" & f. Count &" 个文件。 < br > "
```

Set g = MF. Item （" t1. txt"）

Response. Write " 文件的名字：" & g. Name &" ＜ p ＞"

′显示刚在 File 对象定义的文件名

′下面循环显示 f：\ asp 下所有文件的名字

For Each g in f

Response. Write （" 此目录下有文件：" & g. Name &" ＜ br ＞"

Next

% ＞

运行结果是显示 f：\ asp 目录下的所有文件清单。

5.2.4　Folder 对象及 Folders 集合

Folder 对象提供了针对某一个特定的文件夹进行处理的方法和显示其文件夹信息的一系列属性。创建一个 Folder 对象的实例可以有以下两种方法：

方法一：通过 FileSystemObject 对象的 GetFolder 方法创建 Folder 对象的实例：

Set 变量名 = fsof. GetFolder （"文件夹"）

方法二：通过 Folders 数据集合的 Item 属性来创建 Folder 对象的实例：

Set 变量名 = mfs. Item （"文件夹"）

说明：参数"mfs"为 Folders 集合：set mfs = MF. SubFolders；参数"文件夹"代表所要指向的文件夹的路径。

以上两种方法创建出来的 Folder 对象的实例其本质是相同的，属性、方法及用法都是完全相同的。

（1）Folder 对象的属性　Folder 对象的属性描述了某个文件夹的众多属性信息，详见表 5 – 9。

表 5 – 9　**Folder 对象的属性信息**

属　　性	描　　　　述
Attributes	文件夹的属性，如只读、可写等
DateCreated	文件夹创建的日期
DateLastAccessexi	文件夹最后一次被访问的日期
DateLaseModified	文件夹最后一次被修改的日期
Drive	文件夹所在驱动器的符号
Files	返回包含该文件夹下所有文件的 Filses 集合
IsRootFolder	判断文件夹是否为根目录
Name	文件夹的名字
ParentFolder	返回文件夹的父一级文件夹的名字
Path	返回文件夹的绝对路径信息
ShortName	短名字格式下文件夹的名字
ShortPath	短名字格式下文件夹的路径
Size	该文件夹包含的所有文件及子文件夹所占的空间（单位：字节）
SubFolders	返回包含该文件夹所有子文件夹的 Folders 集合

```
< %
Set fsof = Server. CreateObject( "Scripting. FileSystemObject")
Set MF1 = fsof. GetFolder( "f: \ asp")
Response. Write( " < h2 > 以下显示的为 f: \ asp 文件夹信息 </h2 > < p >")
Response. Write( "该文件夹创建时间为:" & MF1. DateCreated & " < br >")
Response. Write( "最后访问时间为:" & MF1. DateLastAccessed & " < br >")
Response. Write( "最后修改时间为:" & MF1. DateLastModified & " < br >")
Response. Write( "文件夹位于的磁盘:" & MF1. Drive & " < br >")
Response. Write( "此文件夹是否为根目录:" & MF1. IsRootFolder & " < br >")
Response. Write( "文件夹的名称为:" & MF1. Name & " < br >")
Response. Write( "该文件夹的上级目录为:" & MF1. ParentFolder & " < br >")
Response. Write( "该文件夹的绝对路径为:" & MF1. Path & " < br >")
Response. Write( "短名字格式下文件夹的名字:" & MF1. ShortName & " < br >")
Response. Write( "短名字格式下文件夹的路径:" & MF1. ShortPath & " < br >")
Response. Write( "该文件夹包含的所有文件及子文件夹所占的空间:" & MF1. Size & "
字节。")
% >
```

运行结果是显示 f: \ asp 文件夹的所有属性信息。

（2）Folder 对象的方法　Folder 对象提供了 4 种方法，可以用来对指向的文件夹进行复制（Copy）、删除（Delete）和移动（Move）等操作（类似于 File 对象的相应方法一样，此处略）。

（3）Folders 集合　Folders 集合是某个文件夹或者驱动器根目录的所有子文件夹的集合。每个子文件夹中可能包含有一个 Folders 数据集合。

创建 Folders 集合的格式为：set mfs = MF. SubFolders

Folders 集合有以下两个属性：

①Count 属性：返回 Folders 集合中文件夹中的数量。

②Item 属性：返回一个 Folders 集合中一个命名的 Folders 对象。

Add 方法用于在 Folders 集合中建立一个新的文件夹，如果该文件夹已经存在，则将出现一个错误。

```
< %
Set fsof = Server. CreateObject( "Scripting. FileSystemObject")
Set mfs = fsof. getfolder( "f: \ asp")
'获取 f 盘 asp 目录下所有文件夹集合的 Folders 数据集合
Set mfs1 = mfs. Subfolders
'显示 d 盘 abc 目录下子文件夹的数目
Response. Write( "f 盘 asp 目录下共有" & mfs1. Count & " 个子文件夹 < p >")
'显示 d 盘 abc 目录下所有子文件夹的名字
For Each Folder in mfs1
Response. Write( "子文件夹名:" & Folder. Name & " < br >")
```

Next

% >

运行结果是显示 f：\ asp 文件夹下的所有子目录的名字。

5.2.5 WDrive 对象及 Drives 集合

Drive 对象提供了很多访问驱动器属性的信息。可以通过两种方法来创建一个 Drive 对象的实例，让它指向某个特定的驱动器。

方法一：通过 FileSystemObject 对象的 GetDrive 方法创建 Drive 对象的实例。

Set 变量名 = fsof. GetDrive （"驱动器的名字"）

方法二：通过 Drives 数据集合的 Item 属性来创建 Drive 对象的实例。

Set 变量名 = dfs. Item （"驱动器的名字"）

说明：参数"dfs"为 Drives 集合：set dfs = fsof. GetDrives 。

这两种方法创建出来的 Drive 对象的实例其实质是完全相同的，两者都提供了获取驱动器信息的一系列属性。

（1）Drive 对象的属性　　通过 Drive 对象提供的属性，可以访问 Drive 对象的有关信息。其各属性的具体描述见表 5 - 10。

表 5 - 10　Drive 对象的属性信息

属　　性	描　　　　　述
AvailableSpace	该驱动器上可用的空间（单位：字节数）
DfiveLeaer	该驱动器的符号
DriveType	驱动器的类型，如固定的或者可移动的
FileSystem	驱动器上的文件系统的文件结构
FreeSpace	驱动器上剩余的空间（单位：字节数）
IsReady	驱动器是否准备好了，如软驱中是否已经插入了软盘
Path	驱动器的路径信息
RootFolder	返回一个 Folder 对象，指向该驱动器的根目录
SerialNumber	驱动器的序列号
ShareName	如果是网络驱动器，则返回其共享名
TotalSize	驱动器上的空间大小（单位：字节数）
VolumeName	驱动器的卷标

< %

Set fsof = Server. CreateObject("Scripting. FilesystemObject")

Set df = fsof. GetDrive("C")

Response. Write("磁盘上可用空间为:" & df. AvailableSpace & "字节" & " < br > ")

Response. Write("磁盘的符号为:" & df. DriveLetter & " < br > ")

Response. Write("磁盘的类型（1 - 移动 2 - 固定）:" & df. DriveType &" < br > ")

Response. Write("磁盘上的文件系统结构:" & df. FileSystem &" < br > ")

Response. Write("磁盘的剩余空间:" & df. FreeSpace &" < br > ")

Response. Write("驱动器的路径:" & df. Path &" < br > ")

Response. Write("驱动器的根目录:" & df. RootFolder &" < br > ")

Response. Write("驱动器的序列号:" & df. SerialNumber &" < br > ")

Response. Write("驱动器容量为:" & df. TotalSize &" < br > ")

Response. Write("驱动器的卷标:" & df. VolumeName &" < br > ")

% >

运行结果是显示 C 盘的有关信息。

（2） Drives 集合　Drives 集合代表了本地计算机或映射的网络服务器中所有可用驱动器的集合。

创建 Drives 集合的格式为：　　set dfs = fsof. GetDrives

Drives 集合有以下两个属性：

①Count 属性：表示 Drives 数据集合中包含的驱动器的个数，即服务器上可用驱动器的个数。

②Item 属性：用来引用特定的某一个驱动器，以生成一个驱动器对象（Drive 对象），然后通过这个驱动器对象来对特定的驱动器进行一系列操作。

5.2.6　任务：访客计数器

制作访客计数器的方法很多，本节主要讲述如何利用文件存取组件来实现。

（1） 首先建立一个文件夹　并在此文件夹下建立一个文本件，此文件用来保存访客登录的次数（ counter. txt）

（2） 在该文件夹下建立一个实现计数的程序文件（counter. asp）　内容如下。

```
dim path, myFile, read, write, cntNum
path = server. mappath( "counter. cnt")
read = 1
write = 2
Set myFso  = Server. CreateObject( "Scripting. FileSystemObject")
set myFile  = myFso. opentextfile( path, read)
cntNum = myFile. ReadLine
myFile. close
cntNum = cntNum + 1
set myFile  = myFso. opentextfile( path, write, TRUE)
myFile. write( cntNum)
myFile. close
set myFile = nothing
set myFso = nothing
% >
document. write( ′ < % = cntNum% > ′) ;
```

（3）显示结果如图 5 - 1 所示。

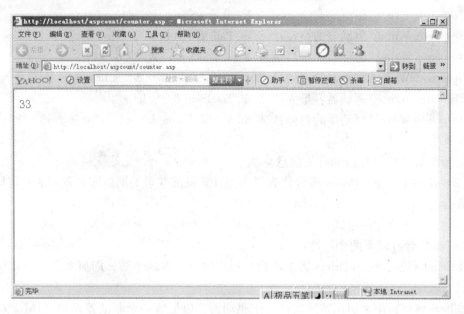

图 5 - 1　访客计数器运行

5.3　任务：广告轮显网页—广告轮显组件 Ad Rotator

广告轮显组件（Ad Rotator）用于创建一个 AdRotator 对象实例，通过该对象在 Web 页上自动轮换显示广告图像。当用户每次打开或重新加载 Web 页时，该组件将根据在轮显列表（Rotator Schedule）文件中指定的信息显示一个新广告。

5.3.1　基本概念

AdRotator 组件实际上就是一个广告轮放器，它按照事先设定好的概率，轮流显示每幅广告。而且，使用广告轮显组件来显示广告条，维护很方便，它把程序编程与广告内容维护完全分开，这样更有利于组织内部分工的细化。

使用广告轮显组件显示广告条涉及以下 3 个文件：

（1）广告信息内容设置文件（ad. txt）。

（2）广告超链接处理文件（adlink. asp）。

（3）广告显示运行核心程序（ad. asp）。

5.3.2　广告信息内容设置文件设置与建立

（1）概率设置　概率是指广告图片出现的出现几率。每幅图片出现的机率等于预先设置好的概率除以总概率的和。假设程序中有 4 幅图片，他们分别是：163. gif、sina. gif、sohu. gif，126. gif，指定广告出现的概率为：30、40、50、20。如我们要计算网易广告出现的概率，那么它就等于 30/（30 + 40 + 50 + 20）= 3/14

注意：这里广告出现的概率加在一起并不一定是 100 或者 1。

（2）广告信息内容设置　必须按固定的格式编写并保存为文本文件（．TXT）格式。

计划文件的格式：

Redirect　单击广告后执行的文件

Width　广告图片的宽度（默认 440 像素）

Height　广告图片的高度（默认 60 像素）

Border　广告图片边框大小

　＊

广告图片名称

超链接的完整网址

广告说明

出现的概率

… … … … …

①Redirect URL 指出广告将成为其热连接的 URL，但其并非直接跳转的 URL，它包含了两个参数的查询字符串：特定广告主页的 URL 和图像文件的 URL。这些值从而可在"重定向文件"中进行提取，并且"重定向文件"还可以进行其他的处理工作，比如跟踪单击广告的次数、跳转到接受的广告主页等。

②width、height、border 是连接图片的宽、高以及边框线大小。

③"＊"号表示了分隔符，以及"＊"号下面的每四行为一个单位进行描述每个广告的细节。

④广告图片名称指定广告图像文件的位置；

⑤超链接的完整网址指广告对象的主页 URL（如果广告客户没有主页，则该行为一个连字符"－"，指出该广告没有链接；

⑥广告说明指图像的替代文字；

⑦出现的概率指出广告的相对权值。例如，如果轮显列表文件包含 3 个广告，其 impressions 分别为 2、3、和 5，则第一个广告占用 20％ 的显示时间，第二占用 30％ 的显示时间，第三个占用 50％ 的显示时间。

（3）建立文本文件：AD．TXT　如下列格式。

redirect adlink. asp

width 137

height 55

border 1

＊

163. gif

http：//www. 163. com

网易网站

30

sina. gif

http：//www. sina. com

新浪网站

40

sohu. gif

http：//www. sohu. com

搜狐网站

50

126. gif

http：//www. 126. com

126 邮箱

20

5.3.3　广告显示运行核心程序设置与建立（AD. ASP）

（1）核心文件的设置　用于编写插入广告的 ASP 文件，此程序包含 3 部分。
使用 Server. CreateObject 创建实例：

< %　Set　ad = server. createobject（" MSWC. adrotator"）　% >

（2）设置显示图像的特征（即 AdRotator 组件的属性）　格式：变量名 . 属性 = 值
属性有：

Border：– 边框大小，0 为没边框。

Clickable：指定广告是否有一个超链接，默认 True 有。

Targetframe：– 以何种方式浏览 WEB 页面，如：_blank 新窗口。

（3）显示广告　　（即 AdRotator 组件的方法，只有一个 GetAdvertisement）

格式：变量名 . GetAdvertisement（"TXT 文件名"）

作用：取得广告信息。即从 Rotator 计划文件中获取下一个计划广告的详细说明，并
将其格式化为 THML 格式。

（4）显示广告页面文件的建立　文件名为：AD. ASP。

```
< %
set ad = server. createobject( "MSWC. adrotator")
ad. clickable = ( true)
response. write( ad. getadvertisement( "ad1. txt"))
% >
```

5.3.4　广告超链接处理文件设置与建立（ADlink. ASP）

当运行 AD. ASP 文件，单击某广告后，若要跳转到计划文件中的指定网页，必须要编
写此文件。

单击广告后可打开的页面文件，文件名为：ADlink. ASP。

```
< %
url = request. QueryString( "url")
```

response. redirect url

% >

5.3.5 使用广告轮显组件的属性和方法

详见表 5 – 11。

表 5 – 11 AdRotator 组件的属性和方法

属性或方法	功能说明	使用方法
Border 属性	制定广告图片的边宽（Border）大小	ad. BorderSize （size）
Clickable 属性	制定该广告图片是否提供超链接功能	ad. Clickable （Boolean）
TargetFrame 属性	制定超链接后的浏览 web 页面目标窗口	ad. TargetFrame （Target）
GetAdvertisement 方法	取得广告信息文件	ad. GetAdvertisement （String）

习　　题

一、问答题

（1）在新建文本文件时，是否扩展名一定要是 . txt？

（2）如何实现文件及文件夹改名？

二、操作题

（1）请试着用文件存取组件开发一个在线故事程序。

（2）设计自己的广告轮显组件，并实现在主页上。

第六章 Web 数据库基础

计算机的数据库技术自问世至今已有 40 多年的历史，目前，这一技术在人类社会的各个领域都有着广泛的应用。人们可以用它来对大量的数据资料进行分析、加工与处理。如：学校的学生信息资料管理，企事业机关单位的会计数据资料处理、统计数据资料加工与分析等。本章主要通过 Access 数据库来讲解 Web 数据库操作的技术。

通过本章的理论学习和练习，用户应了解和掌握以下内容：

- 了解数据库的基本概念，掌握数据库、表、字段、记录等几个术语。
- 会建立 Access 数据库，会添加表和查询。
- 掌握最基本的 SQL 语句，尤其是 Select、Insert、Delete 和 Update 语句。

6.1 Web 数据库简介

（1）数据与 Web 数据库

①数据：人们在分析研究客观事物时要认识某类事物的某些特征，这样的特征可用文字和数值来描述，如：学生的姓名、性别、年龄、籍贯、考试分数等。从计算机处理的角度看，数据泛指那些可以被计算机接受和处理的符号。

②Web 数据库技术：随着 Internet 和软件技术的飞速发展，Web 数据库技术也应运而生。是网络程设计中不可缺少的一部分。常见 Web 数据库管理系统有：Power Builder 8.0/9.0，SQL Server 2000/2005，Oracle 9i，Mysql 等等。

在计算机系统中，数据库管理系统要建立在操作系软件基础之上。并由操作系统软件提供支持。微软公司的操作系统 Windows 2000/XP 能够完全支持主流数据库管理系统。

（2）数据模型 人们在处理数据时需要将数据资料条理化和系统化，计算机的数据库技术也要求将数据按一定的结构来组织。这样的数据结构有层次模型、网状模型、关系模型和面向对象模型。

关系模型主要面向数值、字符等比较简单的数据类型，将简单的数值或字符组织成为一个二维表格的形式，表格各列表示不同的数据项目、表格的一行表示一个实体在不同项目上的值。表 6－1 是一个假设的学生信息表片段。

在设计关系模型中，要求每列数据项（称为：字段）有别，不能完全重复；各行数据（称为：记录）之间不能完全重复。各列或各行的顺序允许随意排列。实际上，字段有重复或记录有重复是多此一举的，会造成处理上的麻烦及计算机系统资源的浪费。

本章介绍 Access 的数据库管理系统中的数据组织就是关系模型。常见的其他数据库管理系统，如：SQL Server 2000，Informix，Oracle 等等，都是以关系模型来存储和处理大量的数据。

表6－1　学生信息表的示例

学号	姓名	性别	年龄	出生日期	团员	籍贯	联系电话
10	徐琳	女	19	1986-06-12	T	吉林省四平市	0434-2188655
11	张欣	女	19	1986-09-23	T	河北省承德市	0314-3522712
12	吴瑛	女	19	1986-11-21	T	河南省驻马店市	0396-8821878
13	杨丽	女	18	1986-03-15	T	四川省内江市	0832-6624212
14	赵翔	男	20	1984-02-15	T	黑龙江省海林市	0453-8665566

6.2　使用 Microsoft Access 创建数据库

在 ASP 中一般使用 SQL Server 或 Access 数据库。SQL Server 运行稳定、效率高、速度快，但配置起来较困难、移植也比较复杂，适合大型网站使用；Access 配置简单、移植方便，但效率较低，适合小型网站。

在本课程的例子中，我们以 Access 为主，主要考虑到以下几点。

①Access 数据库使用简单，可以使大家迅速掌握。

②其实，对于一般的单位网站或个人网站，Access 数据库绰绰有余。

③如果希望将用 Access 数据库开发的程序转化为 SQL Server 数据库也非常简单，只要利用 SQL Server 的导入功能将 Access 数据库转化为 SQL Server 数据库。至于 ASP 语句，因为采用的是标准的 SQL 语言，读取 Access 数据库和读取 SQL Server 数据库基本上是一样的，几乎不用改写，需要改写的就是连接数据库的语句。

④ 事实上，很多人都是先用 Access 数据库开发，然后再转化为 SQL Server 数据库。

6.2.1　任务：企业网站数据库分析和规划

要开发数据库程序，首先要规划自己的数据库，要尽量使数据库设计合理。既包含必要的信息，又能节省数据的存储空间。

假设要在自己的主页上增加用户注册模块，既需要建立一个用户数据库，可能需要两张表：一张表记载用户的基本信息，包括用户名、密码、真实姓名、年龄、联系电话、E-mail，注册时间字段；另一张表记载用户的登录信息，包括用户名、登录时间、登录 IP 字段。当然，这两张表按照用户名建立关系。

新建数据库　依次选择菜单命令【开始】—【程序】—【Microsoft Access】就可以启动 Access 2000。

在弹出的对话框中选择【空 Access 数据库】，然后单击【确定】按钮，会弹出如图 6－1 所示的【文件新建数据库】对话框（图6－1）。

现在将这个数据库起名为 userinfoandb，选择保存位置为 C：\ Inetpub \ wwwroot \ ，然后单击【创建】按钮，便会弹出如图 6－2 所示的 Access 主窗口（图6－2）。

从图6－2 中可以看出，在 Access 中除了“表”以外，还有“查询”、“窗体”、“报表”、“页面”、“宏”和“模块”等对象。在左侧单击相应的对象按钮，就可以在右侧添加相应的对象，如添加“表”等。

下面简介各种对象及其作用。

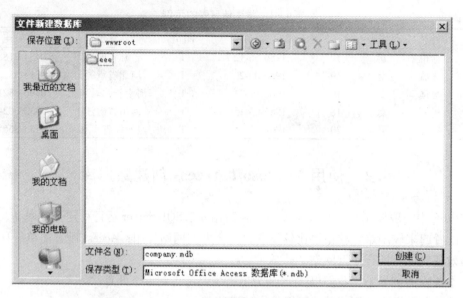

图 6-1　文件新建数据库对话框

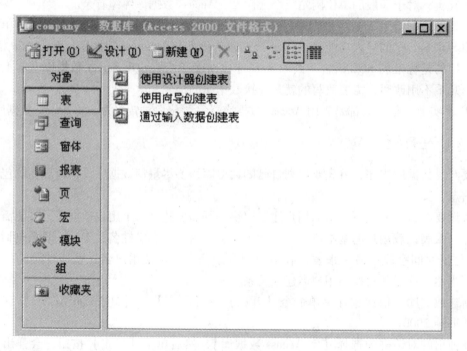

图 6-2　Access 的主窗口

①表：这是数据库中最基本的内容，是用来存储数据的。

②查询：利用查询可以按照不同的方式查看、更改和分析数据。

③窗体、报表、页：通过这些对象可以以更方便的界面获取和查看数据。

④宏、模块：用来实现数据的自动操作，可以编程。

对于学习 Asp 来说，最需要的是表和查询，尤其是表。下面重点讲述这两个对象。

6.2.2　任务：创建企业网站数据表

（1）新建表　新建表的方法有多种，最简单的方法是在图 6 - 3 中双击【使用设计器创建表】选项，就可以打开如图 6 - 3 所示的设计视图。

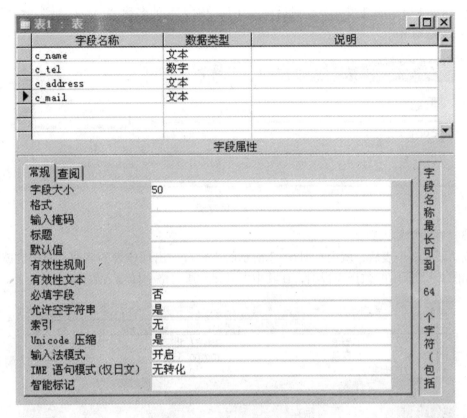

图 6 - 3　新建表的设计视图

在新建表时，要注意以下几点：

①图 6 - 3 中的一行就对应了一个字段：也就是表中的一列，请依次输入字段名称、字段数据类型和字段说明。

②字段名称可以用中文：也可以用字母、数字和下划线，命名规则和变量类似。考虑到系统兼容的问题，建议不要用中文。

③数据类型：如图 6 - 3 所示，常用的有"文本"、"备注"、"数字"、"日期时间"、"是否"和"自动编号"等。其中"文本"用于比较短的字符串（最长 255 个字符）；"备注"用于比较长的字符串，最长可以容纳 535 个字符；"是/否"用于布尔类型，只有两个值 Tru 以（真）或 False（假）；"自动编号"是一个特殊的类型，它可以自动递增或随机产生一个数字，经常用它产生一个唯一的编号。

④选中一个数据类型时：还可以在图 6 - 3 下方进行更复杂的设计，比如文本长度、数字类型、时间显示格式、默认值、必填字段、是否允许空字符串等。对于初学者，一般不必设置。

⑤主键：大家注意到在图 6 - 3 中 u_name 字段左边有一个小钥匙标记，这表示该字段

是主键。所谓主键，表示该字段在表里必须是唯一的，在这里用户名肯定不能有重复的，所以将其设置为主键。设置方法很简单，只要用鼠标对准这个字段，单击鼠标右键，在快捷菜单中选择【主键】命令就可以了。

（2）保存表 正确输入所有字段以后，单击 Access 主窗口中的【保存】按钮，就会弹出如图 6-4 所示的【另存为】对话框。在其中输入表的名称"commnany"，然后单击【确定】按钮即可。

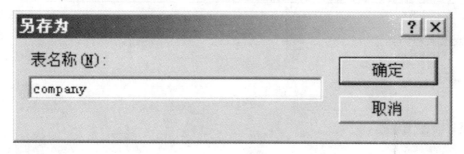

图 6-4 保存表

（3）在表中输入数据

成功新建一个表后，就会在图 6-2 所示的主窗口中出现该表的名称，双击它就可以打开如图 6-5 所示的数据表视图，在其中可以和普通表格一样输入数据。

图 6-5 在表中输入数据

（4）修改数据表的设计 倘若觉得表格设计不够合理或者不合要求，可以在图 6-2 中先选中数据表，然后单击【设计】按钮，就可以重新打开如图 6-3 所示的设计视图。你可以继续删除或添加字段，也可以修改数据类型或格式。

6.2.3 任务：给企业网站数据表加入查询

利用查询可以更方便地更改、分析、处理数据。查询好比是一张虚拟的表，用户可以像在表里操作一样，输入或浏览数据。

有时会需要显示部分字段或部分记录，就要用到查询了。其实查询不仅可以用来显示数据，还可以用来插入、删除、更新记录。

查询有 4 种：简单查询、组合查询、计算查询和条件查询。现在就来建立一个简单查询，只显示公司名称和 E-mail 两个字段的内容。

（1）新建简单查询　在 Access 主窗口左侧选择【查询】按钮，就可以显示如图 6-6 所示的对话框。

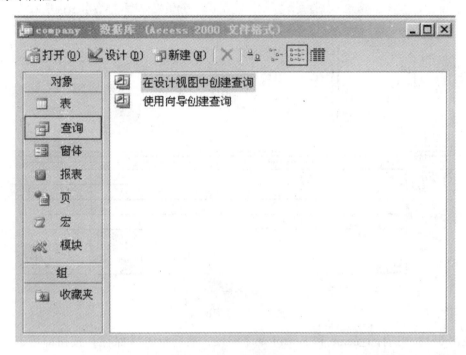

图 6-6　建立查询

在图 6-6 中双击【在设计视图中创建查询】选项，就会打开如图 6-7 所示的【显示表】对话框。

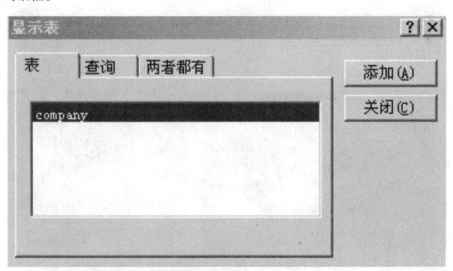

图 6-7　显示对话框

图 6-7 用来选择数据源，因为要从 users 表中选择显示两个字段，所以这里选择 users 表。选中后单击【添加】按钮，选择所有需要的表后单击【关闭】按钮，就会出现如

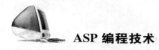

图 6 – 8 所示的建立查询窗口。

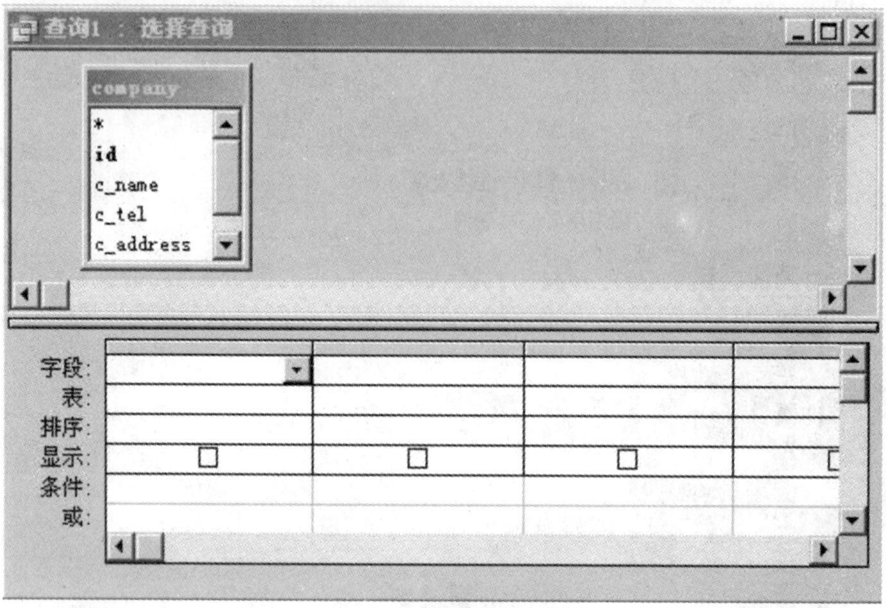

图 6 – 8　查询窗口

在图 6 – 8 中选择 r_name 和 E-mail 两个字段，然后单击【保存】按钮即可，这里命名为 select1，查询的保存、修改方法和表类似。

（2）显示查询内容　成功新建一个查询后，在图 6 – 6 所示的主窗口中就会出现查询的名称，双击该名称就可以打开如图 6 – 9 所示的查询结果。

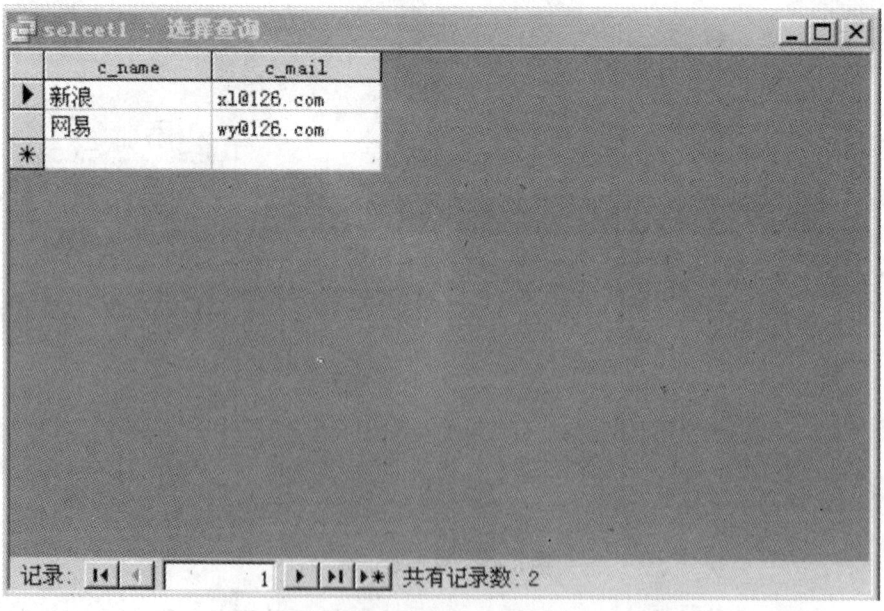

图 6 – 9　查询结果

（3）利用 SQL 语言建立查询　利用上面的方法已经可以建立简单的查询了，下面重点讲解利用 SQL 语言建立程序的方法。

在建立查询时，当进行到图 6 – 7 时，直接单击【关闭】按钮，然后再主窗口中一次选择【视图】—【SQL 视图】菜单命令，就会出现如图 6 – 10 所示的 SQL 视图对话框。

图 6 – 10　SQL 视图对话框

在图 6 – 10 中输入 SQL 语句 " Select c_name, c_mail From commany"，然后单击【保存】按钮即可，这里命名为 select2。在图 6 – 10 中单击【运行】按钮也可以立即显示查询结果。

注意：该方法既可以用来学习 SQL 语句，也可以用来调试数据库程序。如果 SQL 语句出现错误，可以利用 Response. Write 语句在页面上输出错误的 SQL 语句，并复制到图 6 – 10 中，然后单击【运行】按钮查看错误。

6.3　SQL 语言基础

SQL（Structured Query Language，即结构化查询语言）。1986 年，国际化标准组织（ISO）公布了标准 SQL 的发布文本，将 SQL 规定为国际标准。不管是哪种数据库系统，都采用 SQL 作为共同的数据存取语言和标准。因此，不同的数据库系统在统一标准化的 SQL 查询语言下被连接成一个统一的整体。

6.3.1　SQL 语言概述

（1）什么是 SQL　SQL 是英文 Structured Query Language 的缩写，意思为结构化查询语言。是人们专门为操作数据库，特别是查询信息而设计的。

SQL 的前身是 SEQUEL2，是在 20 世纪 70 年代中期由美国 IBM 公司在圣约瑟研究实验室开发 SYSTEM R 关系数据库管理系统时研制的，并在 1976 年 11 月的 IBM Journal of R&D 上公布。1979 年 ORACLE 公司首先提供商用的 SQL，IBM 公司在 DB2 和 SQL/DS 数据库系统中也实现了 SQL。

1986 年 10 月，美国 ANSI 采用 SQL 作为关系数据库管理系统的标准语言（ANSI X3. 136-1986），后为国际标准化组织（ISO）采纳为国际标准。

1989 年，美国 ANSI 采纳在 ANSI X3. 136-1989 报告中定义的关系数据库管理系统的 SQL 标准语言，称为 ANSI SQL 89，该标准替代 ANSI X3. 136-1986 版本。该标准为国际标准化组织（ISO）和美国联邦政府所采纳。后来又有了 SQL92，SQL99 等标准。

目前，所有主要的关系数据库管理系统（Visual FoxPro，PowerBuilder，SQL Server 2000/2005，ORACLE）都支持某种形式的 SQL 语言。

（2）SQL 的优点

①SQL 是一种一体化的语言。包括数据定义、数据查询、数据操纵、数据控制等功能。能够完成数据库的全部相关操作。

②SQL 是一种非过程化的语言：它一次处理一个记录，对数据提供自动处理。SQL 语句使用查询优化器，自动应用索引。能够以最快速度对指定数据进行存取。

③SQL 语言简捷高效，便于学习和掌握。

④SQL 语言可以直接以命令交互方式来使用。

SQL 语言本身实际上包括查询、操作、定义及控制 4 个方面的功能。涉及到 Web 数据库结合使用 ASP 技术一般有查询和操作两个常用功能。具体讲解这两个功能在 ASP 中与数据库连接的详细用法。

6.3.2　Select 语句

（1）SELECT—SQL 语句概述　SELECT 语句是 SQL 语言的核心，主要用于在复杂的数据库资料中查找"有用的信息"，前面谈到一个 Visual FoxPro 数据库管理系统中的表最多可容纳 10 亿个记录，每个记录最多可设置 255 个字段。

（2）SELECT—SQL 语句的一般形式

①SELECT—SQL 语句格式：

Select 目标列

From 目标基本数据表（或者查询视图）

［Where 查询条件表达式］

［Order By 列名　　［ASCE ｜ DESC］］

SELECT 通常有以下几种使用方法：

a. Select　目标列…　From　目标数据表

b. Select　目标列…From　目标数据表…Where　条件表达式

c. Select 目标列…From 目标数据表…Where 条件表达式…order by 列名

说明：默认为升序 ASCE；否则为降序 DESC。

d. Select Top Number 目标列 From 目标数据表 Where 条件表达式…

说明：Number 参数是一个大于零的整数，它表示从检索的结果中返回指定数目（Number）的记录。

该语句的另一种变形为：

Select Top Number percent 目标列 From 目标数据表 Where 条件表达式…

说明：它表示从检索的结果中返回指定百分数的记录，该百分数即由 Number 指定的百分数。

通过语句的一般格式可见：该语句格式较繁杂，参数较多，说明了该语句的功能很强。在实际应用时，是根据查询的需求来使用参数的。就是说：查询可简可繁。查询表达式构造的越是简单，查询结果可能越是粗略，查询速度可能会慢一些；查询表达式构造的越是复杂，查询结果可能越是精细，查询速度也可能会快一些。下面说明 SELECT—SQL 语句参数的意义，然后结合实例讲解用法。

②SELECT—SQL 语句的参数说明：

SELECT：查询命令

ALL：查询范围为所有记录，ALL 是默认范围。

DISTINCT：查询时消除重复记录（行），重复的只显示第一个记录。

TOP nExpr［PERCENT］：查询前 nExpr 个记录，加参数 PERCENT 则指定查询前 nExpr% 的记录（范围从 0.01 到 99.99）。

Select_Item：指定查询结果包括的项。可以是表的字段名称、常量、表达式、用户自定义函数等。

［AS］Column_Name：指定查询结果中列的标题。当查询结果是一个表达式或是一个关于字段的函数，需要起一个有意义的标题。

DatabaseName!：用于指定表所在的数据库文件名，当需要打开的表不在当前打开的数据库中，就需要指定数据库文件名。数据库文件名后面的感叹号中必需的。

［AS］Local_Alias：用于为表指定一个临时的别名。若指定了别名，在整个 SELECT 命令中都要使用该别名。

INNER JOIN DatabaseName! Table［［AS］Local_Alias］：多表间的内连接查询的连接子句。

LEFT［OUTER］JOIN DatabaseName! Table［［AS］Local_Alias］：多表间的左连接查询的连接子句。OTHER 只是强调"外连接"，该参数可以省略。

RIGHT［OUTER］JOIN DatabaseName! Table［［AS］Local_Alias］：多表间的右连接查询的连接子句。

FULL［OUTER］JOIN DatabaseName!］Table［［AS］Local_Alias］：多表间的完全连接查询的连接子句。

WHERE：指定查询条件，通常是某个字段值的范围。

JoinCondition：指定一个字段。

AND｜OR：查询条件由多个字段组成，需要使用逻辑与运算符"AND"，逻辑或运算符"OR"。

FilterCondition：查询条件表达式。

GROUP BY GroupColumn：用于查询时对记录进行分组。GroupColumn 可以是某个字段名，也可以是一个数值表达式，可以是查询结果表中的列位置。

HAVING FilterCondition：指定包括在查询结果中的组必须满足的筛选条件，通常 HAVING 子句要与 GROUP BY 子句一起使用。FilterCondition 不能包括子查询。

如果 HAVING 子句没有与 GROUP BY 子句一起使用，则 HAVING 子句相当于 WHERE 子句。

UNION［ALL］SELECTCommand：将一个查询结果与另一个 SELECE 查询结果组合起来。默认情况下，UNION 检查组合的结果并排除重复的行。ALL 用于防止 UNION 删除组合结果中重复的行。

③查询语句 SELECT 应用示例：

a. 简单查询。最简单的查询语句如下：

SELECT ＊ FROM 表名　　　　&& 查询表中所有的字段与记录

当我们想了解一个表的基本内容时，可以使用这样的最简单的查询。

【例 6 – 1】查询表 company. mdb 中的所有记录，查询语句如下：

SELECT ＊ FROM company

命令执行后，会显示查询窗口，参见图 6 – 11。

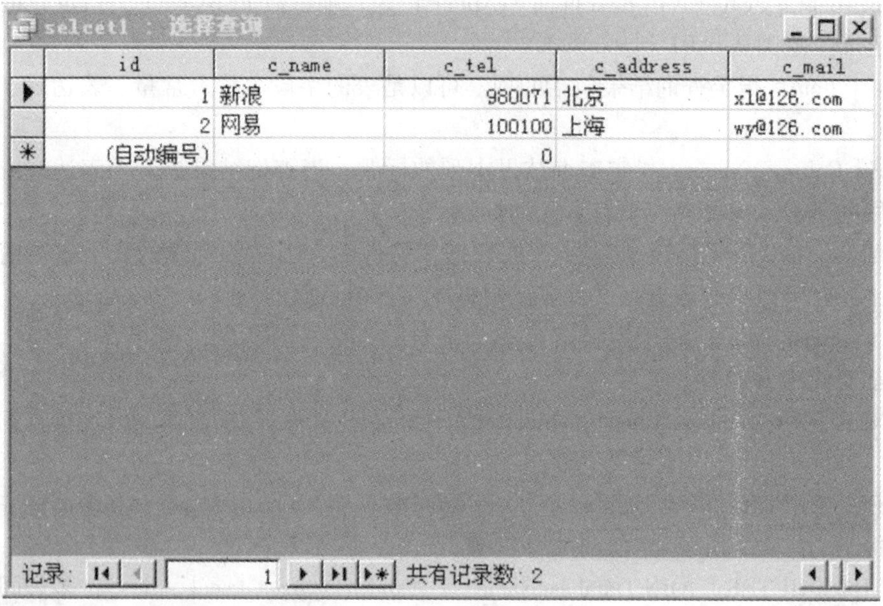

	id	c_name	c_tel	c_address	c_mail
▶	1	新浪	980071	北京	xl@126.com
	2	网易	100100	上海	wy@126.com
＊	(自动编号)		0		

记录：|◀|◀| 1 |▶|▶||▶＊| 共有记录数：2

图 6 – 11　查询结果显示窗口

b. 选择字段的查询。如果不想查询所有的情况，只是查询部分字段，可使用下面的语句格式：

SELECT 字段 1，字段 2，… FROM 表名。

【例 6 – 2】查询表 company. mdb 中的 "c_name"，"c_mail" 查询语句如下：

SELECT c_name，c_mail FROM company

命令执行结果参见图 6 – 12。

c. 条件查询。条件查询是指只查询符合条件的记录。命令格式如下：

SELECT 查询内容 FROM 表名 WHERE 查询条件

【例 6 – 3】查询表 company. mdb 企业名称为 "新浪" 的 "c_name"，"c_mail"，"c_address" 查询语句如下：

SELECT company. c_name，company. c_mail，c_address

FROM company where c_name = " 新浪"；

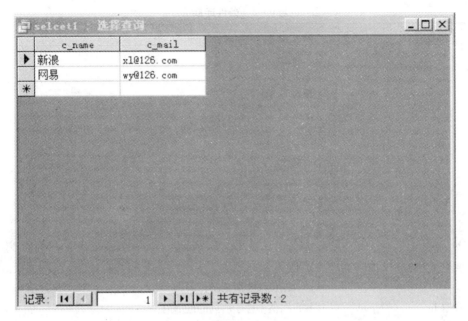

图 6 – 12　查询部分字段的结果

命令执行结果参见图 6 – 13。

图 6 – 13　条件查询结果

d. 在条件查询中应用运算符（表 6 – 2）。LIKE 子句用于在设置查询条件时使用通配符：第一种通配符是百分号"%"，代表任意字符；第二种通配符是下划线"_"，只代表一个任意字符。

SELECT 姓名，性别，年龄，职务，职称　FROM rsda；

WHERE 姓名 LIKE'王%'AND 性别 ='男'

e. 产生派生列的查询。产生派生列的查询是指通过计算表中原来的字段产生有意义的派生列。

SELECT 编号，基本工资 + 职务津贴 + 工龄 + 补贴 + 科技津贴 + 住房补贴；

AS'职工应发工资'　FROM rsgz

命令中求和的算式将产生一个派生列，列名为"职工应发工资"。

表 6 – 2　条件连接符

逻辑运算符	说　　明
=	等于
＜＞	不等于
＞	大于
＞＝	大于等于
＜	小于
＜＝	小于等于
Not	非
And	与
Or	或
Between	介于
Not Between	不介于
in	列的数据值位于所列的范围内
Not In	列的数据值不位于所列的范围内
Is NULL	列的数据值为 NULL
Is Not NULL	列的数据值不为 NULL

f. 查询结果排序。在查询表达式中可应用 ORDER BY 子句设置排序项，使查询结果按一定顺序排列。

g. 使用 TOP 子句。查询一定数量或一定百分比的记录：

SELECT TOP 20 PERCENT 基本工资 FROM rsgz；

ORDER BY 基本工资 DESC DISTINCT

h. 嵌套查询。嵌套查询是指一个查询以另一个子查询结果为条件。查询时需使用 IN 子句。

由表 jsj051cj1. DBF，在英语成绩大于 80 分的学生中查询显示计算机基础的成绩。查询语句如下：

SELECT 学号，计算机基础 FROM jsj051cj1 WHERE；

学号 IN（SELECT 学号 FROM jsj051cj1 WHERE 英语 ＞80）

i. 使用列函数查询。在 SELECT 语句中，可以使用以下几个列函数：

SUM（数值型字段名）：求数值型字段的总和。

AVG（数值型字段名）：求数值型字段的算术平均值。

MIN（字段名）：求字段的最小值，字段可以是数值型、字符型、日期型。

MAX（字段名）：求字段的最大值，字段可以是数值型、字符型、日期型。

COUNT（字段名）：求字段值出现的个数，用 COUNT（＊）求记录个数。

【例 6 – 4】由表 company. mdb，应用 SELECT 查询语句计算记录数，查询语句如下：

SELECT COUNT（＊）AS '记录数' FROM company（图 6 – 14）

j. 应用 GROUP BY 参数进行分组计算。对于具有分组标志字段和数值型字段的表，可以按分组标志对数值字段进行分组计算。

图 6 – 14　条件查询结果

6.3.3　Delete 语句

在 SQL 语言中，可以使用 Delete 语句来删除表中无用的一些记录。

语法：

Delete From 表［Where 条件］

说明

①"Where 条件"与 Select 中的用法是一样的，凡是符合条件的记录都会被删除，如果没有符合条件的记录则不删除。

②如果省略"Where 条件"，将删除所有数据。

【例 6 – 5】删除 company. mdb 中表 commany c_name 为新浪的记录（图 6 – 15）。

Delete From company Where name = "新浪"

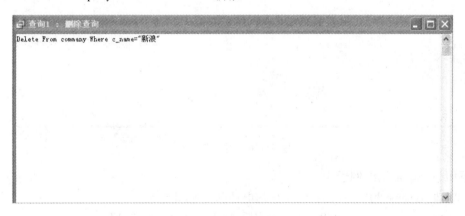

图 6 – 15　删除表记录

下面举一些常用的例子。

①删除 user name 为"xiaobai"的用户

Delete From users Where user name = "xiaobai"

②删除 2003 年 1 月 1 日前注册，且 r_name 为" 李亚" 的用户

Delete From users Where submit_date < #2003-1-1# And r_name = "李亚"

③删除表中所有数据

Delete From users

6.3.4　Update 语句

在实际生活中，数据信息在不断变化，例如用户表中，电话可能会经常变化，这时候

就可以使用 Update 语句来实现更新数据的功能。

语法：

Update 数据表名 Set 字段 1 = 字段值 1，字段 2 = 字段值 2，... ［Where 条件］

说明：

①Update 命令可以用来更新表内部分或全部的记录。其中的"Where 条件"是用来指定更新数据的范围的，其用法同 Select 语句中"Where 条件"的用法。凡是符合条件的记录都被更新，如果没有符合条件的记录则不更新。

②如果省略"Where 条件"，将更新数据表内的全部记录，千万小心。

③如果想更新数据，也可以先删除再添加。不过，这样的话自动编号字段的值就会改变，而一般情况下可能不允许改变。所以建议还是用更新语句，因为它只更新指定的字段。

【例 6 - 6】更新 company. mdb 中表 commany c_name 为新浪的记录图 6 - 16。

Update users Set c_name = "北京新浪" where c_name = "新浪"

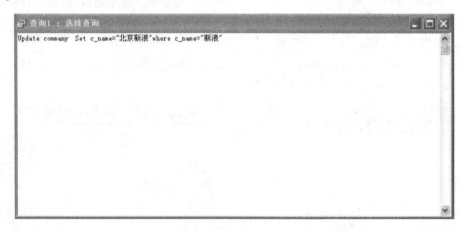

图 6 - 16　更新表记录

下面举一些常用的例子。

①修改 u_name 为" jjshang"的用户的电话和 E-mail 地址。

Update users Set te1 = "8282999", emaiI = "jjshang@ l63. net" Where u_name = "jjshang"

②将所有 2003 年 1 月 1 日前注册的用户的注册日期统一更改为 2003 年 1 月 1 日。

Undate users Set submit_date = #2003-1-1# Where submit_date < #2003-1-1#

③假如有年龄字段 age，将所有人的年龄增加 10 岁。

Undate users Set age = age + 10

6.3.5　Insert 语句

在 ASP 程序中，经常需要向数据库中插入数据，例如向用户表 users 中增加新成员时，就需要将新用户的数据插入到表 users 中。此时，可以使用 SQL 语言中的 Insert 语句来实现这个功能。

语法：

Insert Into 表（字段 1，字段 2，...）Values（字段 1 的值，字段 2 的值，...）

说明：

①利用上述语句可以给表中全部或部分字段赋值，如 Values 括号中字段值的顺序必须与前面扩号中字段一一对应。各个字段之间、字段值之间用逗号分开。

②若某字段的类型为文本或备注型，则该字段值两边要加引号；若为日期/时间型，则该字段值两边要加#号（加引号也可以）；若为布尔型，则该字段值为 True 或 False；若为自动编号类型，则不要给该字段赋值，因为 Access 会自动加 1 或随机产生。

③若某字段值要用数据表的默认值时，则在该字段值处填写 DEFAULT；如果想输入的列值是空值时，则在列值处填写 NULL。

④若使用 DEFAULT 作为字段值时，如果该字段没有设定默认值，但不是必填字段（允许 NULL 值），则结果为 NULL。

⑤如果某个字段没有设定默认值，又是必填字段（不允许 NULL 值），而在 Insert 语句中又没给该字段赋值，那就会出错了。

⑥ Insert 语句的要求非常复杂，具体使用时需要结合图 7－5 中字段的格式，尤其是"默认值"、"必填字段""允许空字符串"几个属性，假如你没有在 Access 中进行特别的设置，那么一般来说，有值的字段就出现在 Insert 语句中，没有值的字段就不要出现在 Insert 语句中。

【例6-7】添加 company. mdb 中表 commany c_name 为新浪的记录（图 6－17），
Insert Into commany（c_name）values（"新浪"）

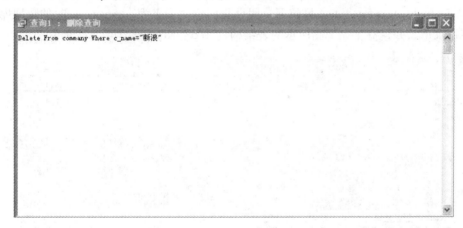

图 6－17　添加语句的记录

下面举一些常见的例子说明。

①只插入 u_name 字段：Insert into users（u_name）Values（"liya"）

②只插入 u_name 字段和 r_name 字段：Insert Into users（u_name, r_name）Values（"feiyun","飞云"）

③只插入 u_name 和 submit_date 字段：Insert Into users（u_name, submit_date）Values（"luofang", #2003-12-5#）

④假如在 users 表中增加了一个年龄字段 age，为数字类型，则为：Insert Into users（u_name, age）Values（"xhangpeng", 23）

⑤在 users 表中增加一条完整的记录：Insert Into users（u_name, password, r_name, tel，email，submit _ date）Values（" 晓 云 "," 123456 "," 小 云 "," 654456 "," meng @ 163. com", #200310-10#)

下面举几条经常出错的 Insert 语句。

① u_name 是主键，但没有赋值：Insert　Into users（r_name）Values（"小白"）

② r_name 字段不允许空字符串：却赋了空字符串（两个双引号表示空字符串）：Insert　Into users(u_name, r_name) Values("xiaobai", "")

不过该字段不是必填字段，可以赋 NULL 值。如：

Insert　Into users(u_name, r_name) Values("xiaobai", NULL)

注意：NULL 和空字符串的区别：NULL 表示什么都没有；而空字符串却表示有内容，只是长度为 0 的字符串而已。

事实上，对该例子来说，既然 r_name 没有值，就不必出现在 Insert 语句中。

③字符串字段两边没有加双引号：Insert　Into users (u _ name, r _ name) Values ("xiaobai", "小白")

6.3.6 任务：在 ASP 程序中测试 sql 语句

在 ASP 程序中 sql 是我们常用到的数据库操作语句，要想能实现对数据库的操作首先建立数据库并连接数据库，然后对其操作。

（1）建立数据库并键接　建立数据库可能通过 access 进行操作，然后将数据库保存到 c：\ inetpub \ wwwroot \ test 目录下。假设我们建立了名为 company. mdb 的数据库并保存到该目录下，并建立了如下图所示的表结构（图 6 - 18），表名为 company。

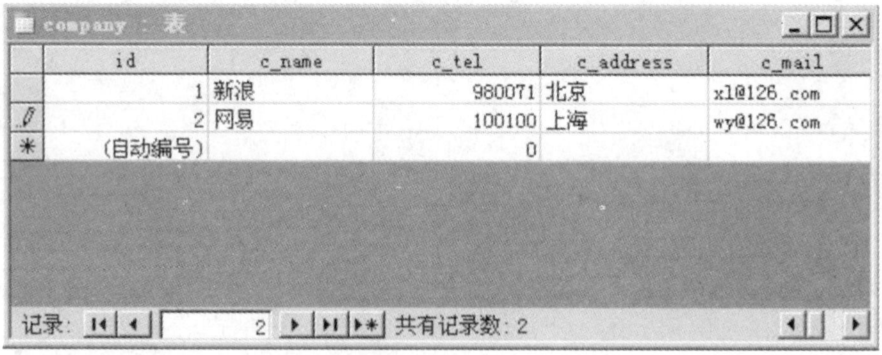

	id	c_name	c_tel	c_address	c_mail
	1	新浪	980071	北京	xl@126. com
	2	网易	100100	上海	wy@126. com
*	（自动编号）		0		

记录：◄◄ ◄ 　　2　 ► ►► ►* 共有记录数：2

图 6 - 18　表结构

连接数据库我们的方法很多，这里我们不做过多介绍。大家只要按下面的方法建立一个连接数据库的文件（conn. asp）即可。

```
< % dim db
set db = server. CreateObject( "adodb. connection")
db. open "Provider = Microsoft. Jet. OLEDB. 4. 0; Data Source = " & Server. MapPath( "company. mdb")
% >
```

（2）select 查询表中的记录　要查询表中的记录就必须创建记录集，然后利用指针就可以依次显示记录了。我们可以把它当成一张虚拟的表。

```
< %    Option Explicit    % >
< html >
< head >
    < title > 利用 Select 语句查询记录 </title >
</head >
< body >
    < h2 align = "center" > select </h2 >
    < ! --#include file = "conn. asp"-- >
    < %′以下建立记录集
    Dim strSql, rs
    strSql = "Select  *  From company Order By id DESC"
    Set rs = db. Execute( strSql)      ′以下显示数据库记录
    % >
    < table border = "1"    align = "center" >
      < %
      Do While Not rs. Eof                    ′只要不是结尾就执行循环
      % >
          < tr >
          < td > < % = rs( "c_name") % > </td >
          < td > < % = rs( "c_tel") % >  </td >
          < td > < % = rs( "c_address") % > </td >
          < td > < % = rs( "c_mail") % > </td >
          </tr >
      < %
          rs. MoveNext                     ′将记录指针移动到下一条记录
      Loop
      % >
    </table >
</body >
</html >
```

（3）insert 插入记录　当希望增加一个新的网站内容时，有时就需要在数据库中添加一条记录，这就要用到 insert 语句。

```
< % Option Explicit % >
< html >
< head >
    < title >利用 Insert 语句添加记录示例 </title >
</head >
< body >
```

```
<!--#include file = "conn. asp"-->
    <%        '以下添加新记录
    Dim strSql
    StrSql = "Insert Into company( c_name, c_tel, c_address, c_mail) Values('阿里巴
巴', '456789', '北京', 'albb@ 126. com') "
    db. Execute( strSql)                '这里利用 Execute 方法，添加记录
    Response. Write "已经成功添加，你可以自己打开数据库查看结果。"
    % >
</body >
</html >
```

（4）Delete 删除记录　当某个记录不用时，就要对它进行删除，就用到了 delete 语句。

```
<% Option Explicit % >
< html >
< head >
    < title >利用 delete 语句删除记录示例 </title >
</head >
< body >
    <!--#include file = "conn. asp"-->
    < %                                '以下删除记录
    Dim strSql
    strSql = "Delete From company Where id = 1"
    db. Execute( strSql)                '这里利用 Execute 方法删除记录
    Response. Write "已经成功删除，你可以自己打开数据库查看结果。"
    % >
</body >
</html >
```

（5）Update 修改记录　有时我们要对记录进行修改，就用到的 Update 语句。

```
< % Option Explicit % >
< html >
< head >
    < title >利用 Update 语句更新记录示例 </title >
</head >
< body >
    <!--#include file = "conn. asp"-->
    < %            '以下修改记录
    Dim strSql
    StrSql = "Update company Set c_name ='雅虎', c_tel ='456123' Where id = 2"
    db. Execute( strSql)                        '这里利用 Execute 方法修改记录
```

Response. Write "已经成功修改，你可以自己打开数据库查看结果。"

%＞

＜／body＞

＜／html＞

习　题

一、选择题

（1）要在 GZ 表中，选出年龄在 20 至 25 岁的记录，则实现的 SQL 语句为（　　）。

    A. SELECT FROM GZ 年龄 BETWEEN 20，25

    B. SELECT FROM GZ 年龄 BETWEEN 20 AND 25

    C. SELECT ＊ FROM GZ 年龄 BETWEEN 20 OR 25

    D. SELECT ＊ FROM GZ 年龄 BETWEEN 20 AND25

（2）在 GZ 表中选出职称为 "工程师" 的记录，并按年龄的降序排列，则实现的 SQL 语句为（　　）。

    A. SELECT FROM GZ for 职称＝工程师 ORDER BY 年龄/D

    B. SELECT FROM GZ WHERE 职称＝工程师 ORDER BY 年龄 DESC

    C. SELECT ＊ FROM GZ WHERE 职称＝‘工程师’ ORDER BY 年龄 DESC

    D. SELECT ＊ FROM GZ WHERE 职称＝‘工程师’ Order On 年龄 DESC

（3）在 Logdat 表中有 UserID，Name，KeyWord 三个阶段，现要求向该表中插入一新记录，该记录的数据分别是：Sgo003，李明，Jw9317，实现该操作的 SQL 语句为（　　）。

    A. INSERT INTO logdat VALUE Sgo003，李明，Jw9317

    B. INSERT INTO logdat VALUES （‘Sgo003’，‘李明’，‘Jw9317’）

    C. INSERT INTO logdat （UserID，Name，KeyWord）VALUES ‘Sgo003’，‘李明’，‘Jw9317’

    D. INSERT INTO logdat VALUES （‘Sgo003’，‘李明’，‘Jw9317’）

（4）若要获得 GZ 表中前 10 条记录的数据通信，则实现的 SQL 语句为（　　）。

    A. SELECT TOP 10 FROM gz

    B. SELECT next 10 FROM gz

    C. SELECT ＊ FROM gz WHERE rownum ＜＝10

    D. SELECT ＊ FROM gz WhERE recno（）＜＝10

（5）在 logdat 表中，将当前记录的 keyword 字段的值更改为 uk72hj，则实现的 SQL 语句为（　　）。

    A. UPDATE logdat SET KeyWord＝uk72hj

    B. UPDATE SET KeyWord＝‘uk72hJ’

    C. UPDATE logdat SET KeyWord＝‘uk72hJ’

    D. Edit logdat SET KeyWord＝‘uk72hj’

（6）若要删除 logdat 表中，UserID 号为 Sgo012 的记录，则实现的 SQL 语句为

（　　　）。

    A. Drop FROM logdat WHERE UserID = 'Sgo012'

    B. Drop FROM logdat WhERE UserID = Sgo012

    C. Dele FROM logdat WHERE UserID = Sgo012

    D. Delete FROM logdat WHERE UserID = 'Sgo012'

（7）现要统计 gz 表中职称为 "工程师" 的人数，实现的 SQL 语句为（　　　）。

    A. Count * FROM gz WHERE 职称 = '工程师'

    B. SELECT Count（*）FROM gz WHERE 职称 = 工程师

    C. SELECT FROM gz WHERE 职称 = '工程师'

    D. SELECT Count（*）FROM gz WHERE 职称 = '工程师'

（8）若要在 student 表中查找所有姓 "李"，且年龄在 30 ~ 40 之间的记录，以下语句正确的是（　　　）。

    A. SELECT * FROM student WHERE 姓名 LIKE '李%' AND（年龄 BETWEEN 30 AND 40）

    B. SELECT * FROM student WHERE 姓名 LIKE '李' AND（年龄 BETWEEN 30 AND 40）

    C. SELECT * FROM student WHERE 姓名 LIKE '李%' AND（年龄 BETWEEN 30，40）

    D. SELECT * FROM student WHERE 姓名 LIKE '%李%' AND（年龄 BETWEEN 30 AND 40）

二、判断题

（1）在 SQL 中，表中记录没有固定的序，因此不能按记录号来读取记录数据。

（2）利用 SQL 的 Drop 命令，可删除表中的指定记录。（　　　）　　　　　　　（　　　）

（3）SQL 语句不区分大小写。（　　　）

（4）在 SQL 中，利用 INSERT INTO 语句一次可插入多条记录。（　　　）

（5）利用 DELETE 语句可删除一个表或索引。（　　　）

（6）在 SQL 中，实现模糊查询可利用 SELECT 语句和 LIKE 运算符来实现。（　　　）

（7）在 SQL 中，计算某字的平均值可利用其 AVERAGE 函数来实现。（　　　）

（8）利用 SQL 的 CREATE 语句。可创建新的数据库或数据表。（　　　）

（9）SQL 语句可在 ASP 中被直接执行。（　　　）

（10）SQL 创建数据表时，字段的具体类型由所创建数据库的类型决定。（　　　）

三、简答题

简述 SQL 数据库查询语言。

四、操作题

（1）建立用户数据库 user. mdb 包括表 users 和 dalog。

（2）在 user. mdb 数据库中建立查询，并将本章的 SQL 语句逐条测试。

第七章 ASP 数据库编程

ADO 是 ASP 技术的核心之一，其精华所在。它提供了丰富而灵活的数据库访问功能。不仅支持像 SQL Server、Oracle 这种大型数据库，而且还提供对 Access、Excel 数据的访问。ADO 具有容易使用、开发执行快速、消耗系统资源较少，和占用磁盘空间小等优点，非常适合作为服务器端的数据库访问技术。本章将一步一步地引导你使用 ADO 从数据库中读取数据和向数据库中存储数据。

通过本章的学习，用户应了解和掌握以下内容：

①Web 数据库访问。

②ADO 概述。

③Connection 对象。

④ASP 常用数据库的连接。

⑤Command 对象。

⑥Recordset 对象。

⑦Errors 数据集合和 Error 对象。

7.1 Web 数据库访问

随着 Internet 的迅速发展，Web 得到了越来越广泛的应用，www 页面已由静态网页逐渐发展为动态的交互式网页，如何更好地实现与用户的交互就成为非常迫切的问题。解决这一问题的方法之一就是实现数据库与 Internet 应用软件的集成。基于 Web 的数据库应用，就是将数据库和 Web 技术结合，通过浏览器访问数据库的服务系统。通过浏览器软件检索数据库，不需要开发客户端程序，使广大用户很方便地访问数据库信息。Web 程序开发过程简单，发布到服务器后，可以被所有平台的浏览器所浏览，实现了跨平台操作。

7.2 ADO 概述

ActiveX Data Objects（ADO）是一组具有访问数据库功能的对象和集合，用于访问存储在数据库或其他表格形式的数据，例如：Excel 文件或"＊.txt 文本文件"。使用 ADO 可以很容易的将数据库访问添加到 Web 页中。

ADO 数据对象共有 7 种独立的对象。下面列出了这 7 种对象的名字，并简要介绍了它们的功能：

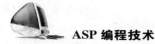

①Connection：连接对象，用于对指定的数据库进行连接。

②Command，命令对象，负责向数据库发出请求，可以用命令对象执行一个 SQL 语句或存储过程。

③Recordset：记录集对象，对数据库中查询获得数据进行浏览与操作。

④Field：域对象，表示指定 Recordset 对象的数据字段。

⑤Property：属性对象，代表 ADO 各对象的具体属性。

⑥Parameter：参数对象，为 Command 对象传递所需要的 SQL 存储过程或有参数查询中的参数。

⑦Error：错误对象，表示 ADO 错误信息。

ADO 的个数据集合如下：

①Fields 数据集合；

②Propertys 数据集合；

③Parameters 数据集合；

④Errors 数据集合。

使用 ADO 对象可以建立与数据库的连接，执行数据的添加、查询、修改、删除操作。ADO 的数据操作封装在 7 个对象中，在 ASP 页面中编程时调用这些对象就可以执行相应的数据库操作。Connection 进行与数据库连接，Command 向数据库发出 SQL 语句请求，Recordset 对查询结果进行操作。这 3 大对象是 ADO 的核心对象，也是我们在学习和工作中的重点使用对象。

7.3　Connection 对象

7.3.1　创建 Connection 对象

Connection 对象代表了打开的与数据源的连接，好像在应用程序和数据库中建立了一条数据传输连线，该对象代表与数据源进行的唯一会话。ASP 使用 ADO 对各种数据源进行各种操作，其中，Connection 对象是必不可少的，在这个基础上可以使用 Command 对象及 Recordset 对象来对 Connection 对象所连接的数据库进行插入、删除、更新和查询等操作。

创建 Connection 对象实例，格式如下：

Set conn = Server. CreateOreateObject("ADODB. Connection")

Connection 对象的各种属性、方法和集合，见表 7 - 1，使用这些属性、方法和集合可以打开或关闭数据库的连接，对数据库进行插入、删除、更新和查询等操作。

表 7 – 1　Connection 对象属性、方法和集合

属　性	描　　　述
CommandTimeout	设定使用 Execute 方法运行 SQL 命令的最长时限，能够中断并产生错误。默认值为 30 秒，设定为 0 时 ADO 将无限期等待直到命令执行完毕
ConnectionString	用于建立连接数据源的信息，包括 Provider、FlieName、DataSource、Password、UserId 等参数
ConnectionTimeout	设置在终止尝试和产生错误前建立数据库连接期间所等待的时间，该属性设置或返回指示等待连接打开的时间的长整型值（单位为秒），默认值为 15。如果将该属性设置为 0，ADO 将无限等待直到连接打开
DefaultDatabase	指示 Connection 对象的默认连接数据库
Mode	建立连接之前，设定连接的读写方式，是否可更改目前数据。0 – 不设定（默认）、1 – 只读、2 – 只写、3 – 读写
Provider	设置或返回连接提供者的名称。默认值为 MSDASQL（Microsoft OLE DB Provider for ODBC）
State	读取当前链接对象状态是打开或是关闭。0 表示关闭，1 表示打开
方　法	描　　　述
Open	打开到数据源的连接
Close	关闭与数据源的连接，并且释放与连接有关的系统资源
Execute	执行 SQL 命令或存储过程，以实现与数据库的通信
BeginTrans	开始一个新的事务 *object*. BeginTrans
CommitTrans	提交事务，即把一次事务中所有变动的数据从内存缓冲区一次性地写入硬盘，结束当前事务并可能开始一个新的事务 *object*. CommitTrans
RollbackTrans	回滚事务，即取消开始此次事务以来对数据源的所有操作，并结束本次事务操作 *object*. RollbackTrans

7.3.2　Connection 对象的属性

（1）ConnectionString 属性　　ConnectionString 属性规定了创建数据库连接所使用的信息，包括 FlieName、Password、UserId、DataSource、Provider 等参数。使用如下所示：

```
< %
db = "/database/#HwData. mdb"
Set conn = Server. CreateOreateObject( "ADODB. Connection")
conn. ConnectionString = " Provider = Microsoft. Jet. OLEDB. 4. 0; Data Source = " &Server.
MapPath( db)
conn. Open
% >
```

在 Connection 对象打开数据库连接前，ConnectionString 属性是可写的，连接打开后变为只读的，不能再次对该属性赋值。

（2）ConnectionTimeout、CommandTimeout 属性　　设置在终止尝试和产生错误前建立数据库连接期间所等待的时间，该属性设置或返回指示等待连接打开的时间的长整型值

（单位为秒），默认值为 15。如果将该属性设置为 0，ADO 将无限等待直到连接打开。下面脚本设置该属性，定义在取消连接前等待 20 秒。

```
< %
Set conn = Server. CreateOreateObject( "ADODB. Connection")
conn. ConnectionTimeout = 20
% >
```

CommandTimeout 属性定义了使用 Execute 方法运行一条 SQL 命令的最长时限，能够中断并产生错误。默认值为 30 秒，设定为 0 表示没有限制。通常程序在 30 秒内无法执行完毕可以将该属性值进行修改。

7.3.3　Connection 对象的方法

（1）Open 方法和 Close 方法　Open 方法建立一个与数据源的连接，语法如下：

conn. Open ConnectionString, UserID, Password

①Connectionstring 为可选参数，它是一个字符串变量，包含用于建立连接数据源的信息。

②UserID 为可选参数，是一个字符串变量，包含建立连接时访问数据库使用的用户名。

③Password 为可选参数，是一个字符串变量，包含建立连接时访问数据库使用的密码。

Close 方法断开使用 Open 方法与数据源的连接，其语法如下：

conn.　Close

使用 Close 方法可关闭 Connection 对象或 Recordset 对象以便释放所有关联的系统资源。关闭对象并非将它从内存中删除，可以更改它的属性设置并且在此后再次打开。要将对象从内存中完全删除，可将对象变量设置为 Nothing。使用 Close 方法关闭 Connection 对象的同时，也将关闭与连接相关联的任何活动 Recordset 对象。可以将对象设置为 Nothing 以释放 Connection 对象所占用的所有资源。

```
< %
conn. Close
Set conn = Nothing
% >
```

（2）Excute 方法　执行 SQL 命令或存储过程，以实现与数据库的通信。例如 Select、Insert、Delete、Update 及其他操作，其语法格式如下：

无返回记录的格式：connection. Execute CommandText, RecordsAffected, Options

有返回记录的格式：Set recordset = connection. Execute (CommandText, RecordsAffected, Options）

①CommandType 是一个字符串，它包含要执行的 SQL 语句、表名、存储过程或特定提供者的文本。

②RecordsetAffected 为可选参数，返回此次操作所影响的记录数。

③Options 为可选参数，用来指定 CommandText 参数的性质，即用来指定 ADO 如何解

释 CommandText 参数的参数值，如表 7 – 2。

表 7 – 2　Options 参数

Options 值	描　　　　述
1	表示被执行的字符串包含的是一个 SQL 语句
2	表示被执行的字符串包含的是一个表名
4	表示被执行的字符串包含的是一个存储过程名
8	默认值，表示没有指定字符串的内容

7.3.4　任务：新闻发布页面设计 – 表记录的添加操作

为完成以下任务，在站点根目录下创建 DataBase 文件夹。在 DataBase 创建了一个名为 HwData. mdb 的 Access 数据库，创建新闻信息表（News），存储新闻的具体内容。News 表的各字段名称及相关说明如图 7 – 1 所示。

字段名称	数据类型	说明
ID	自动编号	自动编号
Title	文本	标题
Content	备注	文章内容
AddDate	日期/时间	添加日期

图 7 –1　新闻信息表

任务 7-1 实现新闻发布功能，使用 Connection 对象 Excute 方法执行 insert 操作的 SQL 语句，属无返回记录的操作。新闻添加的界面如图 7 –2 所示：

新闻添加页面主要代码如下：

```
< form id = "form1" name = "form1" method = "post" action = "Ex7_ 1. asp" >
    < table width = "413" height = "193" border = "1" cellpadding = "0" cellspacing = "0" bordercolor = "#000000" >
        < tr >
            < td height = "29" colspan = "2" align = "center" >添加新闻 </td >
        </tr >
        < tr >
            < td width = "26% " height = "20" >新闻标题： </td >
            < td width = "74% " > < input type = "text" name = "title" / > </td >
        </tr >
        < tr >
            < td >新闻内容： </td >
            < td > < textarea name = "content" rows = "4" > </textarea > </td >
        </tr >
        < tr >
```

图 7－2　新闻添加页面

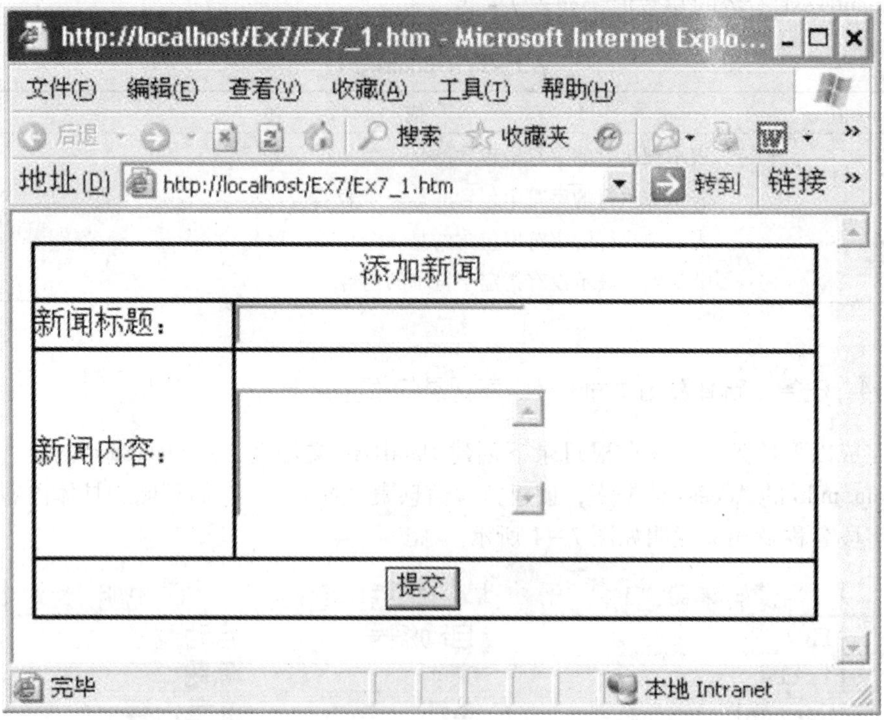

```
< td height = "30" colspan = "2" align = "center" >
< input type = "submit" name = "Submit" value = "提交" / >
</td >
</tr >
</table >
</form >
```

在新闻添加页面填写新闻标题、新闻内容后，点击提交按钮，转向到 < form > 表单标记的 action 属性指定的 Ex7_ 1. asp 页面进行新闻添加的处理，将填写的数据插入到 News 表中。Ex7_ 1. asp 主要程序代码如下：

```
< %
Dim SqlStr, ConnStr, Conn, db, N_ title, N_ content
'获取表单数据
N_ title = Request. Form( "title")
N_ content = Request. Form( "content")

db = "/database/#HwData. mdb"
'创建连接
Set Conn = Server. CreateObject( "ADODB. Connection")
'连库字符串
ConnStr = "Provider = Microsoft. Jet. OLEDB. 4. 0; Data Source = "&Server. MapPath( db)
```

```
'打开指定连接
Conn. Open ConnStr
'要执行的 SQL 语句
SqlStr = "insert into News( title, content, AddDate)  values( '"
SqlStr = SqlStr&N_ title&"', '"&N_ title&"', '"&Now( ) &"') "
'使用 Execute 方法执行 SQL 语句
Conn. Execute SqlStr
Response. Write( "新闻添加成功!" )
'关闭连接,释放对象
Conn. Close
Set Conn = Nothing
% >
```

7.3.5　任务:新闻详细内容显示-表记录的查询操作

在网站中点击新闻标题的超链接,会到达详细内容显示页面。本任务使用 Connection 对象 Excute 方法,执行 Select 语句检索表中 ID 为 2 的记录,属有返回记录的操作,主要程序代码如下:

```
< %
Dim Rs, SqlStr, ConnStr, Conn, db
'ACCESS 数据库的文件名,请使用相对于网站根目录的绝对路径
db = "/database/#HwData. mdb"
'创建连接
Set Conn = Server. CreateObject( "ADODB. Connection")
'连库字符串
ConnStr = "Provider = Microsoft. Jet. OLEDB. 4. 0; Data Source = "&Server. MapPath( db)
'打开指定连接
Conn. Open ConnStr
'要执行的 SQL 语句
SqlStr = "select  *  from   News where id = 2"
'使用 Execute 方法执行 SQL 语句,并创建 Rs 对象
Set Rs = Conn. Execute( SqlStr)
'判断没有到达记录集尾,说明查找到 ID 为 2 记录
If not Rs. eof Then
    '输出新闻标题字段
    Response. Write( Rs( "title") )
    Response. Write( " < br > ")
    Response. Write( Rs( "Content") )
End If
'关闭记录集,释放对象
```

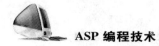

```
Rs. Close
Set Rs = Nothing
```
'关闭连接，释放对象
```
Conn. Close
Set Conn = Nothing
% >
```

7.3.6　任务：新闻内容删除-表记录的删除操作

本任务使用 Connection 对象 Excute 方法执行一条 Delete 语句，删除 HW_ News 表中的 ID 为 1 的记录。属无返回记录的操作，主要程序代码如下：
```
< %
Dim SqlStr, ConnStr, Conn, db
```
'ACCESS 数据库的文件名，请使用相对于网站根目录的绝对路径
```
db = " /database/#HwData. mdb"
```
'创建连接
```
Set Conn = Server. CreateObject（" ADODB. Connection"）
```
'连库字符串
```
ConnStr = " Provider = Microsoft. Jet. OLEDB. 4. 0；Data Source = " &Server. MapPath
(db)
```
'打开指定连接
```
Conn. Open ConnStr
```
'要执行的 SQL 语句
```
SqlStr = " delete from News where id = 1"
```
'使用 Execute 方法执行 SQL 语句
```
Conn. Execute SqlStr
Response. Write （" ID 为 1 的记录删除成功"）
```
'关闭连接，释放对象
```
Conn. Close
Set Conn = Nothing
% >
```

7.3.7　ASP 常用数据库的连接

（1）连接 Access 数据库
```
< %
Dim ConnStr, Conn, db
db = "/database/#HwData. mdb"
```
'创建连接
```
Set Conn = Server. CreateObject( "ADODB. Connection")
```
'设置数据库驱动程序为 OLEDB 类型，并指定数据库路径

ConnStr = "Provider = Microsoft. Jet. OLEDB. 4. 0; Data Source = "&Server. MapPath(db)

′打开指定连接

Conn. Open ConnStr

% >

（2）连接 Excel

< %

Dim ConnStr, Conn, db

db = "Student. xls"

Set Conn = Server. CreateObject("ADODB. Connection")

ConnStr = "Driver = { Microsoft Excel Driver (∗. xls) }; DBQ = "&Server. MapPath(db)

conn. Open ConnStr

% >

（3）连接 SQL Server 数据库

< %

Dim conn, ConnStr

Set conn = server. CreateObject("ADODB. Connection")

′设置数据库驱动程序为 OLEDB 类型

ConnStr = "Provider = SQLOLEDB; Data Source = localhost; Initial Catalog = HwData; User Id = sa; Password = 1234"

conn. Open ConnStr

% >

（4）连接 Oracle 数据库

< %

Dim ConnStr, Conn

Set Conn = Server. CreateObject("ADODB. Connection")

ConnStr = "Provider = OraOLEDB. Oracle; Data Source = localhost; User ID = test; PASS-WORD = test; Persist Security Info = True"

Conn. Open ConnStr

% >

7. 4 Command 对象

7.4.1 Command 对象概述

Command 对象定义了将对数据源执行的命令，可用于查询数据库表并返回一个记录集，也可以用于对数据库表进行添加、更改和删除操作。在前面的学习中，使用 Connection 对象 Excute 方法也能执行 SQL 语句，完成插入、添加、更改和删除的操作。使用方便，但效率较低。Command 对象的属性、方法、集合见表 7 - 3。

ASP 编程技术

表7－3　Command 对象的属性、方法、集合

属性	描　　　　述
ActiveConnection	1. 该属性表明指定的 Command 对象当前所属哪一个 Connection 对象 2. 该属性设置和返回包含了定义连接或 Connection 对象的字符串 3. 该属性为可读可写 cmd. ActiveConnection = conn 其中 cmd 为已定义的 Command 对象；conn 为要连接的 Connection 对象
CommandType	该属性指定命令类型以优化性能，该属性可以设置和返回以下某个值： 1. adCmdText：表示处理的是一个 SQL 语句； 2. adCmdTable：表示处理的是一个表； 3. adCmdStoredProc：表示处理的是一个存储过程； 4. adCmdUnknow：表示不能识别，它是默认值 例 cmd. CommandType = adCmdText cmd 为已定义的 Command 对象；adCmdText 表示处理的是一个 SQL 语句
CommandText	该属性定义了将要发送给提供程序的命令文本。它可以设置和返回包含提供程序命令的字符串值，可以是 SQL 查询语句、表名称或存储的过程名称 cmd. CommandText = SQLString cmd 为已定义的 Command 对象；SQLString 为一条 SQL 语句
CommandTimeout	该属性指定在终止尝试或产生错误之前执行命令期间需等待的时间（单位为秒）。默认值为 30 秒 cmd. CommadnTimeout = N N 为需要设置的秒数

在 ASP 页面中使用 Command 对象处理数据时，应首先设置命令类型、命令文本以及相关的数据库连接，并通过 Parameter 对象传递命令参数，然后通过调用 Execute 方法来执行 SQL 语句或调用存储过程，以完成数据库记录的查询、添加、修改和删除操作。其步骤如下：

①ActiveCommand 属性设置相关的数据库连接。

②CommandType 属性设置命令类型。

③CommandText 属性定义可执行命令文本。

④Execute 方法执行命令。

7.4.2　使用 Command 对象执行 SQL 语句

使用 Command 对象的 Execute 方法进行数据库操作，语法格式分为以下两种形式：

（1）有返回记录的格式　Set Rs = cmd. Execute（RecordsAffected，Parameters，Options）

（2）无返回记录的格式　cmd. Execute RecordsAffected，Parameters，Options

其中参数 RecordsAffected 为提供程序返回操作所影响的记录数录。Rarameters 为使用

SQL 语句传送的参数值。Options 指示提供程序如何对 Command 对象的 CommandText 属性赋值。

7.4.3　任务：新闻内容修改-表记录的修改操作

使用 Command 对象的 Execute 方法执行 update 操作的 SQL 语句，将 ID 为 2 的新闻标题修改为"Command 对象的 Execute 方法执行 update 操作的 SQL 语句"，主要程序代码如下：

```
< ! --#include file = "adovbs. inc" -- >
< %
Dim SqlStr, ConnStr, Conn, cmd, db
'ACCESS 数据库的文件名，请使用相对于网站根目录的绝对路径
db = "/database/#HwData. mdb"
'创建连接
Set Conn = Server. CreateObject( "ADODB. Connection")
Set cmd = Server. CreateObject( "ADODB. Command")
'连库字符串
ConnStr = "Provider = Microsoft. Jet. OLEDB. 4. 0; Data Source = "&Server. MapPath( db)
'打开指定连接
Conn. Open ConnStr
'设置 Command 对象与之相关联连接
set cmd. ActiveConnection = Conn
'adCmdText 表示处理的是一个 SQL 语句；
'adCmdTable 表示处理的是一个表；
'adCmdStoredProc 表示处理的是一个存储过程；
'adCmdUnknow 表示不能识别，它是默认值。
cmd. CommandType = adCmdText
'要执行的 SQL 语句
cmd. CommandText = "Update News set title = 'Command 对象的 Execute 方法执行 update
操作的 SQL 语句' where id = 2"
cmd. Execute
Response. Write( "ID 为 2 的记录修改成功" )
'关闭连接，释放对象
Conn. Close
Set Conn = Nothing
% >
```

7.4.4　使用 Command 对象调用存储过程

存储过程是一个数据库对象，存储在数据库内，可由应用程序通过一个调用执行。存储过程包含一个或多个标准的 SQL 语句，可以接受参数、输出参数、返回单个或多个结

果集以及返回值。可以出于任何使用 SQL 语句的目的来使用存储过程，它具有以下优点：

①可以在单个存储过程中执行一系列 SQL 语句。

②可以从自己的存储过程内引用其他存储过程，这可以简化一系列复杂语句。

③存储过程在创建时即在服务器上进行编译，所以客户端执行请求使用的效率比使用等效的 Transact-SQL 语句发送到服务器高。

（1）ASP 页面调用存储过程　要在 ASP 页面中调用存储过程，需先在数据库中创建存储过程。例在 SQL Server 中创建如下存储过程：

```
CREATE PROCEDURE Select_ News
AS
SELECT * from News
```

在 ASP 页面中调用存储过程的主要程序代码如下：

```
< ! --#include file = "adovbs. inc" -- >
<%
Dim conn, ConnStr, Rs
Set conn = server. CreateObject( "ADODB. Connection")
ConnStr = "Provider = SQLOLEDB; Data Source = localhost; Initial Catalog = HwData; User Id = sa; Password = 1234"
conn. Open ConnStr
Set cmd = Server. CreateObject( "ADODB. Command")
'设置 Command 对象与之相关联连接
set cmd. ActiveConnection = Conn
'adCmdText 表示处理的是一个 SQL 语句;
'adCmdTable 表示处理的是一个表;
'adCmdStoredProc 表示处理的是一个存储过程;
'adCmdUnknow 表示不能识别，它是默认值。
cmd. CommandType = adCmdStoredProc
'要执行的存储过程名称
cmd. CommandText = "Select_ News"
'调用 Execute( )方法执行存储过程，创建为记录集
Set Rs = cmd. Execute( )
Do While not Rs. eof
Response. Write( Rs( "title") &" < br >")
Rs. MoveNext
Loop
Rs. Close
Set Rs = Nothing
'关闭连接，释放对象
Conn. Close
Set Conn = Nothing
```

%＞

（2）带返回值参数应用　如果要统计一个表中的记录总数，最有效的方法是建立一个存储过程，如下所示：

CREATE PROCEDURE CountNews　AS

RETURN（SELECT COUNT（＊）　　FROM News）

CountNews 存储过程通过 COUNT（）返回表 News 中的记录总数。RETURN 语句返回这个数。要得到一个存储过程的返回状态值，你必须为命令对象建立一个参数。命令对象有一个名为 Parameters 的集合，是一个参数对象的集合。你可以用命令对象的 CreateParameter（）方法建立一个参数，用 Append 方法把这个参数添加到命令对象的 Parameters 集合中。以下是实现功能的主要程序代码：

```
<！--#include file = "adovbs. inc" -- >
<%
Dim conn, ConnStr, Rs, MyParam
Set conn = server. CreateObject( "ADODB. Connection")
ConnStr = "Provider = SQLOLEDB; Data Source = localhost; Initial Catalog = HwData; User Id = sa; Password = 1234"
conn. Open ConnStr
Set cmd = Server. CreateObject( "ADODB. Command")
set cmd. ActiveConnection = Conn
'adCmdText 表示处理的是一个 SQL 语句;
'adCmdTable 表示处理的是一个表;
'adCmdStoredProc 表示处理的是一个存储过程;
'adCmdUnknow 表示不能识别, 它是默认值。
cmd. CommandType = adCmdStoredProc
'要执行的存储过程名称
cmd. CommandText = "CountNews"
Set MyParam = cmd. CreateParameter( "R_ CountNews", adInteger, adParamReturnValue)
cmd. Parameters. Append MyParam
cmd. Execute
'输出查询的新闻总数, 注意这里是 cmd( "R_ CountNews")
Response. Write( "共有"  &cmd( "R_ CountNews") &"条新闻")
'关闭连接, 释放对象
Conn. Close
Set Conn = Nothing
%>
```

在这里，用 CreateParameter（）方法建立了一个参数对象。本例中 CreateParameter（）方法有 3 个参数：第一个参数为新参数名字；第二个参数指定数据类型；第三个参数指定新参数的类型。常量 adParamReturnValue 指定该参数是一个返回参数。创建了新参数之后，必须添加到命令对象的 Parameters 集合中。Append 方法用来把新参数添加到这个

集合中。命令执行后，参数的值可以被取出。因为该参数是命令对象的 Parameters 集合中的一员，用 cmd（"R_ CountNews"）可以返回该参数的值。

（3）带输入参数应用　将任务 7-1 实现新闻发布功能的处理程序进行改造，使用带输入参数的存储过程实现，主要程序代码如下：

```
<! --#include file = "adovbs. inc" -- >
<%
Dim conn, ConnStr, Rs, N_ title, N_ content
'获取表单数据
N_ title = Request. Form( "title")
N_ content = Request. Form( "content")
Set conn = server. CreateObject( "ADODB. Connection")
ConnStr = "Provider = SQLOLEDB; Data Source = localhost; Initial Catalog = HwData; User
Id = sa; Password = 1234"
conn. Open ConnStr
Set cmd = Server. CreateObject( "ADODB. Command")
set cmd. ActiveConnection = Conn
'adCmdStoredProc 表示处理的是一个存储过程；
cmd. CommandType = adCmdStoredProc
'要执行的存储过程名称
cmd. CommandText = "Insert_ News"
cmd. Parameters. Append cmd. CreateParameter( "@ title", adVarChar, adParamInput, 50,
N_ title)
cmd. Parameters. Append cmd. CreateParameter( "@ content", adLongVarChar, adParamIn-
put, 5000, N_ content)
cmd. Parameters. Append cmd. CreateParameter( "@ adddate", adDate, adParamInput, , Now
( ) )
cmd. Execute
Response. Write( "新闻添加成功")
'关闭连接，释放对象
Conn. Close
Set Conn = Nothing
% >
```

命令对象创建三个输入参数：@ title 向存储过程传递表单中获取的新闻标题；@ content 向存储过程传递新闻内容；@ adddate 传递时间。

命令对象创建参数的语句格式如下：

cmd. Parameters. Append cmd. CreateParameter (*Name*, *Type*, *Direction*, *Size*, *Value*)

各参数意义如下：

Name：代表参数名，参数名可以任意设定，但一般应与存储过程中声明的参数名相同。

Type：表明该参数的数据类型，具体的类型代码请参阅 ADO 参考。表 7 – 4 给出常用的类型代码：

表 7 – 4　常用数据类型

常量名	数值表示
adBigInt	20
adBinary	128
adBoolean	11
adChar	129
adDBTimeStamp	135
adEmpty	0
adInteger	3
adSmallInt	2
adTinyInt	16
adVarChar	200

Direction：表示参数方向，1（AdParamInput）表示输入参数，2（AdParamOutput）表示输出参数，3（AdParamInputOutput）同时指示输入参数和输出参数，4（AdParamReturnValue）返回值。

Size：指定参数值最大长度。

Value：指定 Parameter 对象的值。

上例中命令对象创建参数的语句：

cmd. Parameters. Append cmd. CreateParameter("@ title", adVarChar, adParamInput, 50, N_ title)

应用也可以写成：

cmd. Parameters. Append cmd. CreateParameter("@ title", 200, 1, 50, N_ title)

7.5　Recordset 对象创建、使用和记录

Recordset 对象是 ADO 中使用最为普遍的对象，在程序应用中经常从数据库提取数据集，取得一批记录。Recordset 对象可以方便的对返回的结果的进行修改、增加、删除的操作，并可以上下移动记录，或进行过滤只显示部分内容等。Recordset 对象也包含 Fields 集合，Fields 集合中有记录集中每一个字段（列）的 Filed 对象。

Recordset 对象在使用时依附于 Connection 对象和 Command 对象。通过建立及打开一个 Connection 对象，使用 Command 对象，则可以告诉数据库我们想要做什么，是插入一条记录，还是查找符合条件的记录。

7.5.1　创建 Recordset 对象

前面我们已经简单使用了 Recordset 对象，使用 Connection 对象的 Excute 方法将查询

的结果创建成 Recordset 对象。这种方法简单、实用，但有局限性。它的记录集指针只能向下移动，在大量记录检索，显示时无法实现分页显示的效果。这时我们就需要创建 Recordset 对象来实现，语法格式如下：

Set Rs = Server. Createobject（" ADODB. RecordSet"）

在创建 Recordset 对象后，创建一个记录集十分容易，通过调用 Recordset 对象的 Open 方法来实现：

Rs. Open［Source］，［ActiveConnection］，［CursorType］，［LockType］，［Options］

Open 方法的参数及说明如下：

Source 数据源。可以是数据库中的表名、存储的查询或过程、SQL 字符串、Command 对象或适用于提供者的其他命令对象。

ActiveConnection 记录集使用的连接。可以是一个连接字符串或者一个打开的 Connection 对象。

CursorType 使用的光标类型。必须是定义的光标类型中的一种，缺省值为 adForwardOnly。

LockType 使用的锁定类型。必须是定义的锁定类型中的一种，缺省值为 adLockReadOnly。

Options 告诉提供者 Source 参数的内容是什么，如表、文本字符串等等。

7.5.2 使用 Recordset 对象显示记录

例如，要打开数据库 HwData. mdb 中 News 表上的记录集：

```
<%
Dim ConnStr, Conn, db
db = "Student. xls"
Set Conn = Server. CreateObject( "ADODB. Connection")
ConnStr = "Driver = {Microsoft Excel Driver ( * . xls)}; DBQ = "&Server. MapPath( db)
conn. Open ConnStr
Set Rs = Server. CreateObject( "ADODB. RecordSet")
'News 为表名
Rs. Open "News", Conn
% >
```

在这个例子中，记录集中的每一条记录都对应于表 News 中的每一条记录。要显示记录集中的所有记录，你只要简单地做一个循环就可以，如下所示：

```
<%
Dim ConnStr, Conn, db
db = "/database/#HwData. mdb"
'创建连接
Set Conn = Server. CreateObject( "ADODB. Connection")
'设置数据库驱动程序为 OLEDB 类型，并指定数据库路径
ConnStr = "Provider = Microsoft. Jet. OLEDB. 4. 0; Data Source = "&Server. MapPath( db)
```

```
'打开指定连接
Conn. Open ConnStr
Set Rs = Server. CreateObject( "ADODB. RecordSet")
'News 为表名
Rs. Open "News", Conn
Do While not Rs. eof
    '输出新闻标题字段
    Response. Write( Rs( "title") )
    Response. Write( " < br > ")
    '将记录集指针下移
    Rs. MoveNext
Loop
'关闭记录集，释放对象
Rs. Close
Set Rs = Nothing
'关闭连接，释放对象
Conn. Close
Set Conn = Nothing
% >
```

当一个记录集对象中收集了数据时，当前记录总是第一条记录。使用 Do...Loop 循环用来循环记录集 Rs 中的每一条记录，将每个记录的 title 域输出到浏览器。使用记录集对象的 MoveNext 方法，使当前记录移到下一条记录。当所有的记录都显示完毕，记录集对象的 EOF 属性的值将变为 true，从而退出 Do...Loop 循环。

一个记录集对象有一个域集合，包含一个或多个域对象。一个域对象代表表中的一个特定的字段。例如，表达式 Rs（" title"）用来显示字段 title。你可以通过许多方法显示一个字段的值，如下所示：

```
Rs( "字段名" )
Rs( 字段顺序号 )
Rs. Fields( "字段名" )
Rs. Fields( 字段顺序号 )
Rs. Fields. Item( "字段名" )
Rs. Fields. Item( 字段顺序号 )
```

以上方法起到同样的效果，都是显示某一字段的值。当不知道一个记录集中的字段名时，通过顺序号指定一个域是很方便的。例如，下面的 ASP 脚本显示了一个表中的所有记录的所有字段。

```
< %
Dim ConnStr, Conn, db
db = "/database/#HwData. mdb"
'创建连接
```

```
Set Conn = Server. CreateObject( "ADODB. Connection")
'设置数据库驱动程序为 OLEDB 类型，并指定数据库路径
ConnStr = "Provider = Microsoft. Jet. OLEDB. 4. 0; Data Source = "&Server. MapPath( db)
'打开指定连接
Conn. Open ConnStr
Set Rs  = Server. CreateObject( "ADODB. RecordSet")
'News 为表名
Rs. Open "News", Conn
% >
< TABLE BORDER = 1 >
    < TR >
        < % For i = 0 to Rs. Fields. Count-1 % >
            < TH > < %  = Rs( i). Name% > < /TH >
        < % Next % >
    < /TR >
< % Do While Not Rs. EOF % >
    < TR >
    < % For i = 0 to Rs. Fields. Count-1 % >
        < TD > < %  = Rs( i) % > < /TD >
    < % Next % >
    < /TR >
 < %
Rs. MoveNext
Loop
'关闭记录集，释放对象
Rs. Close
Set Rs = Nothing
'关闭连接，释放对象
Conn. Close
Set Conn = Nothing
% >
 < /TABLE >
```

域集合的 Count 属性用来返回该记录集中的域的数目。Name 属性用来返回每个域的名字。两个 For... Next 循环用来对记录集中的所有字段进行操作，不论表中有多少字段和记录，将被全部显示。

在上面的应用中，Open 方法有几个参数没有指定。实际上，其他的参数都是可选的，可以在打开记录集之前为它们设置相应的属性值：

7.5.3　记录集游标和锁定类型

ASP 可以用 4 种类型的游标（CursorType）打开一个记录集。游标决定了你可以对一个记录集进行什么操作。还决定了其他用户可以对一个记录集进行什么样的改变。

AdOpenFowardOnly：单向游标，只能在记录集中向前移动，由于这种游标功能有限，因此比较节约系统资源。

AdOpenKeyset：Keyset 游标，可以在记录集中向前或向后移动。如果另一个用户删除或改变了一条记录，记录集中将反映这个变化。但是，如果另一个用户添加了一条新记录，新记录不会出现在记录集中。

AdOpenDynamic：动态游标，你可以在记录集中向前或向后移动。其他用户造成的记录的任何变化都将在记录集中有所反映。

AdOpenStatic：静态游标，你可以在记录集中向前或向后移动。但是，静态游标不会对其他用户造成的记录变化有所反映。

在默认状态下，打开一个记录集时，将用前向游标打开它。这意味着只能用 MoveNext 方法在记录集中向前移动。对记录集的其他操作将不受支持。前向游标的好处是它比较快，如果你需要用功能更强的游标打开记录集，必须在创建这个记录集时指定游标类型，如下所示：

```
<! --#include file = "adovbs. inc" -- >
<%
Dim ConnStr, Conn, db
db = "/database/#HwData. mdb"
Set Conn = Server. CreateObject( "ADODB. Connection")
ConnStr = "Provider = Microsoft. Jet. OLEDB. 4. 0; Data Source = "&Server. MapPath( db)
Conn. Open ConnStr
Set Rs = Server. CreateObject( "ADODB. RecordSet")
'News 为表名
Rs. Open "News", Conn, adOpenDynamic
Do While not Rs. eof
    Response. Write( Rs( "title") )
    Response. Write( " < br > ")
    Rs. MoveNext
Loop
Rs. Close
Set Rs = Nothing
Conn. Close
Set Conn = Nothing
% >
```

打开记录集时，也可以指定锁定类型。锁定类型决定了当不止一个用户同时试图改变一个记录时，数据库应如何处理。下面给出四种锁定类型：

adLockReadOnly: 记录集中的记录不能修改。

AdLockPessimistic: 在编辑一个记录时，立即锁定记录集。

AdLockOptimstic: 对记录集的使用 Update 方法时，锁定记录。

AdLockBatchOptimstic: 指定记录只能成批地更新。

在缺省情况下，记录集使用只读锁定。若要指定不同的锁定类型，可以在打开记录集时指定锁定常量。这里有一个例子：

Rs. Open "News", Conn, adOpenDynamic , AdLockPessimistic

注意：Recordset 对象 Open 方法的记录集游标和锁定类型参数在使用常量指定时，需要引用 adovbs. inc 文件。在工作中通常如下使用：

只读数据时：Rs. Open SqlStr, conn, 1, 1

修改数据时：Rs. Open SqlStr, conn, 1, 3

7.5.4 Recordset 对象操作记录集

除了执行 SQL 来修改数据库中的记录，还可以使用 Recordset 对象提供的 6 种记录集方法修改记录集中的记录。

AddNew：向记录集中添加一条新记录。

CancelBatch：当记录集处在批量更新模式时取消一批更新。

CancelUpdate：调用 Update 之前，取消对当前记录所做的所有修改。

Delete：从记录集中删除一条记录。

Update：保存对当前记录所做的修改。

UpdateBatch：当记录集处于批量更新模式时，保存对一个或多个记录的修改。

Recordset 对象，缺省的锁定类型是只读的。可以设置除了 adLockReadOnly 之外的锁定类型配合使用 Recordset 对象的方法修改数据。

（1）在 News 表中增加一条新记录

```
<%
Dim ConnStr, Conn, db
db = "/database/#HwData. mdb"
'创建连接
Set Conn = Server. CreateObject( "ADODB. Connection")
'设置数据库驱动程序为 OLEDB 类型，并指定数据库路径
ConnStr = "Provider = Microsoft. Jet. OLEDB. 4. 0; Data Source = "&Server. MapPath( db)
'打开指定连接
Conn. Open ConnStr
Set Rs  = Server. CreateObject( "ADODB. RecordSet")
Rs. Open "Select ∗ from News where ID is null", Conn, 1, 3
Rs. AddNew
Rs( "title") = "插入测试"
Rs( "content") = "AddNew 插入测试"
Rs( "adddate") = Now( )
```

Rs. Update

'关闭记录集，释放对象

Rs. Close

Set Rs = Nothing

'关闭连接，释放对象

Conn. Close

Set Conn = Nothing

% >

（2）修改 News 表中新增加的记录　将新闻标题改为"Recordset 对象修改记录"。

< %

Dim ConnStr, Conn, db

db = "/database/#HwData. mdb"

Set Conn = Server. CreateObject("ADODB. Connection")

ConnStr = "Provider = Microsoft. Jet. OLEDB. 4. 0; Data Source = "&Server. MapPath(db)

Conn. Open ConnStr

Set Rs = Server. CreateObject("ADODB. RecordSet")

'News 为表名

Rs. Open "News", Conn, 1, 3

'将指针移至最后一条记录

Rs. MoveLast

Rs("title") = "Recordset 对象修改记录"

Rs. Update

'关闭记录集，释放对象

Rs. Close

Set Rs = Nothing

'关闭连接，释放对象

Conn. Close

Set Conn = Nothing

% >

（3）删除 News 表中新增加的记录

< %

Dim ConnStr, Conn, db

db = "/database/#HwData. mdb"

Set Conn = Server. CreateObject("ADODB. Connection")

ConnStr = "Provider = Microsoft. Jet. OLEDB. 4. 0; Data Source = "&Server. MapPath(db)

Conn. Open ConnStr

Set Rs = Server. CreateObject("ADODB. RecordSet")

'News 为表名

Rs. Open "News", Conn, 1, 3

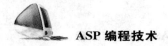

'将指针移至最后一条记录

Rs. MoveLast

Rs. Delete

Rs. Update   '关闭记录集，释放对象

Rs. Close

Set Rs = Nothing

'关闭连接，释放对象

Conn. Close

Set Conn = Nothing

% >

7.5.5 任务：新闻列表分页显示

在实际应用中，对于数据量较小的表，一次显示所有的数据，对服务器的压力不大。假设 News 表中新闻的数量非常庞大，要一次显示所有的数据在 ASP 页中，采用翻页处理是目前所常用的方法。

记录集对象有三个属性用于处理数据分页。使用这些属性把一个记录集中的记录分成许多逻辑页。可以一次只显示记录集中的一部分。记录集分页的原理如图 7 - 3 所示：

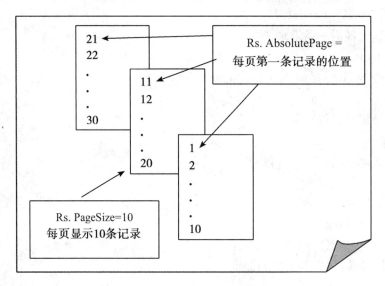

图 7 - 3 记录集分页示意图

PageSize：设置一个逻辑页中的记录个数，缺省值是10。

AbsolutePage：指定当前的页。

PagePount：返回记录集中的逻辑页数。

以下是将 News 表中的数据以每页 20 条记录的形式显示，效果如图 7 - 4 所示：

主要程序代码如下：

```
<!--新闻列表输出开始-->
< table width = "511" border = "1" align = "center" cellpadding = "5" cellspacing = "0"
```

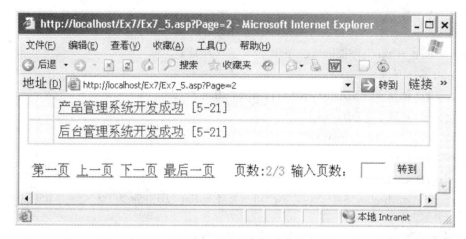

图 7 - 4　分页显示页面

```
bordercolor = "#CCCCCC" >
    < %
        Dim ConnStr, Conn, db, SqlStr, Rs
        db = "/database/#HwData. mdb"
        Set Conn = Server. CreateObject( "ADODB. Connection")
        ConnStr = "Provider = Microsoft. Jet. OLEDB. 4. 0; Data Source = "&Server. MapPath( db)
        Conn. Open ConnStr
        SqlStr = "select  *  from HW_ News"
        SqlStr = SqlStr&" order by AddDate desc"
        Set Rs = Server. Createobject( "ADODB. RECORDSET")
        Rs. Open SqlStr, conn, 1, 1
        if not Rs. eof then
            pages  = 20 '定义每页显示的记录数
            Rs. pageSize  = pages '定义每页显示的记录数
            allPages  = Rs. pageCount '计算一共能分多少页
            page  = Request. QueryString( "page") '通过分页超链接传递的页码
            'if 语句属于基本的排错处理
            if isEmpty( page)  or Cint( page)  <   1 then
                page  = 1
            elseif Cint( page) > allPages then
                page  = allPages
            end if
        '设置记录集当前的页数
        Rs. AbsolutePage  = page
        Do while not Rs. eof and pages  > 0
        '这里输出你要的内容………………
```

```
% >
   < TR onMouseOver = "this. style. backgroundColor = '#FFFFFF'"
onmouseout = "this. style. backgroundColor = '#F4F4F4'"
bgColor = #f4f4f4 >
       < TD style = "PADDING-RIGHT: 4px" align = right width = 12
   height = 21 > < IMG height = 9
     src = "images/arrow. gif"
     width = 5 > </TD >
     < TD width = 332 >
         < a href = "ShowNews. asp?id = < % = Rs( "ID") % > " > < % = Rs( "title") %
> </a >
   [ < % = Month( Rs( "AddDate") ) &"-"&Day( Rs( "AddDate") ) % > ]


     </TD >
   </TR >
   < %
         pages = pages - 1
         '记录集指针下移一条
         Rs. MoveNext
     Loop
else
     Response. Write("数据库暂无内容!")
End if
% >
</table >
< p align = "center" >
< form Action = "Ex7_ 5. asp" Method = "GET" >
< %
If Page < >1 Then
     Response. Write " < A HREF = ?Page = 1 >第一页 </A >   "
     Response. Write " < A HREF = ?Page = " & ( Page-1) &" >上一页 </A >   "
End If
If Page < > Rs. PageCount Then
     Response. Write " < A HREF = ?Page = " & ( Page +1) & " >下一页 </A >   "
     Response. Write " < A HREF = ?Page = " & Rs. PageCount & " >最后一页 </A >"
End If
% >
页数: < font color = "Red" > < % = Page% >/ < % = Rs. PageCount% > </font > 输入
页数:
```

```
< input TYPE = "TEXT"  Name = "Page"  SIZE = "3" >
< input type = "submit"  name = "Submit"  value = "转到"    >
</form >
</p >
<!--新闻列表输出结束-- >
```

7.5.6　Rcordset 对象的属性、方法、集合

通过 Connection 对象和 Command 对象的 Excute 等方法可以隐式创建 Recordset 对象。也可以显示创建 Recordset 对象，然后就可以调用其属性、方法和集合。Recordset 对象是 ADO 组件中使用频率高、最重要的一个对象。受篇幅所限，仅列出一些常用的属性、方法见表 7 - 5。

表 7 - 5　Recordset 对象的常用属性、方法

属　性	描　　　述
ActiveConnection	指定与数据提供者的连接信息，用来指定当前的 Recordset 对象属于哪个 Connection 对象
Source	指定 Recordset 对象的数据源，可以是一个 Command 对象名、SQL 语句、数据库表或存储过程
CoursorType	指定 Recordset 对象所使用的光标类型。共有 4 种光标类型：0 代表单向游标，1 代表 Keyset 游标，2 代表动态游标，3 代表静态游标
LockType	指示编辑过程中对记录使用的锁定类型。0 代表只读锁定，1 代表悲观锁定，2 代表乐观锁定，3 代表乐观的批量更新
Filter	用来设定一个过滤条件，以便对 Recordset 记录进行过滤
CacheSize	表示一个 Recordset 对象在高速缓存中的记录数
Maxrecords	执行一个 SQL 查询时，返回 Recordset 对象的最大记录数
Bof	判断记录指针是否到了第一条记录之前
Eof	判断记录指针是否到了最后一条记录之后
RecordCount	返回 Recordset 对象的记录数
Bookmark	书签标记，用来保存当前记录的位置
AbsolutePosition	指定 Recordset 对象当前记录的序号位置
PageSize	表示 Reccordset 对象的页面大小（每页多少条记录），默认值为 10
PageCount	表示 Recordset 对象的页面个数
AbsolutePage	指定当前记录所在的页号
EditMode	指示当前记录的编辑状态，0 代表已被编辑；1 代表已被修改而未提交；2 代表存入数据库的新记录
Open	打开一个 Recordset 对象
Close	关闭一个 Recordset 对象。但并不从内存中删除该对象，只是无法读取其中的数据，但仍然可以读取它的属性。因此一个关闭的 Recordset 对象还可以用 Open 方法打开并保持其原有属性

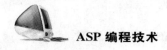

属　性	描　　　述
MoveFirst	把 Recordset 指针指向第一行记录。例：Rs. MoveFirst
MoveLast	把 Recordset 指针指向最后一条记录。例：Rs. MoveLast
MovePrevious	把 Recordset 指针上移一行，使用前应判断 BOF 是否为真。例：Rs. MovePreviors
MoveNext	把 Recordset 指针下移一行，使用前应判断 EOF 是否为真。例：Rs. MoveNext
Move	把 Recordset 指针指向指定的记录 Move n［, start］ n 为要移动的记录数，取正时表示向前（下）移动，取负时表示向后（上）移动；start 是可选参数，表示移动的起点
GetRows	从一个 Recordset 对象读取一行或多行记录到一个数组中 Myarray = Rs. GetRows（rows, start, fields） Myarray 为目标数组名；Rs 为已创建的 Recordset 对象，Rows 为返回数组的行数；start 为读取数据的起点；Fields 为 Recordset 的字段
NextRecordSet	清除当前的 Recordset 并执行下一条指令，以传回下一个 Recordset 对象，如果没有下一条指令，则返回 Nothing 给 Recordset
Addnew	增加一条空记录 Rs. AddNew N 增加一条空记录，并将数组中的元素（N）添加到这条空记录中
Delete	删除当前记录 Delete［value］ 如果 value = 1（默认值）表示该方法只删除当前记录，value = 2 表示该方法删除所有由 Filter 属性设定的记录
Update	保存当前对记录的任何变动。例：Rs. Update
CancelUpdate	取消前一个 Update 方法所做的一切修改
UpdateBatch	Recordset 工作在批量方式时，取消对 Recordset 的更新
Suports	确定指定的 Recordset 对象是否支持特定类型的功能

7.5.7　Errors 数据集合和 Error 对象

在程序调试和实际运行中，难免会发生错误。使用 ADO 对象时发生的运行错误都收集在 Errors 集合中。其他 ADO 操作产生错误时，将清空 Errors 集合，并且将新的 Error 对象置于 Errors 集合中。Connenction、RecordSet 和 Command 对象都有它各自的 Errors 集合，使用语法为 ObjectName. Errors。Errors 集合无须使用 Set 语句创建，它有系统自动创建。如果没有错误，则它是一个空集合。如果非空，则其中每个成员是一个 Error 对象。

使用 Errors 集合的原因是由于在一个命令的执行过程中，可能会引起多个错误，OLE DB 提供者需要提供一种方式通知客户方已有多个错误发生。可以检查 Errors. Count 属性的值，判别是否出现了错误。如果出现错误，返回一个非零值。想知道发生的全部错误，则需要遍历整个 Errors 集合：

下例中连接 Student. xls 的 EXCEL 文件，读取 stu 工作簿内容。将 Student. xls 文件名故意写错为 Studentxxxxx. xls，遍历整个 Errors 集合显示错误信息（图 7 - 5）。

```
<%
Dim ConnStr，Conn，db
db = " Studentxxxxx. xls"
Set Conn = Server. CreateObject（" ADODB. Connection"）
ConnStr = " Driver = ｛Microsoft Excel Driver（*. xls）｝；DBQ = " &Server. MapPath
（db）
conn. Open ConnStr
If conn. Errors. Count >0 Then
Response. write " <p> <h3 >系统发生了" & conn. Errors. Count & " 个错误！ </h3
> </p >"
For i =0 to conn. Errors. Count-1
Response. write " <p >第" & i +1 & " 个错误是:" & conn. Errors（i）. Description &
" </p >"
Next
Else
Response. write " <h3 >ADO 没有发生错误！ </h3 >"
End If
Set Rs = conn. Execute（" select * from ［stu $ ］"）
Do While not Rs. eof
        Response. Write（Rs（0））
        Rs. MoveNext
Loop
Rs. Close
Set Rs = Nothing
Conn. Close
Set Conn = Nothing
% >
```

程序运行结果如下：

在页面中，使用 Error 对象来报告错误信息，Error 对象具有如下属性：

①Number：ADO 错误号。

②NativeError：从数据提供者获得的产生错误的原始错误信息。

③SQLState：连接到 SQL 数据库时，返回 5 位的错误代码。

④Source：引起错误的对象。

⑤Description：错误说明文本。

Errors 集合具有如下属性和方法：

①Count 属性：确定给定集合中对象的数目。使用格式为：Errors. Count。

②Clear 方法：对 Errors 集合使用 Clear 方法，以删除集合中全部现有 Error 对象。发生错误时，ADO 将自动清空 Errors 集合，并用基于新错误的 Error 对象填充集合。使用格式为：Errors. Clear。

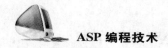

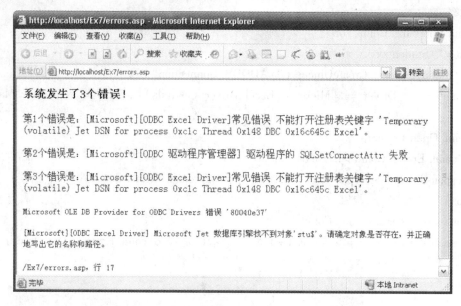

图 7 - 5　程序运行错误信息提示

③Item 方法：使用 Item 方法返回集合中的特定对象。使用格式为：Errors. Item（Index），Indexo 集合中对象的名称或顺序号。

在 VBScript 中，可以使用 On Error Resume Next 语句，使脚本解释器忽略运行期间错误并继续脚本程序的执行，使用网页显示完整。

注意：

通常在所有程序调试完毕加入 On Error Resume Next 语句，同时保证语句在页面中程序的第一行位置。

为使用所有 ASP 页面应用 On Error Resume Next 语句，可将其加至 conn. asp 文件中。其他文件包含 conn. asp 时即有 On Error Resume Next 语句的作用。

<h1 style="text-align:center">习　　题</h1>

一、问答题

（1）简述 ASP 连接数据的流程。

（2）简述创建 Recordset 记录集的两种方法。

（3）请总结数据库的增加、删除、修改、查询操作的步骤。

二、操作题

编写一个在线同学录，能够完成同学录的相关联系信息的添加、修改、删除、查询操作。当数据量超过 20 条时，要求能够进行分页显示数据。

第八章 ASP 动态网站模块开发实例

本章介绍使用 ASP 技术开发网站时常用的经典模块，包括后台管理员模块、留言板模块、新闻发布模块和产品展示模块。这些实例源码都已经通过测试而成功运行。如果开发者掌握了齐全的功能模块，只需稍加修改，就能将其应用于实际开发。开发一个功能完备的网站就好比用模块搭积木一样拼装出来，将是轻而易举的事情。

通过本章的学习，用户应了解和掌握以下内容：
①网站总体设计。
②后台管理员模块设计。
③留言板模块设计。
④新闻发布模块设计。
⑤产品展示模块设计。
⑥网站测试与发布。
⑦网站安全与维护。

8.1　网站总体设计

在这个 Internet 时代，www 网站到处都是。但做得好不好，就要看个人功力与用心。开办网站的目的是为他人提供所需信息，这样用户才会愿意光临网络，网站才有其真实意义。但有太多的网站显然忘了这个目的，以复杂的创意技巧跃居主角，而一些体贴用户的设计却不得而见。当你得到用户的需求说明书后，并不是立即开始制作，而是要对网站进行总体规划，给出一份网站建设方案。总体规划是非常关键的一步，它主要确定以下内容：
①网站需要实现哪些功能；
②网站开发使用什么软件，在什么样的硬件环境下进行；
③需要多少人，多长时间；
④需要遵循的规则和标准有哪些。
同时需要写一份总体规划说明书，包括：
⑤网站的栏目和板块；
⑥网站的功能和相应的程序；
⑦网站的链接结构；
⑧如果有数据库，应进行数据库的概念设计；
⑨网站的交互性和用户友好设计。
企业网站规划非常有针对性，根据企业性质的不同，规划内容的侧重点也有所不同，

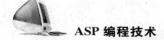

所以须根据实际情况而定。以下是企业网站应该包括的主要信息，以供参考：

（1）公司概况 包括公司背景、发展历史、主要业绩及组织结构等，让访问者对公司的情况有一个概括的了解。

（2）产品服务信息 如果是提供产品、服务的企业应该包含以下内容：

①产品目录：提供产品目录，方便顾客在网上查看。并根据需要决定资料的详简程度，或配以图片、视频和音频资料。但在公布有关技术资料时应注意保密，避免为竞争对手利用，造成不必要的损失。

②产品价格表：用户浏览网站的部分目的是希望了解产品的价格信息，对于一些通用产品及可以定价的产品，应该留下产品价格，对于一些不方便报价或价格波动较大的产品，也应尽可能为用户了解相关信息提供方便，比如设计一个标准格式的询问表单，用户只要填写简单的联系信息，点"提交"就可以了。

③销售网络：实践证明，用户直接在网站订货的并不一定多，但网上看货、网下购买的现象比较普遍，尤其是价格较贵重或销售渠道较少的商品，用户通常喜欢通过网络获取足够信息后在本地实体商场购买。应充分发挥企业网站这种作用。因此，尽可能详尽地告诉用户在什么地方可以买到他所需产品。

④售后服务：有关质量保证条款、售后服务措施以及各地售后服务的联系方式等都是用户比较关心的信息，而且，是否可在本地获得售后服务往往是影响用户购买决策的重要因素，应尽可能详细。

（3）荣誉证书和专家推荐 作为一些辅助内容，这些资料可以增强用户对公司产品的信心，其中由第三者做出的产品评价、权威机构的鉴定，或专家的意见，更有说服力。

（4）公司动态和媒体报道 通过公司动态可以让用户了解公司的发展动向，加深对公司的印象，从而达到展示企业实力和形象的目的。因此，如有媒体对公司进行了报道，别忘记及时转载到网站上。

（5）产品搜索 如果公司产品比较多，无法在简单的目录中全部列出，为了让用户能方便地找到所需产品，除了设计详细的分级目录外，增加一个搜索功能不失为有效的措施。

（6）联系信息 网站上应提供足够详尽的联系信息，除公司的地址、电话、传真、邮政编码、网管 E-mail 地址等基本信息之外，最好能详细地列出客户或者业务伙伴有可能想联系的具体部门的联系方式。对于有分支机构的企业，同时还应当有各地分支机构的联系方式，在为用户提供方便的同时，也起到了对各地业务的支持作用。

（7）辅助信息 有时由于一个企业产品品种比较少，网页内容显得有些单调，可通过增加辅助信息来弥补这种不足。辅助信息的内容比较广泛，可以是本公司、合作伙伴、经销商或用户的一些相关新闻、趣事，或者产品保养维修常识，产品发展趋势等。

上述基本信息仅仅是企业网站应该关注的基本内容，并非每个企业网站都必须涉及，同时也有部分内容并没有罗列进去。在规划设计一个具体网站时，主要应考虑企业本身的目标所决定的网站功能导向，让企业上网成为整体战略的一个有机组成部分，让网站真正成为有效的品牌宣传阵地、有效的营销工具，或是有效的网上销售场所。图 8-1 为本章示例网站的网站结构框架图。

首页布局和颜色风格如图 8-2 所示：

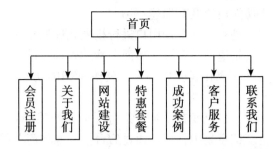

图 8-1　华网科技网站框架结构图

图 8-2　华网科技网站首页

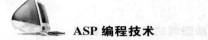

以下是该网站的主要功能模块及其描述：

①网站后台管理系统：是对网站管理用户进行权限认证的模块，用户认证通过可以进入后台管理界面。认证失败则返回后台登录界面。网站管理员进入后台后可以发布、管理和浏览各种信息。所有前台内容在线完成编辑，就像 WORD 办公软件一样简单、可视而又功能完善。

②新闻发布系统：又称为信息发布系统，是将网页上的某些需要而经常变动的信息，类似新闻和业界动态等更新信息集中管理，通过后台一个操作简单的界面加入数据库，然后通过已有的网页模板格式与审核流程，发布到网站上。它的出现大大减轻了网站更新维护的工作量，将网站的更新维护工作简化到只需录入文字和上传图片，从而使网站的更新速度大大缩短。在某些专门的网上新闻站点，如新浪的新闻中心等，新闻的更新速度已是即时更新，从而大大加快了信息的传播速度，也吸引了更多的长期用户群，时时保持网站的活动力和影响力。

③产品展示系统：在产品量很大、更新频繁的时候，使用产品信息发布系统，将会对产品的管理起到很大的方便。产品名称及其对应的信息都在数据库中保存，方便用户查询。产品发布系统可以使管理员方便快捷的对产品进行分类、添加、修改、删除、图片编辑等工作。

8.2　功能模块设计

将网站主页的 PSD 模板使用图形处理软件切割，利用表格或 Div 重构得到网站 html 首页面。可以通过重构后主页，进行修改生成列表页、详细信息页面。我们就可以进行网站留言模块、新闻发布模块、产品展示模块等网站模块的设计工作。

8.2.1　任务：后台管理员登录模块

在许多网络应用中都包含登录用户的权限控制。具有不同权限的用户登录网站，其可执行的操作是不一样的。例如：普通用户只能发布文章，管理员用户可以审核文章、修改文章内容、删除文章。

（1）系统主要功能　用户进入到后台管理员登录页面 login. asp，输入用户名、密码后，经过身份验证，确认为合法用户后，进入到后台主界面，用户可以进行后台管理功能的使用，如添加新闻信息，修改用户自身密码及退出登录等操作。

该系统使用户能够登录后台进行相应网站内容管理，系统有一默认的名为 admin 的"超级管理员"，由程序开发人员添加至数据表中。

（2）系统文件组成　为了使站点文件及文件夹结构清晰，通常后台登录系统的文件及各个模块的文件单独存放在一个文件夹中。我们在站点根目录下创建名为 admin 的文件夹，存放后台程序及相应文件。完成本系统的相应文件及功能说明如下：

Login. asp：要求用户输入用户名和密码的页面，点击登录按钮进行登录。

CheckUserlogin. asp：对用户名和密码进行验证，完成用户登录操作。

Admin_Index. asp：后台管理主页面，采用左右两栏式框架结构。

Logout. asp：用户退出登录功能处理页面。

（3）系统数据库设计　商务网站建设离不开数据库的支持，在站点根目录下创建 DataBase 文件夹，在 DataBase 创建了一个名为 HwData. mdb 的 Access 数据库，用来存放网站中的留言模块、新闻发布模块、产品展示模块发布的数据。

后台管理员表（HW_Admin）：存储管理员的账号、密码及权限等相关信息。其中 AdminID 字段为自动编号类型，是 HW_Admin 表的主键字段。各字段的含义如图 8 - 3 所示。

字段名称	数据类型	说明
AdminID	自动编号	管理员ID
UserName	文本	用户名
PassWord	文本	密码
Email	文本	邮箱
Flag	数字	管理权限
Description	文本	管理员信息描述
AddDate	日期/时间	添加日期

图 8 - 3　管理员信息表

（4）管理员登录模块功能实现

①登录页面（login. asp）：进入系统后，首先到达登录页面，即 login. asp 文件。login. asp 文件页面效果如图 8 - 4 所示，页面上包含表单，用于输入用户名、密码信息。

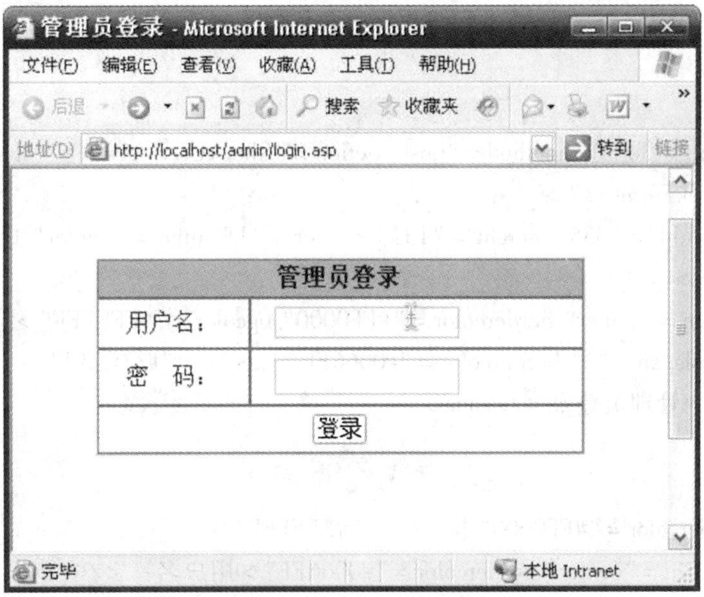

图 8 - 4　管理员登录页面

login. asp 文件代码如下：

```
< html >
< head >
< meta http-equiv = "Content-Type" content = "text/html; charset = gb2312" >
< title >管理员登录 </title >
```

```
< script language = "javascript" >
function CheckForm( ) {
        var username = document. myform. Username. value;
        var pass = document. myform. Password. value;
        if( username = = '')
        {
            alert('请输入用户名');
            document. myform. Username. focus( ) ;
            return false;
        }
        if( pass = = '')
        {
            alert('请输入登录密码');
            document. myform. Password. focus( ) ;
            return false;
        }
    }
    </ script >
    </ head >

    < body >
    < form name = "form1" method = "post" action = "CheckUserlogin. asp" onsubmit =
    "return CheckForm( ) ; " >
        < table width = "335" height = "132" border = "1" align = "center" cellpadding = "0"
cellspacing = "0" >
            < tr align = "center" bordercolor = "#FF0000" bgcolor = "#FFFFFF" >
                < td colspan = "2" bordercolor = "#0066FF" bgcolor = "#33CCFF" >
    < strong >管理员登录 </ strong >
    </ td >
    </ tr >
    < tr bordercolor = "#FF0000" bgcolor = "#FFFFFF" >
        < td align = "center" bordercolor = "#0066FF" >用户名:  </ td >
        < td bordercolor = "#0066FF" >  
        < input name = "username" type = "text" style = "width: 120px" >
    </ td >
    </ tr >
    < tr bordercolor = "#FF0000" bgcolor = "#FFFFFF" >
        < td align = "center" bordercolor = "#0066FF" >密     码:  </ td >
        < td bordercolor = "#0066FF" >  
```

```
          < input name = "password" type = "password" style = "width: 120px" >
     </td >
      </tr >
     < tr bordercolor = "#FF0000" bgcolor = "#FFFFFF" >
          < td colspan = "2" align = "center" bordercolor = "#0066FF" >
     < input type = "submit" name = "Submit" value = "登录"  >
     </td >
      </tr >
     </table >
   </form >
   </body >
   </html >
```

②管理员信息验证页面（CheckUserlogin. asp）：在 login. asp 文件中输入用户名、密码后，表单将数据提交至 CheckUserlogin. asp 文件进行处理。CheckUserlogin. asp 获取表单传递过来的数据，对数据库进行相关的检索，如果管理员信息正确，则登录成功，并创建 Session 对象存放用户信息。

CheckUserlogin. asp 页面程序执行步骤如下：

a. 获取表单传递过来的数据，将用户名、密码存储到变量中。

b. 检验用户名、密码是否为空，如果为空转向 login. asp 页面重新进行登录，如果不为空，执行步骤（3）。

c. 建立与数据库的连接。

d. 在 HW_Admin 表中检索是否存在与用户名和密码相匹配的记录。如果存在，则登录成功，将用户信息写入 Session 后转向至后台主界面 Admin_index. asp。

CheckUserlogin. asp 页面程序代码如下：

```
<! --包含公共连库文件 conn. asp -- >
<! --#include file = ". . /conn. asp" -- >
< %
    '获取用户名并去除表单数据中的空格
    AdmName = Trim( Request. Form( "Username") )
    '获取密码并去除表单数据中的空格
    AdmPass = Trim( Request. Form( "Password") )

    '调用包含文件中的 OpenConn( )过程，建立与数据库的连接
    Call OpenConn( )
    Set Rs = Server. CreateObject( "ADODB. RecordSet")
    SqlStr = "Select  *  from HW_Admin where username = '"&AdmName&"' and password = '"
&AdmPass&"'"
    Rs. Open SqlStr, conn, 1, 3
    if Rs. EOF then
```

response. write " < script > alert('用户不存在或密码错误'); location. href = 'log-in. asp'; < /script > "

   response. end

  else

   '创建 Session 对象，保存用户名信息

   Session("Username") = AdmName

   '创建 Session 对象，保存权限信息

   Session("Flag") = Rs("Flag")

   Response. Redirect("Admin_Index. asp")

   Response. end

  end if

  '调用关闭数据库连接过程

  Call CloseConn( )

% >

  注意：利用服务端的 include 命令可以很容易的在 asp 中包含其他文件。这种服务端 include 命令不需要在脚本中实现，它完全可以作为 HTML 代码的一部分。被包含文件习惯上用 . inc、. asp 的后缀文件。当这个 ASP 文件执行时，被包含文件的 HTML 代码以及脚本也将在相应位置执行或出现。

  < ! --#include file = ". . /conn. asp" -- >

  将根目录下 conn. asp 文件中代码包含于 CheckUserlogin. asp 文件中，但要使用文件中的建立连接过程，需使用 Call 命令进行调用。

  Conn. asp 文件代码如下：

  < %

 '声明变量 Conn

 Dim Conn

 '建立数据库连接过程

 Sub OpenConn( )

  'ACCESS 数据库的文件名，请使用相对于网站根目录的绝对路径

  db = "/database/HwData. mdb"

  Set Conn = Server. CreateObject("ADODB. Connection")

  connstr = "Provider = Microsoft. Jet. OLEDB. 4. 0; Data Source = "&Server. MapPath(db)

  Conn. Open connstr

 End Sub

 '关闭数据库连接过程

 Sub CloseConn( )

  On Error Resume Next

  Conn. close: Set Conn = nothing

 End sub

 % >

③后台管理主页面（Admin_Index. asp）：管理员登录成功后转向该页面，通常后台管理员页面采用框架集设计。使用框架，你可以将浏览器窗口分成左右两个部分。在左半部分显示后台管理项的功能菜单，用户使用某一功能时，左半部分内容一直保持不变，而在右半部分显示具体功能的执行结果，来自两个文件的网页可以同时在一个浏览器窗口显示。效果如图 8 – 5 所示。

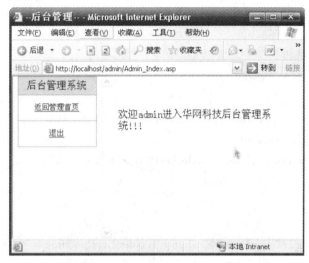

图 8 – 5 后台管理系统主界面

Admin_Index. asp 文件代码如下：

< ! --#include file = "Session. asp"-- >

< head >

< meta http-equiv = "Content-Type" content = "text/html; charset = gb2312" / >

< title > --后台管理-- < /title >

< /head >

< frameset rows = " * " cols = "160, * " framespacing = "0" frameborder = "no" border = "0" >

　　< frame src = "left. asp" name = "leftFrame" scrolling = "yes" noresize = "noresize" id = "leftFrame" title = "leftFrame" / >

　　< frame src = **"main. asp"** name = "mainFrame" id = "mainFrame" title = "mainFrame" / >

< /frameset >

< noframes >

< body >

< /body >

< /noframes >

< /html >

注意：**< ! --#include file = "Session. asp"-- >**

服务端的 include 命令包含的 Session. asp 文件为管理员是否正确登录有权使用的验证页面。验证登录时创建的 Session("Username") 如果不为空，则可以使用，否则转到登录页面登录。Session. asp 文件代码如下：

```asp
<%
if Session("Username") = "" and Session("Flag") = "" then
    response. write " <script language = 'javascript' > alert('不是管理员，没有权限进入后台!'); location. href = 'login. asp'; </script> "
end if
%>
```

left. asp 文件代码如下：

```asp
<! --#include file = "Session. asp"-- >
<head >
<meta http-equiv = "Content-Type" content = "text/html; charset = gb2312" / >
<title > --后台管理-- </title >
<link href = "css/css. css" rel = "stylesheet" type = "text/css" >
</head >

<body >
<table width = "127" border = "0" align = "center" cellpadding = "5" cellspacing = "1" bgcolor = "#999999" >
    <tr >
        <td width = "115" height = "20" align = "center" bgcolor = "#CCCCCC" >后台管理系统 </td >
    </tr >
    <tr >
        <td height = "40" align = "center" bgcolor = "#FFFFFF" > <a href = "result. asp" target = "mainFrame" >返回管理首页 </a > </td >
    </tr >
    <tr >
        <td height = "40" align = "center" bgcolor = "#FFFFFF" > <a href = "logout. asp" target = "_parent" >退出 </a > </td >
    </tr >
</table >
</body >
</html >
```

left. asp 显示效果如图 8 - 6 所示：

main. asp 文件代码如下：

```asp
<! --#include file = "Session. asp"-- >
<head >
<meta http-equiv = "Content-Type" content = "text/html; charset = gb2312" / >
<title >欢迎页 </title >
```

图 8 – 6　**left. asp** 文件显示效果

< /head >

< body >

< p >   < /p >
< p > 欢迎 < % = Session("Username") % > 进入华网科技后台管理系统!!!
< /p >
< /body >
< /html >

main. asp 显示效果如图 8 – 7 所示:

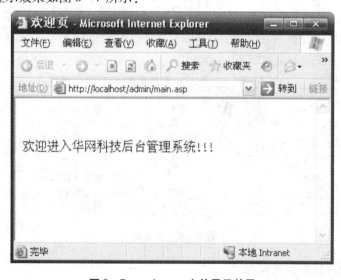

图 8 – 7　**main. asp** 文件显示效果

④退出登录功能处理页面（Logout. asp）：在后台管理主界面中单击"退出"超级链接，将打开 Logout. asp 文件执行退出操作。具体代码如下：

```
< %
'清空 Session 中的所有信息
Session. Abandon( )
'转向到登录页面
Response. Write " < script > alert( '您已退出管理系统！' )；location. href = 'login. asp' < /
script > "
% >
```

8.2.2　任务：带表情留言板模块

目前大多数网站提供留言板功能。访问者可以发表留言咨询，管理员可在后台进行回复，实现访问者与网站管理员的互动交流。

（1）系统主要功能　用户进入到网站首页页面 Index. asp，点击导航条中的"在线留言"超级链接，进入到 GuestRead. asp 页面。用户可以查看留言，点击上方的"发表留言"可以转向至 GuestBook. htm 页面，填写留言内容，点击提交按钮后转至留言查看页面 GuestRead. asp。

管理员后台登录后可以对留言信息进行删除操作，也可对某条留言进行回复。

（2）系统文件组成　GuestRead. asp 文件：显示留言信息页面

GuestBook. htm 文件：用户填写留言内容的页面。

GuestAdd. asp 文件：获取留言信息，将信息插入到数据库后，转向至留言查看页面。

Admin_Guest. asp 文件：存放在 Admin 文件夹中，显示出所有留言信息。管理员可以选择删除、回复操作。

Admin_Guest_del. asp 文件：存放在 Admin 文件夹中，管理员进行留言的删除操作。

Admin_Guest_reply. asp 文件：存放在 Admin 文件夹中，管理员进行留言的回复操作。

（3）系统数据库设计　在 HwData. mdb 数据库文件中创建 HW_GuestBook 表，用来存放留言信息。各字段的含义如图 8 - 8 所示。

字段名称	数据类型	说明
ID	自动编号	
Name	文本	留言者姓名
Email	文本	留言者邮件
HomePage	文本	留言者个人主页
Face	文本	头像
Subject	文本	留言主题
Memo	备注	留言人内容
Qq	文本	留言者Qq
AddTime	文本	留言时间

图 8 - 8　留言表

（4）带表情留言板模块实现

①留言页面（GuestBook. htm）：

用户进入留言系统主页面 GuestBook. htm，填写留言信息后点击"提交留言"按钮至

GuestAdd. asp 文件进行留言的处理。GuestBook. htm 效果如图 8 - 9 所示：

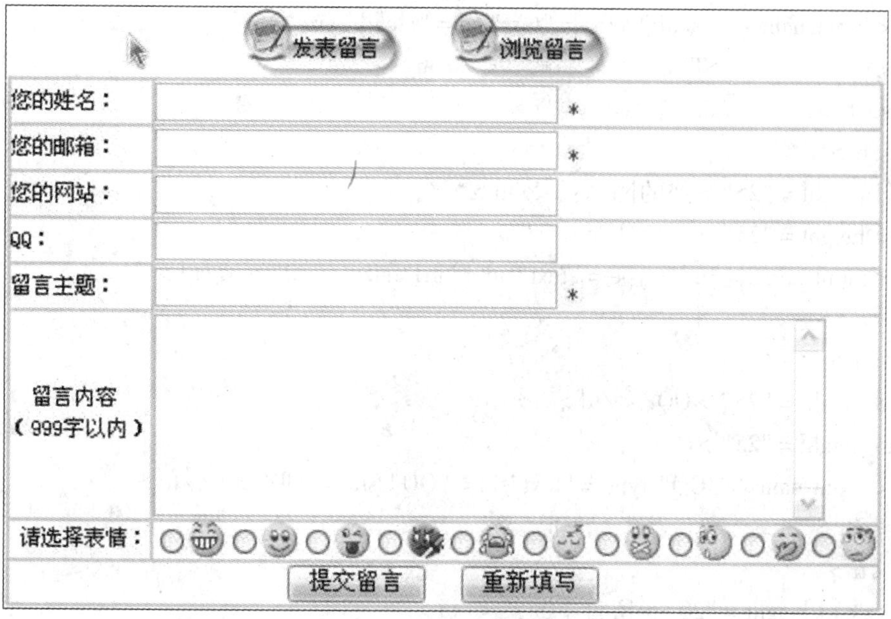

图 8 - 9　留言页面

GuestBook. htm 代码如下：

```
< form name = "form1" method = "post" action = "GuestAdd. asp" style = "border-collapse:
collapse" >
    < table width = "40%" border = "0" align = "center" cellpadding = "0" cellspacing = "0" >
    < tr >
    < td width = "51%" > < a href = "GuestBook. htm" > < img src = "images/write. gif"
width = "89" height = "37" border = "0" > </a > </td >
    < td width = "49%" > < a href = "GuestRead. asp" > < img src = "images/read. gif"
width = "89" height = "37" border = "0" > </a > </td >
    </tr >
</table >
< table border = "1" align = "center" cellpadding = "0" cellspacing = "0" bordercolor = "#
CCCCCC" >
    < tr >
< td height = "25" > 您的姓名：</td >
< td height = "25" >
    < input name = "name" type = "text" id = "name" size = "30" >
    < span class = "STYLE1" >    *        </span > </td >
    </tr >
    < tr >
< td height = "25" > 您的邮箱：</td >
```

```
< td height = "25" >
    < input name = "email" type = "text" id = "email" size = "30" >
    < span class = "STYLE1" >    *    </span > </td >
    </tr >
    < tr >
< td height = "25" > 您的网站：</td >
< td height = "25" >
    < input name = "url" type = "text" id = "url" size = "30" > </td >
    </tr >
    < tr >
< td height = "25" > QQ：</td >
< td height = "25" >
    < input name = "QQ" type = "text" id = "QQ" size = "30" >  </td >
    </tr >
    < tr >
        < td height = "20" > 留言主题：</td >
        < td height = "20" colspan = "2" > < input name = "subject" type = "text" id = "sub-
ject" size = "30" >
            < span class = "STYLE1" > *  </span > </td >
    </tr >
    < tr >
    < td height = "20" >  
留言内容 < br >
(999 字以内)  </td >
    < td height = "20" colspan = "2" >
        < textarea name = "body" cols = "50" rows = "7" id = "body" > </textarea >    </td >
    </tr >
    < tr >
    < td > < div align = "right" > < span class = "STYLE13" > 请选择表情：</span > </div
> </td >
    < td colspan = "2" valign = "top" > < table width = "99%" border = "0" align = "center"
cellpadding = "0" cellspacing = "0" >
    < tr >
        < td width = "3%" >
            < input name = "face" type = "radio" value = "images/face1. gif" >          </td >
        < td width = "3%" > < img src = "images/face1. gif" width = "20" height = "20" > </td >
        < td width = "3%" >
            < input type = "radio" name = "face" value = "images/face2. gif" >          </td >
        < td width = "3%" > < img src = "images/face2. gif" width = "20" height = "20" > </td >
```

```
< td width = "3% " >
   < input type = "radio" name = "face" value = "images/face3. gif" >          </td >
< td width = "3% " > < img src = "images/face3. gif" width = "20" height = "20" > </td >
< td width = "3% " >
   < input type = "radio" name = "face" value = "images/face4. gif" >          </td >
< td width = "3% " > < img src = "images/face4. gif" width = "20" height = "20" > </td >
< td width = "3% " >
   < input type = "radio" name = "face" value = "images/face5. gif" >          </td >
< td width = "3% " > < img src = "images/face5. gif" width = "20" height = "20" > </td >
< td width = "3% " >
   < input type = "radio" name = "face" value = "images/face6. gif" >          </td >
< td width = "3% " > < img src = "images/face6. gif" width = "20" height = "20" > </td >
< td width = "3% " >
   < input type = "radio" name = "face" value = "images/face7. gif" >          </td >
< td width = "3% " > < img src = "images/face7. gif" width = "20" height = "20" > </td >
< td width = "3% " >
   < input type = "radio" name = "face" value = "images/face8. gif" >          </td >
< td width = "3% " > < img src = "images/face8. gif" width = "20" height = "20" > </td >
< td width = "3% " >
   < input type = "radio" name = "face" value = "images/face9. gif" >          </td >
< td width = "3% " > < img src = "images/face9. gif" width = "20" height = "20" > </td >
< td width = "4% " >
   < input type = "radio" name = "face" value = "images/face10. gif" >          </td >
< td width = "42% " > < img src = "images/face10. gif" width = "20" height = "20" > </td >
</tr >
</table >    </td >
</tr >
< tr >
< td colspan = "3" align = "center" >
   < input type = "submit" name = "Submit" value = "提交留言"  >
    
   < input type = "reset" name = "Submit2" value = "重新填写"  > </td >
</tr >
</table >
</form >
```

②留言信息处理页面（GuestAdd. asp）：GuestAdd. asp 页面程序执行步骤如下。

a. 获取 GuestBook. htm 留言页面表单传递过来的数据，存储到变量中。

b. 检验姓名、邮箱、主题等内容是否为空，如果为空后退至 GuestBook. htm 页面重新进行信息填写，如果不为空，执行步骤 c。

c. 建立与数据库的连接。

d. 执行 SQL 语句 insert 将留言信息插入至 HW_GuestBook 表。

e. 程序转向至 GuestRead. asp 浏览留言页面。

GuestAdd. asp 页面程序代码:

```
<! --包含公共连库文件 conn. asp -- >
<! --#include file = "conn. asp" -- >
<%
'获取留言表单信息并去除表单数据中的空格
Dim L_Username, L_email, L_url, L_qq, L_subject, L_content, L_face
L_Username = Trim( Request. Form( "Username"))
L_email = Trim( Request. Form( "email"))
L_url = Trim( Request. Form( "url"))
L_qq = Trim( Request. Form( "qq"))
L_subject = Trim( Request. Form( "subject"))
L_content = Trim( Request. Form( "content"))
L_face = Trim( Request. Form( "face"))

If L_Username = "" Then
Response. Write " < script > alert('姓名不能为空!'); history. back(); </script > "
End IF
If L_email = "" Then
Response. Write " < script > alert('邮箱不能为空!'); history. back(); </script > "
End IF
If L_subject = "" Then
Response. Write " < script > alert('主题不能为空!'); history. back(); </script > "
End IF
'调用包含文件中的 OpenConn() 过程, 建立与数据库的连接
Call OpenConn()

Set Rs = Server. CreateObject( "ADODB. RecordSet")
SqlStr = "Select * from HW_GuestBook where ID is null"
Rs. Open SqlStr, conn, 1, 3

'添加一条记录
Rs. AddNew
Rs( "Name") = L_Username
Rs( "Email") = L_email
Rs( "HomePage") = L_url
Rs( "Face") = L_qq
```

Rs("Subject") = L_subject

Rs("Memo") = L_content

Rs("qq") = L_face

Rs("AddTime") = Now( )

'更新数据库

Rs. Update( )

'调用关闭数据库连接过程

Call CloseConn( )

Response. Write " < script > alert('留言成功，单击"确定"后到达留言浏览页面!');

location. href = 'GuestRead. asp'; < / script > "

% >

③留言信息浏览页面（GuestRead. asp）：用户进入后可以浏览所有留言信息，当信息较多时可以自动进行分页显示。效果如图 8 - 10 所示。

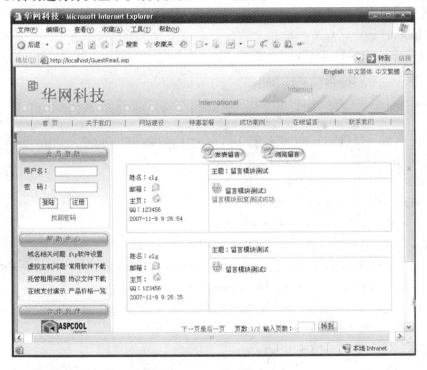

图 8 - 10　留言信息浏览页面

GuestRead. asp 主要程序代码如下：

```
< ! --#include file = "conn. asp"-- >
< %
Dim SqlStr, Rs
SqlStr = "select  *  from HW_GuestBook order by AddTime desc"
Set Rs = Server. Createobject( "ADODB. RECORDSET")
```

'调用包含文件中的 OpenConn( )过程，建立与数据库的连接

Call OpenConn( )

Rs. Open SqlStr, Conn, 1, 1

if not rs. eof then

    pages = 2 '定义每页显示的记录数

    rs. pageSize = pages '定义每页显示的记录数

    allPages = Rs. pageCount '计算一共能分多少页

    page = Request. QueryString("page") '通过分页超链接传递的页码

    'if 语句属于基本的排错处理

    if isEmpty(page) or Cint(page) < 1 then

      page = 1

    elseif Cint(page) > allPages then

      page = allPages

    end if

'设置记录集当前的页数

Rs. AbsolutePage = page

Do while not Rs. eof and pages > 0

'这里输出你要的内容………………

% >

< table width = "511" height = "129" border = "1" align = "center" cellpadding = "5" cellspacing = "0" bordercolor = "#CCCCCC" >

  < tr >

< td width = "145" rowspan = "2" >

  姓名：< % = Rs("name") % > < br >

  邮箱：< a href = "mailto: < % = Rs("email") % > " >

  < img src = "images/email. jpg" width = "15" height = "17" border = "0" > </a > < br >

  主页：< a href = " < % = Rs("homepage") % > " >

  < img src = "images/home. jpg" width = "18" height = "18" border = "0" > </a > < br >

  QQ: < % = Rs("qq") % > < br >

  < % = Rs("AddTime") % > < br >

</td >

< td width = "340" height = "25" >主题：< % = Rs("subject") % > </td >

  </tr >

  < tr >

< td height = "99" valign = "top" >

< % if Rs("Face") < > "" then% >

  < img src = " < % = Rs("Face") % > " >

< % end if% >

< % = Rs("memo") % >

```
< br >
< font color = red > < % = Rs( "Reply") % > </font >
</td >
  </tr >
</table >
< br >
< %
    pages  =  pages - 1
    '记录集指针下移一条
    Rs. MoveNext
Loop
else
Response. Write( "数据库暂无内容!" )
End if
% >


< p align = "center" >
< form Action = "GuestBook. asp" Method = "GET" >
< %
If Page  < >1 Then
Response. Write " < A HREF = ?Page = 1 >第一页 </A > "
Response. Write " < A HREF = ?Page = " &( Page-1) &" >上一页 </A > "
End If
If Page  < > Rs. PageCount Then
Response. Write " < A HREF = ?Page = " &( Page +1) & " >下一页 </A > "
Response. Write " < A HREF = ?Page = " & Rs. PageCount & " >最后一页 </A > "
End If
% >
页数： < font color = "Red" > < % = Page% >/ < % = Rs. PageCount% > </font >输入页数：
    < input TYPE = "TEXT" Name = "Page" SIZE = "3" >
    < input type = "submit" name = "Submit" value = "转到"   >
</form >
</p >
```

④留言管理页面（Admin_Guest. asp）：管理员可登录到网站后台管理系统，此页面显示一个用户留言列表，通过此页面完成对留言的删除操作、回复操作（图 8 - 11）。

Admin_Guest. asp 程序代码如下：

```
<! --#include file = ". . /conn. asp"-- >
< %
Dim SqlStr, Rs
```

225

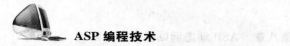

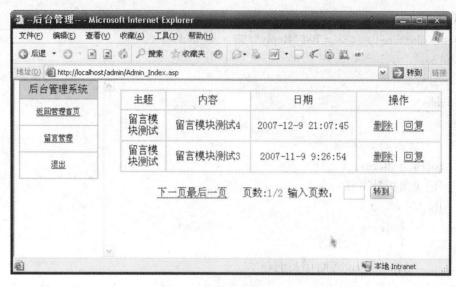

图 8 – 11　留言信息浏览页面

SqlStr = "select ＊ from HW_GuestBook order by AddTime desc"

Set Rs = Server. Createobject("ADODB. RECORDSET")

'调用包含文件中的 OpenConn( )过程, 建立与数据库的连接

Call OpenConn( )

Rs. Open SqlStr, conn, 1, 1

if not Rs. eof then

　　　pages ＝ 2 '定义每页显示的记录数

　　　Rs. pageSize ＝ pages '定义每页显示的记录数

　　　allPages ＝ Rs. pageCount '计算一共能分多少页

　　　page ＝ Request. QueryString("page") '通过分页超链接传递的页码

　　　'if 语句属于基本的排错处理

　　　if isEmpty(page) or Cint(page) ＜　1 then

　　　　page ＝ 1

　　　elseif Cint(page) ＞allPages then

　　　　page ＝ allPages

　　　end if

'设置记录集当前的页数

Rs. AbsolutePage ＝ page

Do while not Rs. eof and pages ＞ 0

'这里输出你要的内容…………………

％ ＞

　　＜ tr ＞

　　　＜ td width ＝ "145" align ＝ "center" ＞ ＜ ％ ＝ Rs("subject") ％ ＞ ＜ /td ＞

　　　＜ td width ＝ "340" height ＝ "25" align ＝ "center" ＞ ＜ ％ ＝ Rs("memo") ％ ＞ ＜ /td ＞

```
< td width = "340" align = "center" > < % = Rs( "AddTime") % > </td >
< td width = "340" align = "center" >
< a href = "Admin_Guest_del. asp?ID = < % = Rs( "ID") % > " >删除 </a > |
< % If Trim( Rs( "reply") ) < > "" Then% >
< a href = "Admin_Guest_reply. asp?ID = < % = Rs( "ID") % > " >已回复 </a >
< % Else% >
< a href = "Admin_Guest_reply. asp?ID = < % = Rs( "ID") % > " >回复 </a >
< % End If% >
</td >
</tr >
< %
    pages = pages - 1
    '记录集指针下移一条
    Rs. MoveNext
Loop
else
Response. Write( "数据库暂无内容! ")
End if
% >
</table >
< p align = "center" >
< form Action = "GuestBook. asp" Method = "GET" >
< %
If Page < >1 Then
Response. Write " < A HREF = ?Page = 1 >第一页 </A > "
Response. Write " < A HREF = ?Page = " &( Page-1) &" >上一页 </A > "
End If
If Page < > Rs. PageCount Then
Response. Write " < A HREF = ?Page = " &( Page +1) & " >下一页 </A > "
Response. Write " < A HREF = ?Page = " & Rs. PageCount & " >最后一页 </A > "
End If
% >
页数: < font color = "Red" > < % = Page% >/ < % = Rs. PageCount% > </font >输入页数:
    < input TYPE = "TEXT" Name = "Page" SIZE = "3" >
    < input type = "submit" name = "Submit" value = "转到" >
</form >
< % Call CloseConn( )% >
```

注意:

```
< a href = "Admin_Guest_del. asp?ID = < % = Rs( "ID") % > " >删除 </a > |
```

```
<% If Trim( Rs( "reply") ) < > "" Then% >
<a href = "Admin_Guest_reply. asp?ID = <% = Rs( "ID") % > " > 已回复 </a >
<% Else% >
<a href = "Admin_Guest_reply. asp?ID = <% = Rs( "ID") % > " > 回复 </a >
<% End If% >
```

点击"删除"链接通过 URL 地址传递参数，将要删除记录的 ID 传至 Admin_Guest_del. asp 页面。点击"回复"或"已回复"链接通过 URL 地址传递参数 ID 至 Admin_Guest_reply. asp 页面。

⑤留言删除页面（Admin_Guest_del. asp）：点击"删除"链接转至本页后，本页首先获取参数 ID，执行 Delete 语句删除数据库中指定的记录。

```
<! --#include file = "Session. asp"-- >
<! --#include file = ".. /conn. asp"-- >
<%
Dim SqlStr
SqlStr = "delete from HW_GuestBook where id = "&Request. QueryString( "ID")
'调用包含文件中的 OpenConn( ) 过程，建立与数据库的连接
Call OpenConn( )
Conn. Execute( SqlStr)
'调用关闭数据库连接过程
Call CloseConn( )
Response. Write " <script > alert('留言删除成功!'); location. href = 'Admin_Guest. asp';
</script > "
% >
```

⑥留言回复页面（Admin_Guest_reply. asp）：点击"回复"链接转至本页后，本页首先获取参数 ID，执行 select 语句检索数据库中指定的记录，将指定 ID 记录的 AddTime、Subject、Memo 三个字段显示在页面中。管理员填写回复信息后点击"提交"按钮，将信息送回至本页进行数据库写入处理。回复页面效果如图 8 - 12 所示。

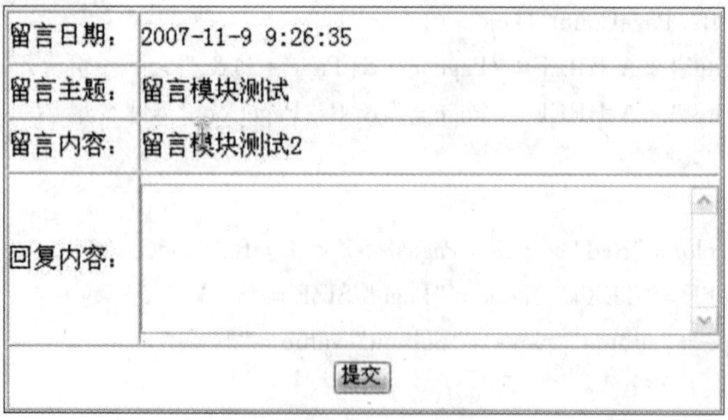

留言日期：	2007-11-9 9:26:35
留言主题：	留言模块测试
留言内容：	留言模块测试2
回复内容：	
	提交

图 8 - 12　留言回复页面

Admin_Guest_reply. asp 主要程序代码如下：

228

```asp
< ! --#include file = "Session. asp"-- >
<!--#include file = ".. /conn. asp"-- >
< %
Dim SqlStr, Rs
'调用包含文件中的 OpenConn( )过程，建立与数据库的连接
Call OpenConn( )

SqlStr = "select  *  from HW_GuestBook where id = "&Request. QueryString( "ID")
Set Rs = Server. Createobject( "ADODB. RECORDSET")
Rs. Open SqlStr, Conn, 1, 3

'判断本页表单传递的 Action 参数值为 Reply,执行回复处理
If Request. QueryString( "Action") = "Reply" Then
    Rs( "Reply") = Request. Form( "ReplyMemo")
    Rs. Update
    '调用关闭数据库连接过程
    Call CloseConn( )
     Response. Write " < script > alert ('留言回复成功!'); location. href = 'Admin _
Guest. asp'; </script > "
    End If

% >

< form action = "?Action = Reply&ID = < % = Rs( "ID") % >" method = "post" >
  < table width = "461" height = "251" border = "1" cellpadding = "0" cellspacing = "0" >
    < tr >
      < td width = "88" >留言日期：</td >
      < td width = "367" > < % = Rs( "AddTime") % > </td >
    </tr >
    < tr >
      < td >留言主题：</td >
      < td > < % = Rs( "Subject") % > </td >
    </tr >
    < tr >
      < td >留言内容：</td >
      < td > < % = Rs( "Memo") % > </td >
    </tr >
    < tr >
      < td height = "108" >回复内容：</td >
```

229

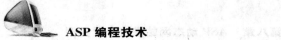

ASP 编程技术

```
        < td >
    < textarea name = "ReplyMemo" cols = "50" rows = "6" > < % = Rs( "Reply") % > </
textarea >
        </td >
        </tr >
        < tr >
            < td colspan = "2" align = "center" >
                < input type = "submit" name = "Submit" value = "提交"  >        </td >
        </tr >
    </table >
    </form >
    < %
'调用关闭数据库连接过程
Call CloseConn( )
% >
```

8.2.3 任务：新闻发布模块

通过网络获得新闻信息已成为很多人工作、生活的一部分，像网易、搜狐等著名门户网站每天都发布大量的新闻。新闻发布系统可以方便的发布新闻信息，在网站前台根据新闻的标题、内容、图片等自动生成网页，简化了发布和管理的工作。

（1）系统主要功能　用户进入网站可以查看最近发布的新闻，点击新闻标题可以查看具体内容。能够根据新闻类别进行某一类新闻查看。

管理员进行后台管理系统，可以方便的进行新闻添加，并可以进行新闻的修改、删除等操作。

（2）系统文件组成　index. asp：网站首页文件，本例中用来说明如何进行"新闻快递"栏目数据提取。

list. asp：更多新闻列表页面，通常是点击"MORE..."进入本页。

ShowNews. asp：显示新闻详细内容页面。

Admin_NewsType. asp：后台新闻分类管理页面，可进行新闻分类的"添加"、"修改"、"删除"操作。

Admin_NewsTypeEdit. asp：后台新闻分类修改页面。

Admin_News_add. asp：后台新闻添加页面。

Admin_News. asp：后台新闻管理页面，可进行新闻"修改"、"删除"操作。

Admin_NewsEdit. asp：后台新闻修改页面。

（3）系统数据库设计　新闻系统可以实现按照新闻类别进行新闻信息发布及管理，为实现本系统功能，需要在 HwData. mdb 数据库中增加 2 张数据表。

新闻类别表（HW_NewsType）：存储新闻类别，C_ID 字段为表的主键字段，在 HW_News 新闻信息表会引用该字段。各字段的含义如图 8 - 13 所示。

新闻信息表（HW_News）：存储新闻的具体内容，表的各字段名称及相关说明如图

字段名称	数据类型	说明
C_ID	自动编号	新闻类别ID
Type	文本	新闻类型

图 8 – 13　新闻类别表

8 – 14所示。

字段名称	数据类型	说明
ID	自动编号	自动编号
C_id	数字	对应的栏目ID
Title	文本	标题
Content	备注	文章内容
Author	文本	作者
KeyWords	文本	文章关键字
Hits	数字	点击数
AddDate	日期/时间	添加日期
Recommend	数字	推荐文章

图 8 – 14　新闻信息表

（4）新闻发布模块功能实现

①新闻栏目显示页面（index. asp）：在网站首页或其他一级页面，通常会从数据库中检索某一类的新闻进行显示。点击新闻标题可以查看具体的新闻内容。点击"MORE..."转至 List. asp 页面显示本类下所有的新闻信息。例如：首页新闻快递栏目，只显示新闻分类中的"公司新闻"下的 6 条最新闻信息，效果如图 8 – 15 所示。

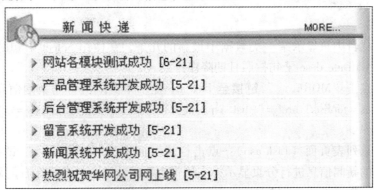

图 8 – 15　新闻栏目显示页面

Index. asp 页面主要程序代码如下：

```
< ! --#include file = "conn. asp"-- >
< TABLE cellSpacing = 1 cellPadding = 1 width = 90%  border = 0 >
< %
Dim SqlStr, Rs
SqlStr = "select top 6  *  from HW_News where c_id = 1 order by AddDate desc"
Set Rs = Server. CreateObject( "ADODB. RecordSet")
```

'调用包含文件中的 OpenConn( ) 过程，建立与数据库的连接

Call OpenConn( )

Rs. Open SqlStr, Conn, 1, 1

Do While not Rs. eof

% >

  < TR onMouseOver = "this. style. backgroundColor = '#FFFFFF'"

  onmouseout = "this. style. backgroundColor = '#F4F4F4'"

  bgColor = #f4f4f4 >

< TD style = "PADDING-RIGHT: 4px" align = right width = 12

height = 21 > < IMG height = 9

  src = "images/arrow. gif"

  width = 5 > </TD >

< TD width = 332 >

   < a href = " ShowNews. asp?id = < % = Rs("ID") % > " > < % = Rs("title") % > </a >

   [< % = Month(Rs("AddDate")) &"-"&Day(Rs("AddDate")) % >]

</TD >

  </TR >

< %

Rs. MoveNext

Loop

Rs. Close

% >

  </TABLE >

注意：在栏目中只显示某一类数据中最新的几条，在使用 Select 语句时应加 Top n，结合 order by AddDate desc 子句按照日期降序排列。

在栏目中点击"MORE..."链接至 List. asp 显示本类中所有的新闻信息。超链接的代码为 < A class = toplink1 href = " list. asp? C_ID = 1" > < FONT　class = eng > MORE... </FONT > </A >。

②新闻信息列表页面（List. asp）：点击栏目页面中的"MORE..."链接转至本页，将本类中所有的新闻信息进行分页显示。左侧带有新闻分类，点击后在右侧显示所选分类下的新闻信息，效果如图 8 - 16 所示。

List. asp 页面主要程序代码如下：

< ! --新闻分类列表输出开始-- >

< %

'调用包含文件中的 OpenConn( ) 过程，建立与数据库的连接

Call OpenConn( )

Dim SqlType, RsType

SqlType = "select　*　from HW_NewsType"

Set RsType = Conn. Execute(SqlType)

图 8 – 16　新闻分类列表页面

```
Do While not RsType. eof
% >
< TR >
   < TD align = "center" >
   < a href = "list. asp?C_ID = < % = RsType( "C_ID") % > " >
       < % = RsType( "Type") % >     </a >
   </TD >
</TR >
< %
RsType. MoveNext
Loop
RsType. Close
Set RsType = Nothing
% >
< TR >
   < TD > < IMG height = 6 src = "images/main_010. gif" width = 177 > </TD >
</TR >
</TABLE >
<!--新闻分类列表输出结束-- >
```

```
<! --新闻列表输出开始，conn. asp 在上方包含了-->
<table width = "511" border = "1" align = "center" cellpadding = "5" cellspacing = "0"
bordercolor = "#CCCCCC" >
<%
Dim SqlStr, Rs, ID
ID = Replace( Request. QueryString( "C_ID") , "′", "")
SqlStr = "select * from HW_News"

If ID < >"" Then
    SqlStr = SqlStr&" where c_id = "&ID
End If
SqlStr = SqlStr&" order by AddDate desc"
Set Rs = Server. Createobject( "ADODB. RECORDSET")
'本处不需要 Call OpenConn() ，在本页读取新闻分类时已调用
Rs. Open SqlStr, conn, 1, 1
if not Rs. eof then
    pages  =  20 '定义每页显示的记录数
    Rs. pageSize  =  pages '定义每页显示的记录数
    allPages  =  Rs. pageCount '计算一共能分多少页
    page  =  Request. QueryString( "page") '通过分页超链接传递的页码
    'if 语句属于基本的排错处理
    if isEmpty( page) or Cint( page) <   1 then
        page  =  1
    elseif Cint( page) > allPages then
        page  =  allPages
    end if
'设置记录集当前的页数
Rs. AbsolutePage  =  page
Do while not Rs. eof and pages  > 0
'这里输出你要的内容………………
% >
  <TR onMouseOver = "this. style. backgroundColor = '#FFFFFF'"
  onmouseout = "this. style. backgroundColor = '#F4F4F4'"
  bgColor = #f4f4f4 >
<TD style = "PADDING-RIGHT: 4px" align = right width = 12
height = 21 > <IMG height = 9
  src = "images/arrow. gif"
  width = 5 > </TD >
<TD width = 332 >
```

```
    < a href = "ShowNews. asp?id = <% = Rs("ID")% > " > <% = Rs("title")% > </a >
        [ <% = Month( Rs( "AddDate")) &"-"&Day( Rs( "AddDate")) % >]
</TD >
  </TR >
<%
    pages = pages - 1
    '记录集指针下移一条
    Rs. MoveNext
Loop
else
Response. Write( "数据库暂无内容!")
End if
% >
</table >
< p align = "center" >
< form Action = "List. asp" Method = "GET" >
<%
If Page < >1 Then
Response. Write " < A HREF = ?Page = 1 >第一页 </A > "
Response. Write " < A HREF = ?Page = " &( Page-1) &" > 上一页 </A > "
End If
If Page < > Rs. PageCount Then
Response. Write " < A HREF = ?Page = " &( Page +1) & " > 下一页 </A > "
Response. Write " < A HREF = ?Page = " & Rs. PageCount & " >最后一页 </A > "
End If
% >
页数： <font color = "Red" > <% = Page% >/ <% = Rs. PageCount% > </font >输入页数：
    < input TYPE = "TEXT" Name = "Page" SIZE = "3" >
    < input type = "submit" name = "Submit" value = "转到"  >
</form >
</p >
<!--新闻列表输出结束-- >
```

③新闻内容显示页面（ShowNews. asp）：在首页 index. asp 或者新闻列表页面 List. asp 中，单击任何一个新闻标题的超链接，都会进入到新闻内容显示页面。该页面显示新闻的详细内容（图 8 – 17）。

ShowNews. asp 页面主要程序代码如下：

```
<! --#include file = "conn. asp"-- >
<%
Dim SqlStr, Rs, ID
```

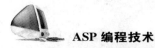

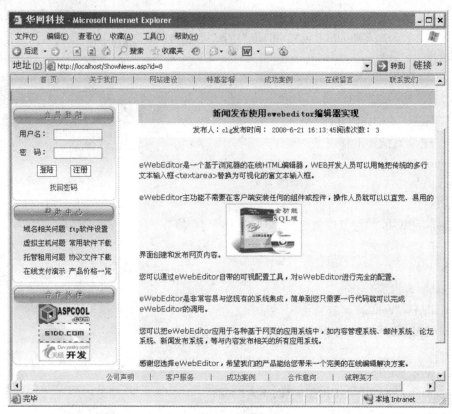

图 8 – 17　新闻内容显示页面

```
ID = Replace( Request. QueryString( "ID") , "'", "")
Set Rs = Server. CreateObject( "ADODB. RecordSet")
SqlStr = "select * from HW_News where id = "&ID
'调用包含文件中的 OpenConn( ) 过程，建立与数据库的连接
Call OpenConn( )
Rs. Open SqlStr, conn, 1, 3
'更新浏览次数
Rs( "Hits") = Rs( "Hits") + 1
Rs. update
% >
 < table width = "500" border = "0" align = "center" >
  < tr >
   < td height = "30" align = "center" bgcolor = "#CCCCCC" class = "font14" > < % =
Rs( "title") % > </td >
  </tr >
  < tr >
   < td align = "center" > 发布人：< % = Rs( "Author") % > 发布时间：< % = Rs
( "AddDate") % > 阅读次数：< % = Rs( "Hits") % > </td >
```

```
   </tr>
   <tr>
     <td bgcolor = "#F4F4F4" >         <% = Rs("Content") % >
</td>
   </tr>
 </table>
 <% Call CloseConn() % >
```

④新闻类别管理页面（Admin_NewsType. asp）：进入到网站后台管理系统，可以对新闻分类进行添加、修改、删除操作。效果如图 8 – 18 所示。

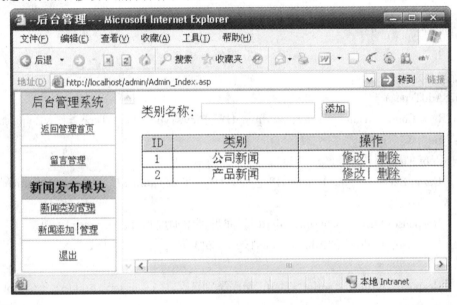

图 8 – 18　新闻内容显示页面

Admin_NewsType. asp 页面主要程序代码如下：

```
<! --#include file = "Session. asp"-- >
<!--#include file = "../conn. asp"-- >
<form name = "form1" method = "post" action = "?Action = Add" >
 类别名称：
 <input name = "NewsType" type = "text" id = "NewsType" >
 <input type = "submit" name = "Submit" value = "添加" >
</form >
<TABLE width = 407 height = "48" border = 1 cellPadding = 0 cellSpacing = 0 bordercolor =
"#000000" bordercolordark = "#FFFFFF" >
 <TR >
   <TD
height = 21 align = "center" bgcolor = "#CCCCCC" > ID </TD >
   <TD align = "center" bgcolor = "#CCCCCC" >类别 </TD >
```

```asp
    < TD align = "center" bgcolor = "#CCCCCC" >操作</TD >
  </TR >
 <%
Dim SqlStr, Rs, Act
'调用包含文件中的 OpenConn( )过程，建立与数据库的连接
Call OpenConn( )
Act = Request. QueryString( "Action")
If Act = "Add" Then
Call AddType( )
ElseIf Act = "Del" Then
Call DelType( )
End If
'新闻类别添加
Sub AddType( )
Set Rs = Conn. Execute( "select * from HW_NewsType where Type = '" &Request. Form
( "NewsType") &"'")
 If Rs. eof Then
     Conn. Execute( "insert into HW_NewsType( Type) values( '" &Request. Form( "New-
sType") &"') ")
     Response. Write( " < script > alert( '新闻类别添加成功') ; </script > ")
     Response. Redirect( "Admin_NewsType. asp")
 Else
     Response. Write( " < script > alert( '新闻类别已存在') ; history. back( ) ; </script > ")
 End If
 End Sub
'新闻类别删除
Sub DelType( )
Conn. Execute( "delete from HW_NewsType where C_ID = " &Request. QueryString( "ID") )
Response. Write( " < script > alert( '新闻类别删除成功') ; </script > ")
Response. Redirect( "Admin_NewsType. asp")
End Sub

SqlStr = "select * from HW_NewsType"
Set Rs = Server. CreateObject( "ADODB. RecordSet")
Rs. Open SqlStr, Conn, 1, 1
Do While not Rs. eof
% >
  < TR >
 < TD width = 39
```

```
height = 21 align = "center" > < % = Rs("C_ID") % > < /TD >
< TD width = 166 align = "center" > < % = Rs("Type") % > < /TD >
    < TD width = 194 align = "center" >
< a href = " Admin_NewsTypeEdit. asp? ID = < % = Rs("C_ID") % > " > 修改 < /a > |
< a href = "? Action = Del&ID = < % = Rs("C_ID") % > " > 删除 < /a > < /TD >
  < /TR >
< %
Rs. MoveNext
Loop
Call CloseConn( )
% >
< /TABLE >
```

Admin_NewsTypeEdit. asp 页面主要程序代码如下：

```
< ! --#include file = "Session. asp"-- >
< ! --#include file = ". . /conn. asp"-- >
< %
Dim SqlStr, Rs
'调用包含文件中的 OpenConn( )过程，建立与数据库的连接
Call OpenConn( )
If Request. QueryString("Action") = "Change" Then
Call ChangeType( )
End If

SqlStr = "select * from HW_NewsType where C_ID = "&Request. QueryString("ID")
Set Rs = Conn. Execute( SqlStr)

'新闻类别修改
Sub ChangeType( )
Set Rs = Conn. Execute( "select * from HW_NewsType where Type = '"&Request. Form("
NewsType") &"'")
  If Rs. eof Then
    SqlStr = "update HW_NewsType set Type = '"&Request. Form("NewsType") &"' where
C_ID = "&Request. QueryString("C_ID")
    Conn. Execute( SqlStr)
    Call CloseConn( )
    Response. Write( " < script >alert('新闻类别修改成功'); < /script > ")
    Response. Redirect( "Admin_NewsType. asp")
  Else
```

Response. Write(" < script > alert('新闻类别已存在') ; history. back( ) ; < / script > ")
End If
End Sub
% >
　< form name = "form1" method = "post" action = "? Action = Change&C _ID = < % = Request. QueryString("ID") % > " >

　　类别名称：

　　< input name = " NewsType" type = " text" id = " NewsType" value = " < % = Rs ("Type") % > " >

　　< input type = "submit" name = "Submit" value = "修改" >

　< / form >

　< % Call CloseConn( ) % >

⑤新闻添加页面（Admin_News_add. asp）：管理员进入到网站管理后台，点击"添加新闻"超链接，可以在此页面中输入新闻相关信息，点击"提交"按钮可以发布新闻信息。目前 WEB 开发人员把传统的多行文本输入框 < textarea > 替换为可视化在线 HTML 编辑器，可以像 Word 办公软件一样，进行新闻信息的图文混排，实现所见即所得的效果，操作非常简单，易用。市场上较流行的在线编辑器有 eWebEditor、FCKeditor，HTMLArea 等。本书采用的是 eWebEditor。新闻添加页面效果如图 8 - 19 所示。

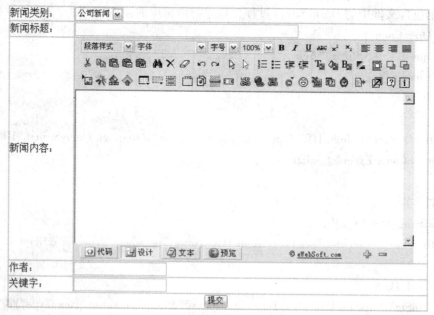

图 8 - 19　新闻添加页面

Admin_News_add. asp 页面主要程序代码如下：

```
< ! --#include file = "Session. asp"-- >
< ! --#include file = ". . /conn. asp"-- >
< %
```

```
Dim SqlStr, Rs
'调用包含文件中的 OpenConn() 过程，建立与数据库的连接
Call OpenConn()
If Request. QueryString("Action") = "Add" Then
SqlStr = "insert into HW_News( C_ID, title, content, author, keywords) values( "
SqlStr = SqlStr&Request. Form( "Type") &", '"&Request. Form( "title") &"', '"
SqlStr = SqlStr&Request. Form( "content") &"', '"&Request. Form( "author") &"', '"
SqlStr = SqlStr&Request. Form( "keyword") &"') "
'下面语句将注释去除，可以调试 SQL 语是否正确
'Response. Write( SqlStr)
'Response. End()
Conn. Execute SqlStr
Call CloseConn()
Response. Write " < script > alert ('新闻添加成功!!!'); location. href = 'Admin_
News. asp' < /script > "
End If
% >
< form name = "form1" method = "post" action = "? Action = Add" >
    < table width = "682" height = "464" border = "1" cellpadding = "0" cellspacing = "0"
bordercolor = "#CCCCCC" >
        < tr >
            < td width = "105" >新闻类别： < /td >
            < td width = "571" >
        < select name = "Type" id = "Type" >
        < %
            SqlStr = "select * from HW_NewsType"
            Set Rs = Conn. Execute( SqlStr)
            Do While not Rs. eof
    % >
        < option value = " < % = Rs( "C_ID") % > " > < % = Rs( "Type") % > < /option >
    < %
            Rs. MoveNext
            Loop
    % >
            < /select >
            < /td >
        < /tr >
        < tr >
            < td >新闻标题： < /td >
```

```
< td > < input name = "title" type = "text" id = "title" size = "50" > </td >
</tr >
< tr >
< td >新闻内容：</td >
< td >
< textarea name = "content" cols = "50" rows = "10" id = "content" style = "display:
none" > </textarea >
< iframe id = "form1" src = "ewebeditor/ewebeditor. asp? id = content&style = s_blue"
frameborder = "0" scrolling = "no" width = "550" height = "350" > </iframe >
</td >  </tr >
< tr >
< td >作者：</td >
< td > < input name = "author" type = "text" id = "author" > </td >
</tr >
< tr >
< td >关键字：</td >
< td > < input name = "keyword" type = "text" id = "keyword" > </td >
</tr >
< tr >
< td colspan = "2" align = "center" > < input type = "submit" name = "Submit"
value = "提交"  > </td >
</tr >
</table >
</form >
< % Call CloseConn( )% >
```

注意：读者可以到 http：//www. ewebeditor. net/download. asp 下载 ewebeditor 编辑器。使用时在 Admin 文件夹中创建 ewebeditor 文件夹，将编辑器所需文件放置其中。在显示编辑器的位置插入如下代码：

```
< iframe id = "form1" src = "ewebeditor/ewebeditor. asp? id = content&style = s_blue"
frameborder = "0" scrolling = "no" width = "550" height = "350" > </iframe >
```

实现编辑器的功能，同时需要借助于一个隐藏的多行文本框，代码如下：

```
< textarea name = "content" cols = "50" rows = "10" id = "content" style = "display: none" >
</textarea >
```

※重要提示：ASP 调试技巧

在执行 Conn. Execute SqlStr 之前，用 Response. Write（SqlStr）在浏览器中显示出要执行的 SQL 语句，并结合 Response. End（）要求 ASP 程序不再继续执行，就可以得到 SQL 语句。在浏览器中可以分析 SQL 语句是否正确，也可将 SQL 语句复制到 Access 的"查询"中执行，确定 SQL 语句是否正确。切记这种非常有效程序错误的调试方法。

在开始调试服务器端脚本时，将 Web 服务器配置为支持 ASP 调试，并启用向客户端发送详细的错误信息选项，如图 8 – 20 所示。

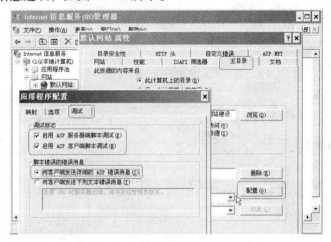

图 8 – 20　IIS 属性配置对话框

如果在页面打开时，只看到 500 服务器内部错误码的页面，此时可以修改 IE 浏览器的设置。在"Internet 选项"中，选择"高级"选项卡，将"显示友好的 HTTP 错误信息"前面的勾去掉。重启 IE 浏览器就可以看到详细的错误信息。如图 8 – 21 所示。

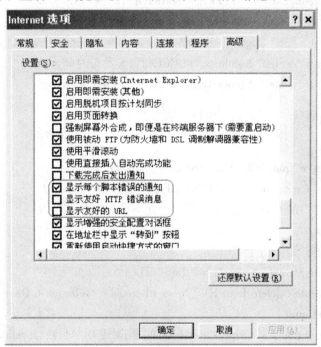

图 8 – 21　Internet 选项对话框

⑥新闻管理页面（Admin_News. asp）：完成新闻信息的列表显示，管理员可以进行新闻的修改、删除操作。删除操作的处理在本页完成。效果如图 8 – 22 所示。

Admin_News. asp 页面主要程序代码如下：

```
< ! --#include file = "Session. asp"-- >
```

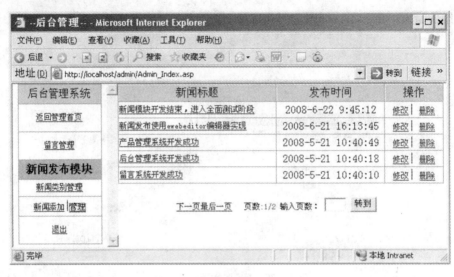

图 8 – 22　新闻管理页面

```
<!--#include file = "../conn.asp"-->
<table width = "491" height = "52" border = "1" align = "center" cellpadding = "0" cell-
spacing = "0" bordercolordark = "#FFFFFF" bordercolor = "#999999">
    <tr>
        <td height = "26" align = "center" bgcolor = "#CCCCCC">新闻标题</td>
        <td align = "center" bgcolor = "#CCCCCC">发布时间</td>
        <td align = "center" bgcolor = "#CCCCCC">操作</td>
    </tr>
<%
Dim SqlStr, Rs
SqlStr = "select * from HW_News order by AddDate desc"
Set Rs = Server.Createobject("ADODB.RECORDSET")
'调用包含文件中的 OpenConn() 过程, 建立与数据库的连接
Call OpenConn()
'点击删除链接, 删除指定 ID 记录
If Request.QueryString("Action") = "Del" Then
    Conn.Execute "delete from HW_News where id = "&Request.QueryString("id")
    Call CloseConn()
    Response.Write "<script>alert('新闻删除成功!!!'); location.href = 'Admin_
News.asp'</script>"
End If
Rs.Open SqlStr, conn, 1, 1
if not Rs.eof then
    pages = 10 '定义每页显示的记录数
    Rs.pageSize = pages '定义每页显示的记录数
```

```
allPages = Rs. pageCount '计算一共能分多少页
page = Request. QueryString( "page") '通过分页超链接传递的页码
'if 语句属于基本的排错处理
    if isEmpty( page) or Cint( page) <   1 then
        page = 1
    elseif Cint( page) > allPages then
        page = allPages
    end if
'设置记录集当前的页数
Rs. AbsolutePage = page
Do while not Rs. eof and pages > 0
'这里输出你要的内容………………
% >
  < tr >
    < td width = "236" height = "24" >
< a href = .. /ShowNews. asp?id = <% = Rs( "id") % > target = "_blank" >
    <% = Rs( "title") % >
</ a >
</ td >
    < td width = "160" align = "center" > <% = Rs( "AddDate") % > </ td >
    < td width = "87" align = "center" >
  < a href = Admin_NewsEdit. asp?id = <% = Rs( "id") % > >修改 </ a > |
  < a href = ?Action = Del &id = <% = Rs( "id") % > >删除 </ a > </ td >
  </ tr >
< %
    pages = pages - 1
    '记录集指针下移一条
    Rs. MoveNext
Loop
else
Response. Write( "数据库暂无内容!" )
End if
% >
</ table >
< p align = "center" >
< form Action = "GuestBook. asp" Method = "GET" >
< %
If Page < >1 Then
Response. Write " < A HREF = ?Page =1 >第一页 </ A > "
```

Response. Write " < A HREF = ?Page = " &(Page-1) &" > 上一页 </A >"

End If

If Page < > Rs. PageCount Then

Response. Write " < A HREF = ?Page = " &(Page + 1) & " > 下一页 </A >"

Response. Write " < A HREF = ?Page = " & Rs. PageCount & " > 最后一页 </A >(i)"

End If

% >

页数：< font color = "Red" > < % = Page% >/ < % = Rs. PageCount% > </font >输入页数：

   < input TYPE = "TEXT" Name = "Page" SIZE = "3" >

   < input type = "submit" name = "Submit" value = "转到"   >

</form >

</p >

< % Call CloseConn( )% >

在 Admin_News. asp 页面点击"修改"超链接，将转到 Admin_NewsEdit. asp 页面。该页面首先获取 ID，到数据库中检索指定 ID 记录内容，将相关信息显示在修改表单中。内容更改后，点击"修改"按钮提交至本页进行记录的修改处理。效果如图 8 - 23 所示。

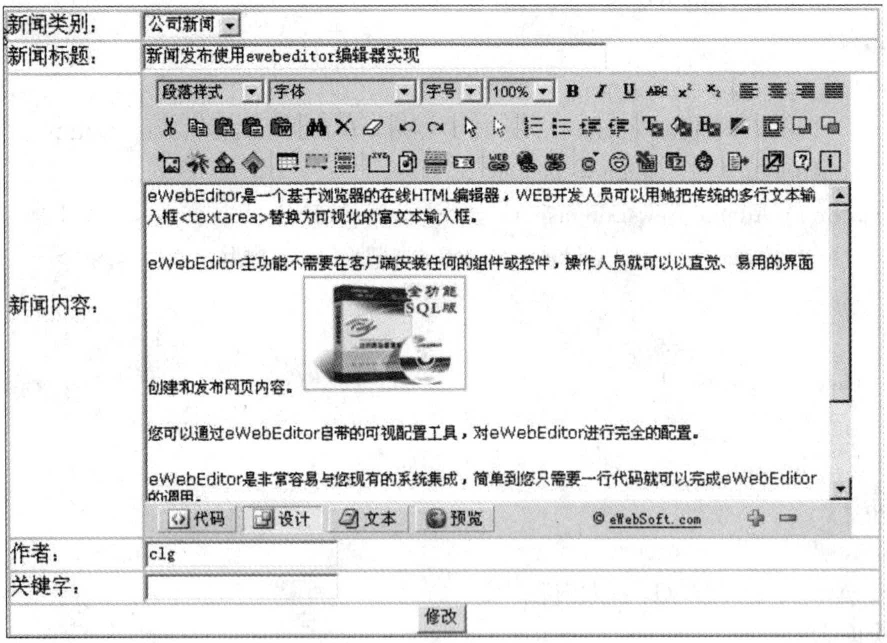

图 8 - 23　新闻信息修改页面

Admin_NewsEdit. asp 页面主要程序代码如下：

< ! --#include file = "Session. asp"-- >

< ! --#include file = ". . / conn. asp"-- >

< %

语 Dim SqlStr, Rs

'调用包含文件中的 OpenConn( ) 过程，建立与数据库的连接

Call OpenConn( )

SqlStr = "select ＊ from HW_News where id = "&Request. QueryString("id")

Set Rs = Server. Createobject("ADODB. RECORDSET")

Rs. Open SqlStr, conn, 1, 3

'点击修改按钮，提交回本页进行记录修改

If Request. QueryString("Action") = "Change" Then

Rs("C_ID") = Request. Form("Type")

Rs("title") = Request. Form("title")

Rs("content") = Request. Form("content")

Rs("author") = Request. Form("author")

Rs("keywords") = Request. Form("keyword")

Rs. Update

Call CloseConn( )

Response. Write " ＜ script ＞ alert (＇新闻修改成功!!!＇); location. href =＇Admin _ News. asp＇＜/script ＞ "

End If

％ ＞

＜ form name = "form1" method = "post" action = "? Action = Change&id = ＜％ = Request. QueryString("id")％ ＞ " ＞

＜ table width = "682" height = "464" border = "1" cellpadding = "0" cellspacing = "0" bordercolor = "#CCCCCC" ＞

＜ tr ＞

＜ td width = "105" ＞新闻类别：＜/td ＞

＜ td width = "571" ＞

＜ select name = "Type" id = "Type" ＞

＜％

SqlStr = "select ＊ from HW_NewsType"

Set RsType = Conn. Execute(SqlStr)

Do While not RsType. eof

％ ＞

＜ option value = " ＜％ = RsType("C_ID")％ ＞ " ＜％ If RsType("C_ID") = Rs("C _ID") Then％ ＞Selected ＜％ End If％ ＞ ＞

＜％ = RsType("Type")％ ＞

＜/option ＞

＜％

RsType. MoveNext

Loop

RsType. Close

```
         Set  RsType = Nothing
    % >
        </select >
        </td >
    </tr >
    <tr >
      <td >新闻标题: </td >
      <td > < input name = "title" type = "text" size = "50" value = " <% = Rs("ti-
tle") % > " > </td >
      </tr >
      <tr >
      <td >新闻内容: </td >
      <td >
    < textarea name = "content" cols = "50" rows = "10" id = "content" style = "display:
none" >
        <% = Server. HTMLEncode( Rs("content") ) % >
    </textarea >
    < iframe id = "form1" src = "ewebeditor/ewebeditor. asp? id = content&style = s_blue"
frameborder = "0" scrolling = "no" width = "550" height = "350" >
        </iframe > </td >
      </tr >
      <tr >
        <td >作者: </td >
        <td > < input name = "author" type = "text" value = " <% = Rs("author") % > " >
</td >
        </tr >
        <tr >
        <td >关键字: </td >
         < td > < input  name = "keyword"  type = "text"  value = " <%  = Rs ( "key-
words") % > " > </td >
        </tr >
        <tr >
        <td colspan = "2" align = "center" > < input type = "submit" name = "Submit"
value = "修改"  > </td >
        </tr >
      </table >
    </form >
    <% Call CloseConn( ) % >
```

注意: 修改表单中下拉列表框中的数据是从 HW_NewsType 分类表读取的, 因为上面的程序中使用了 RS 变量，不能重复使用 Rs，所以本处使用 RsType 变量。另下拉列表框要能自动选中新闻所属的类别，本例是通过判断分类下拉列表中的 C_ID 值是否与当前新闻的分类 C_ID 值相同，如果相同则将某下拉列表项设置属性值 Selected，即默认为选中。

在 html 编辑器中显示从 HW_News 表读取的 content 字段内容，应将值赋给 textarea 多行文本输入框，并将 content 字段内容使用 Server 对象的 HTMLEncode 方法进行处理。

8.2.4　任务：产品展示模块

互联网行业发展迅猛，电子商务也越来越成熟。随着数码相机、扫描仪等数字化产品的普及，人们拥有越来越多的数码照片。这种照片易于保存，更能方便地在 Internet 上传播。在网络上发布公司产品的照片，已经成为企业普遍采取的方式。产品展示模块将会使您的网站能够轻松的实现产品的添加、图片的上传及管理。本节使用产品展示模块实现网站中的客户案例栏目，为大家讲述一个产品展示模块的制作。

（1）系统主要功能　用户进入网站可以查看最近发布的图片类信息，点击图片或文字标题可以查看具体内容。在所有产品列表页面，能够根据产品类别进行某一类产品查看。

管理员进行后台管理系统，可以方便的进行产品添加，并可以进行产品的修改、删除等操作。

（2）系统文件组成　index.asp：网站首页文件，本例中用来说明如何进行"成功案例"栏目数据提取。

ProductList.asp：更多客户案例列表页面，通常是点击"MORE..."进入本页。

ProductShow.asp：显示详细内容页面。

Admin_ProductType.asp：后台产品分类管理页面，可进行产品分类的"添加"、"修改"、"删除"操作。

Admin_ProductTypeEdit.asp：后台产品分类修改页面。

Admin_Product_add.asp：后台产品添加页面。

Admin_Product.asp：后台产品管理页面，可进行产品"修改"、"删除"操作。

Admin_ProductEdit.asp：后台产品修改页面。

（3）系统数据库设计　产品展示系统可以实现按照产品类别进行产品信息发布及管理，为实现本系统功能，需要在 HwData.mdb 数据库中增加两张数据表。

产品类别表（HW_ProductType）：存储产品类别，P_ID 字段为表的主键字段，在 HW_Products 表会引用该字段。各字段的含义如图 8 - 24 所示。

字段名称	数据类型	说明
P_ID	自动编号	产品类别ID
Type	文本	产品类型

图 8 - 24　产品类别表

产品信息表（HW_Products）：存储产品的具体内容，表的各字段名称及相关说明如图 8 - 25 所示。

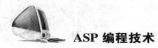

字段名称	数据类型	说明
ProID	自动编号	产品ID
P_id	数字	产品分类ID
Title	文本	产品名称
PhotoUrl	文本	产品小图
ProIntro	备注	产品简介
Hits	数字	总浏览数
AddDate	日期/时间	更新时间

图 8 – 25　产品信息表

（4）产品发布模块功能实现

①首页产品栏目显示页面（index. asp）：在首页"成功案例"栏目，将后台产品发布模块发布的最新 4 条数据读取显示。提供图片和文字的超链接，使用户可以点击查看更详细的信息。效果如图 8 – 26 所示。

图 8 – 26　成功案例栏目

功能实现的主要程序代码如下：

　<!--成功案例显示开始，本处无需包含 conn. asp, 首页实现新闻快递功能时已包含

-->

```
< table width = "32%"    border = "0" cellspacing = "5" >
  < tr >
  < %
SqlStr = "select top 4  *  from HW_Products order by AddDate desc"
Rs. Open SqlStr, Conn, 1, 1
i = 1
Do While not Rs. eof
% >
< td align = "center" >
< a href = "ProductShow. asp?ID = < % = Rs( "ProID") % > " >
< img src = "upfiles/ < % = Rs( "PhotoUrl") % > " width = "240" height = "200" border = "0" > </a >
  < br >
  < a href = "ProductShow. asp?ID = < % = Rs( "ProID") % > " > < % = Rs( "Title") % > </a >
  </td >
  < %
If i mod 2 = 0 Then Response. Write" </tr > < tr >"
i = i + 1
Rs. MoveNext
loop
Rs. Close
% >
  </tr >
</table >
```

<!--成功案例显示结束-->

注意：产品信息在显示时通常产品的图片、产品的名称及主要的参数，本例中只显示产品的图片与产品的名称。代码实现时与留言信息、新闻信息相似，但要注意本处采用判断语句进行每行 2 列的技术处理。

②产品显示列表页面（ProductList. asp）：进行所有产品的显示，并可根据左侧提供的产品分类，进行分类查看。本页与②新闻信息列表页面（List. asp）功能相似，读者可以结合②新闻信息列表页面与①首页产品栏目显示页面的处理，自行将本页功能实现。效果如图 8 - 27 所示。

③产品详细信息显示页面（ProductShow. asp）：在首页"成功案例"栏目或产品显示列表页面点击产品图片或产品名称的超链接，即可进入本页进行产品的详细内容显示，效果如图 8 - 28 所示。

ProductShow. asp 主要程序代码如下：

```
<! --#include file = "conn. asp"-->
```

图 8 – 27　产品显示列表页面

图 8 – 28　产品详细信息显示页面

```
< %
Dim SqlStr, Rs, ID
ID = Replace( Request. QueryString( "ID") , "'", "")
Set Rs = Server. CreateObject( "ADODB. RecordSet")
SqlStr = "select * from HW_Products where ProID = "&ID
'调用包含文件中的 OpenConn( )过程，建立与数据库的连接
Call OpenConn( )
Rs. Open SqlStr, conn, 1, 3
'更新浏览次数
Rs( "Hits") = Rs( "Hits") + 1
Rs. update
% >
< table width = "500" border = "0" align = "center" >
  < tr >
    < td height = "30" align = "center" bgcolor = "#CCCCCC" class = "font14" > < % = Rs
( "title") % > </td >
  </tr >
  < tr >
    < td align = "center" >
< img src = "upfiles/ < % = Rs( "PhotoUrl") % > " border = "0" >
< br > : < % = Rs( "Hits") % > 
</td >
  </tr >
  < tr >
    < td bgcolor = "#F4F4F4" >       < strong > 项目简介： </strong >
  < % = Rs( "ProIntro") % > </td >    </tr > </table >
< % Call CloseConn( ) % >
```

④产品分类管理页面与产品分类修改页面：Admin_ProductType. asp 与 Admin_Product-
TypeEdit. asp 为后台程序页面，分别实现对产品分类的管理及修改功能。功能与效果与新
闻分类维护相似，请参考④新闻类别管理页面。

⑤产品添加页面（Admin_Product_add. asp）：管理员进入后台可以方便的进行产品添
加，产品简介项采用 html 在线编辑器收集信息。产品图片项采用无组件上传技术，将产
品图片上传至站点根目录下的 upfiles 文件夹中，同时将上传后的图片名称存入数据库 HW
_Products 表的 PhotoUrl 字段。产品添加页面效果如图 8 - 29 所示。

Admin_Product_add. asp 主要程序代码如下：

```
< ! --#include file = "Session. asp"-- >
< ! --#include file = ".. /conn. asp"-- >
< %
Dim SqlStr, Rs
```

图 8 - 29 产品添加页面

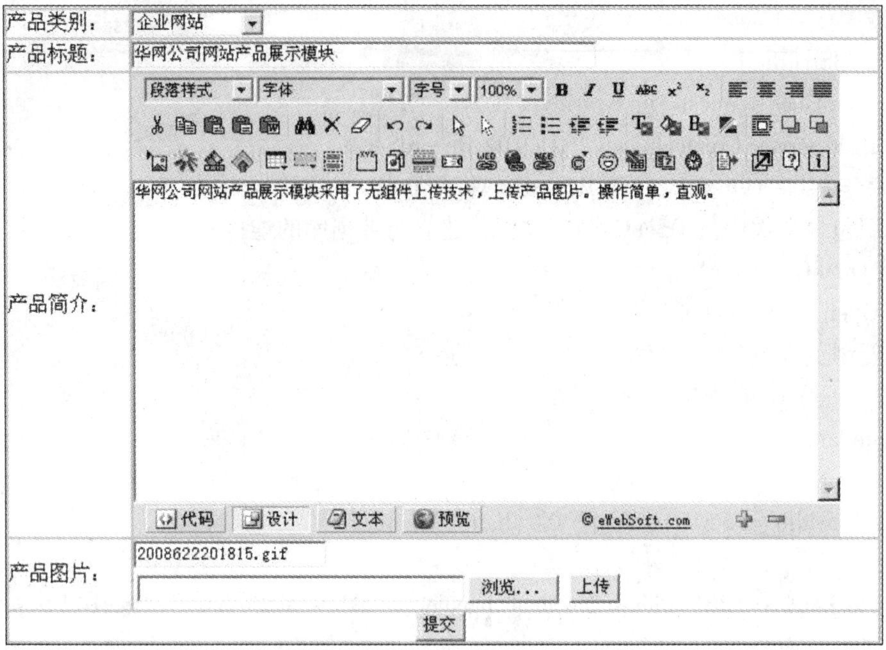

'调用包含文件中的 OpenConn( )过程，建立与数据库的连接

Call OpenConn( )

If Request. QueryString("Action") = "Add" Then

SqlStr = "insert into HW_Products(P_ID, title, PhotoUrl, ProIntro, AddDate) values("

SqlStr = SqlStr&Request. Form("Type") &", '"&Request. Form("title") &"', '"

SqlStr = SqlStr&Request. Form("cp_pic") &"', '"&Request. Form("content") &"', '"

SqlStr = SqlStr&Now( ) &"') "

'下面语句将注释去除，可以调试 SQL 语是否正确

'Response. Write(SqlStr)

Conn. Execute SqlStr

Call CloseConn( )

Response. Write " < script > alert('产品添加成功!!!')；location. href = 'Admin _ Product. asp' </script >"

End If

% >

< form name = "ProductForm" method = "post" action = "? Action = Add" >

    < table width = "682" height = "464" border = "1" cellpadding = "0" cellspacing = "0" bordercolor = "#CCCCCC" >

        < tr >

            < td width = "105" >产品类别：</td >

            < td width = "571" >

```
< select name = "Type" id = "Type" >
< %
    SqlStr = "select  *  from HW_ProductType"
    Set Rs = Conn. Execute( SqlStr)
    Do While not Rs. eof
% >
    < option value = " < % = Rs( "P_ID") % > " > < % = Rs( "Type") % > < /option >
< %
    Rs. MoveNext
    Loop
% >
    < /select >              < /td >
  < /tr >
  < tr >
    < td >产品标题：< /td >
    < td > < input name = "title" type = "text" id = "title" size = "50" > < /td >
  < /tr >
  < tr >
    < td >产品简介：< /td >
    < td >
< textarea name = "content" cols = "50" rows = "10" id = "content" style = "display:
none" >  < /textarea >  < iframe  id  = " form1 "  src  = " ewebeditor/ewebeditor. asp?  id  =
content&style = s_blue" frameborder = "0" scrolling = "no" width = "550" height = "350" > < /if-
rame > < /td >
  < /tr >
  < tr >
    < td >产品图片：< /td >
    < td >
< input name = "cp_pic" type = "text" id = "cp_pic" >
< iframe name = "ad" frameborder = 0 width = 580 height = 30 scrolling = no src = up-
load. asp > < /iframe >
    < /td >
  < /tr >

  < tr >
    < td colspan = "2" align = "center" > < input type = "submit" name = "Submit"
value = "提交"  > < /td >
  < /tr >
< /table >
```

```
</form >
< % Call CloseConn( ) % >
```

在 Admin_Product_add. asp 中使用 iframe 标记包含了 upload. asp 文件上传界面文件。upload. asp 文件主要程序代码如下:

```
< body leftmargin = "0" topmargin = "0" >
< table >
    < form name = "form" method = "post" action = "upfile. asp" enctype = "multipart/
form-data" >
    < tr >
        < td >
        < input type = "hidden" name = "filepath" value = "uploadImages" >
        < input type = "hidden" name = "act" value = "upload" >
        < input class = c type = "file" name = "file1" size = 35 >
        < input type = "submit" name = "Submit" value = "上传" class = c >
        </td >
    </tr > </form >
</table >
< % if  Request. QueryString ( " FileName") < > "" then  Response. Write  " < script >
parent. ProductForm. cp_pic. value = '"&Request. QueryString( "FileName") &"' </script >"% >
```

点击"浏览"按钮,选择本地图片文件后点击"上传"按钮,将表单数据提交至 upfile. asp 文件进行处理。程序将图片保存至 upfiles 文件夹中,并将上传后的文件中返回到添加产品表单的 cp_pic 文本框中。upfile. asp 文件主要程序代码如下:

```
< ! --#include FILE = "upload. inc"-- >
< %
Dim upload, file, formName, formPath, iCount, filename, fileExt
Set upload = new upload_5xSoft '建立上传对象
'图片上传文件夹
formPath = "/upfiles"
'在目录后加 (/)
If right( formPath, 1) < > "/" Then formPath = formPath&"/"
iCount = 0
For each formName In upload. file '列出所有上传了的文件
    Set file = upload. file( formName)    '生成一个文件对象
    If file. filesize < 100 Then
        Response. Write " < font size = 2 > 请先选择你要上传的图片    [  < a href = # on-
click = history. go( -1) > 重新上传 </a > ] </font >"
Response. End
    End if
```

```
If file. filesize > 100000 Then
    Response. Write " < font size = 2 > 图片大小超过了限制    [ < a href = # onclick =
history. go( -1) > 重新上传 </a> ] </font >"
Response. End
    End If


    fileExt = lcase( right( file. filename, 4) )


    If fileEXT < >". gif" and fileEXT < >". jpg" and fileEXT < >". bmp" Then
        Response. Write " < font size = 2 > 文件格式不对    [ < a href = # onclick = histo-
ry. go( -1) > 重新上传 </a> ] </font >"
Response. End
    End If
    Randomize
    ranNum = int( 90000 * rnd) + 10000
filename = formPath&year( now) &month( now) &day( now) &hour( now) &minute( now) &second
( now) &fileExt
filename1 = year ( now) &month ( now) &day ( now) &hour ( now) &minute ( now) &second
( now) &fileExt
    If file. FileSize >0 Then            '如果 FileSize > 0 说明有文件数据
    file. SaveAs Server. Mappath( filename)    '保存文件
    Response. Write    fielname1
        iCount = iCount + 1
    End If
    Set file = nothing
Next
Set upload = nothing    '删除此对象
Session( "upface") = "done"
Sub HtmEnd( Msg)
    set upload = nothing
    Response. Write "图片上传成功"
    Response. End
End Sub
% >
</body> </html >
< % Response. Redirect( "upload. asp?FileName = "&Filename1&"") % >
```

upfile. asp 文件中使用 < ! --#include FILE = " upload. inc" -- > 语句包含了 upload. inc 文件，该文件为化境 ASP 无组件上传类文件，大家可以在互联网中搜索该文件。

⑥产品管理页面（Admin_Product. asp）：显示所有产品信息列表，当产品较多时自动

采用分页显示形式。点击"编辑"、"删除"链接，可进行产品"修改"、"删除"操作。
页面效果如图 8 – 30 所示。

图 8 – 30   产品管理页面

Admin_Product. asp 主要程序代码如下：

< link href = "css/css. css" rel = "stylesheet" type = "text/css" / >

< ! --#include file = "Session. asp"-- >

< ! --#include file = ". . /conn. asp"-- >

< table width = "564" height = "52" border = "1" align = "center" cellpadding = "0" cell-spacing = "0" bordercolordark = "#FFFFFF" bordercolor = "#999999" >

  < tr >

    < td height = "26" align = "center" bgcolor = "#CCCCCC" >产品名称 </td >

    < td align = "center" bgcolor = "#CCCCCC" >产品图片 </td >

    < td align = "center" bgcolor = "#CCCCCC" >发布时间 </td >

    < td align = "center" bgcolor = "#CCCCCC" >操作 </td >

  </tr >

< %

Dim SqlStr, Rs

SqlStr = "select * from HW_Products order by AddDate desc"

Set Rs = Server. Createobject("ADODB. RECORDSET")

'调用包含文件中的 OpenConn( )过程，建立与数据库的连接

Call OpenConn( )

'检查组件是否被支持

```
Public Function IsObjInstalled( ClassString)
    Dim xTestObj
    Set xTestObj = Server. CreateObject( ClassString)
    If Err Then
        IsObjInstalled = False
    else
        IsObjInstalled = True
    end if
    Set xTestObj = Nothing
End Function
'点击删除链接，删除指定 ID 记录与记录相关图片
If Request. QueryString( "Action") = "Del" Then
    '查找要删除 ID 记录，判断图片字段是否有值，有将其删除
    Set RsPic = Conn. Execute ( " select * from HW _ Products where Proid = "
&Request. QueryString( "id") )
    If not RsPic. Eof Then
        '图片字段不为空
        If Trim( RsPic( "PhotoUrl") ) < >"" Then
            If not IsObjInstalled( "Scripting. FileSystemObject") Then
                Response. Write " < script > alert('服务器不支持 FSO! 图片无法删除。');
</script > "
            Else
                Set fso = Server. CreateObject( "Scripting. FileSystemObject")
                '如果文件存在，将其删除
                If fso. FileExists( Server. Mappath( "/upfiles/"&RsPic( "PhotoUrl") ) ) Then
                    fso. DeleteFile
Server. Mappath( "/upfiles/"&RsPic( "PhotoUrl") ) , True
                End If
            End If
        End If
    End If
    '图片删除后，删除数据库记录
    Conn. Execute "delete from HW_Products where Proid = "&Request. QueryString( "id")
    'Call CloseConn( )
    Response. Write " < script > alert('产品删除成功!!!'); location. href = 'Admin_
Product. asp' </script > "
End If
Rs. Open SqlStr, conn, 1, 1
if not Rs. eof then
```

```
    pages  =  10  '定义每页显示的记录数
    Rs. pageSize  =  pages  '定义每页显示的记录数
    allPages  =  Rs. pageCount  '计算一共能分多少页
    page  =  Request. QueryString( "page")  '通过分页超链接传递的页码
    'if 语句属于基本的排错处理
    if isEmpty( page) or Cint( page) <   1 then
        page  = 1
    elseif Cint( page) > allPages then
        page  =  allPages
    end if
'设置记录集当前的页数
Rs. AbsolutePage  =  page
Do while not Rs. eof and pages  > 0
'这里输出你要的内容…………………
% >
  < tr >
    < td width = "201" height = "24" >
< a href = . . /ProductShow. asp?id = <% = Rs( "Proid") % > target = "_blank" >
  <% = Rs( "title") % > </a >
</ td >
    < td width = "161" align = "center" >
< img src = ". . /upfiles/ <% = Rs( "PhotoUrl") % > " width = "120" height = "100" border =
"0" > </ td >
    < td width = "106" align = "center" > <% = Rs( "AddDate") % > </ td >
    < td width = "86" align = "center" >
  < a href = Admin_ProductEdit. asp?id = <% = Rs( "Proid") % > >编辑 </a > |
  < a href = ?Action = Del&id = <% = Rs( "Proid") % > >删除 </a > </ td >
  </ tr >
< %
    pages  =  pages - 1
    '记录集指针下移一条
    Rs. MoveNext
Loop
else
Response. Write( "数据库暂无内容!" )
End if
% >
</ table >
< p align = "center" >
```

```
< form Action = "Admin_Product. asp" Method = "GET" >
< %
If Page  < > 1 Then
Response. Write " < A HREF = ?Page = 1 >第一页 </A >"
Response. Write " < A HREF = ?Page = " &( Page-1) &" >上一页 </A >"
End If
If Page  < >  Rs. PageCount Then
Response. Write " < A HREF = ?Page = " &( Page +1) & " >下一页 </A >"
Response. Write " < A HREF = ?Page = " & Rs. PageCount & " >最后一页 </A >"
End If
% >
```

页数：< font color = "Red" > <% = Page% >/ <% = Rs. PageCount% > </font >输入页数：

```
< input TYPE = "TEXT" Name = "Page" SIZE = "3" >
< input type = "submit" name = "Submit" value = "转到"  >
</form >
</p >
```

注意：本页从数据库中删除指定 ID 记录前，首先从 HW_Products 表查询指定 ID 记录的 PhotoUrl 字段，判断其不为空值，使用 FSO 对象，将图片文件删除，然后再将记录从数据库删除。

Admin_Product. asp 页面点击"编辑"链接，到达 Admin_ProductEdit. asp 页面进行内容修改，页面效果与产品添加页面相似。效果如图 8 – 31 所示。

图 8 – 31　产品管理页面

Admin_ProductEdit. asp 主要程序代码如下：

```
< ! --#include file = "Session. asp"-- >
```

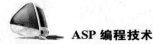

```
<! --#include file = ". . /conn. asp"-- >
<%
Dim SqlStr, Rs
'调用包含文件中的 OpenConn( ) 过程，建立与数据库的连接
Call OpenConn( )
SqlStr = "select * from HW_Products where ProID = "&Request. QueryString( "id")
Set Rs = Server. Createobject( "ADODB. RECORDSET")
Rs. Open SqlStr, conn, 1, 3
'检查组件是否被支持
Public Function IsObjInstalled( ClassString)
Dim xTestObj
Set xTestObj = Server. CreateObject( ClassString)
If Err Then
        IsObjInstalled = False
else
        IsObjInstalled = True
end if
Set xTestObj = Nothing
End Function
If Request. QueryString( "Action") = "Change" Then
'如果原有图片与提交后的图片不一致，则将原有的删除，写入新的图片名
If Rs( "PhotoUrl") < >Request. Form( "cp_pic") Then
        If IsObjInstalled( "Scripting. FileSystemObject") Then
            Set fso = Server. CreateObject( "Scripting. FileSystemObject")
            '如果文件存在，将其删除
            If fso. FileExists( Server. Mappath( "/upfiles/"&Rs( "PhotoUrl") ) ) Then
                fso. DeleteFile Server. Mappath( "/upfiles/"&Rs( "PhotoUrl") ) , True
            End If
        End If
End If
Rs( "P_ID") = Request. Form( "Type")
Rs( "title") = Request. Form( "title")
Rs( "PhotoUrl") = Request. Form( "cp_pic")
Rs( "ProIntro") = Request. Form( "content")
Rs. Update
Call CloseConn( )
Response. Write " < script > alert('产品修改成功!!!'); location. href = 'Admin _ Prod-
uct. asp' </script >"
    End If
```

```
% >
< form name = "ProductForm" method = "post" action = "?Action = Change&id = < % = Re-
quest. QueryString( "id") % > " >
    < table width = "682" height = "464" border = "1" cellpadding = "0" cellspacing = "0"
bordercolor = "#CCCCCC" >
        < tr >
          < td width = "105" > 产品类别： </td >
          < td width = "571" >
    < select name = "Type" id = "Type" >
    < %
        SqlStr = "select * from HW_ProductType"
        Set RsType = Conn. Execute( SqlStr)
        Do While not RsType. eof
    % >
        < option value = " < % = RsType( "P_ID") % > " < % If RsType( "P_ID") = Rs( "P_
ID") Then% > Selected < % End If% > >
        < % = RsType( "Type") % >
        </ option >
    < %
        RsType. MoveNext
        Loop
        RsType. Close
        Set RsType = Nothing
    % >
        </ select >          </ td >
    </ tr >
    < tr >
    < td > 产品标题： </ td >
    < td > < input name = "title" type = "text" size = "50" value = " < % = Rs( "title") %
> " > </ td >
    </ tr >
    < tr >
    < td > 产品简介： </ td >
    < td >
< textarea name = " content" cols = "50" rows = "10" id = " content" style = " display:
none" >
< % = Rs( "title") % >
</ textarea >
< iframe id = " form1 " src = " ewebeditor/ewebeditor. asp? id = content&style = s _ blue"
```

263

```
frameborder = "0"  scrolling = "no"  width = "550"  height = "350" > </iframe > </td >
    </tr >
    < tr >
    < td > 产品图片: </td >
    < td >
< input name = "cp_pic"  type = "text"  id = "cp_pic"  value = " < % = Rs( "PhotoUrl") %
> " >
    < iframe name = " ad"  frameborder = 0  width = 580  height = 30  scrolling = no  src = up-
load. asp > </iframe >
    </td >
    </tr >


    < tr >
    < td colspan = "2"  align = "center" > < input type = "submit"  name = "Submit"  value =
"提交"  > </td >
    </tr >
    </table >
</form >
< % Call CloseConn( ) % >
```

8.3 网站发布与测试

网站制作完成以后，并不能直接投入运行，必须要进行全面、完整的测试。本节主要介绍本地测试、网络测试两大环节。首先进行本地测试，逐页点击、逐项功能使用进行测试无误后，便可将网站所有文件发布到该网站空间中，然后进行网络测试，直到没有任何错误。为了保证网站的正常运行和有效工作，发布以后的维护和管理工作也是十分必要和重要的。

8.3.1 网站的测试

网站设计、开发人员完成网站系统的设计、开发工作之后，必须保证所有网站系统的组成部分能够正常工作。因此，测试与发布工作十分重要。

（1）站点文件整理 在发布网站之前先使用 Dreamweaver 软件的"站点管理器"对你的网站文件进行检查和整理，这一步很必要。可以找出断掉的链接、错误的代码和未使用的孤立文件等，以便进行纠正和处理。选择"站点"菜单下的"检查站点范围的链接"，弹出"结果"对话框，如图 8 - 32 所示:

检查器找出的孤立文件，这些文件您的网页没有使用，但是仍在您的网站文件夹里存放，上传后它会占据有效空间，应该把它清除。清除办法是: 先选中文件，按 Delete 键删除。

（2）不同的浏览器中进行测试 通过使用 Web 浏览器，把制作完成的网站从主页开

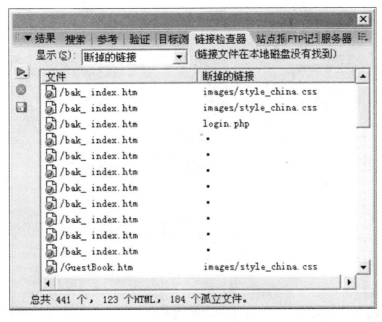

图 8 - 32　检查对话框

始，逐页地、逐项功能进行检查，以便保证所有的网页没有任何错误。有时，在 Internet Explore 浏览器和 Netscape 浏览器中显示的效果可能并不一样，但只要两者都能兼顾，不影响网页内容的表达，就可以认为通过了 Web 浏览器的测试。

（3）不同的分辨率下进行测试　调整显示器分辨率分别为 640 × 480、800 × 600 及 1024 × 768，在不同分辨率情况下的显示效果，根据实际情况进行调整。

经过以上三个步骤的本地测试、纠正和整理之后，您的网站就可以发布了。

8.3.2　发布网站

本地测试完成以后，就可以把网站系统的内容发布到网站空间中去。发布网站主要是将网站系统中的所有文件复制到某一个 Internet 上 Web 服务器上。网站发布后，所有 Internet 用户都可以访问到网站。下面介绍两种网站发布的方法。

（1）使用 Dreamweaver 发布网站　Dreamweaver 具有访问远程服务器的功能，建立与远程服务器的连接后，"文件"面板在"远程"视图中显示远程服务器上的所有文件。在使用时需要配置 Dreamweaver 站点的"远程信息"，如图 8 - 33 所示。

配置完成后，点击"文件面板"连接按钮连接至远程 WEB 服务器。点击"文件面板"中的"上传文件"按钮即可上传本地文件至网站空间中（图 8 - 34）。

（2）使用 FlashFxp 发布网站　FlashFxp 是一优秀的上传、下载软件。选择"快速连接"按钮，如图 8 - 35 进行配置。

点击"连接"按钮，连接至远程服务器后，拖曳本地站点所有内容到远程站点即可上传全部文件。效果如图 8 - 36 所示。

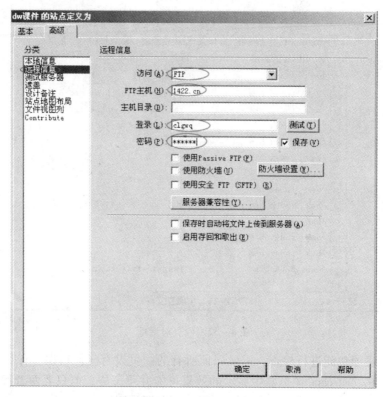

图 8-33 站点"远程信息"配置

图 8-34 文件面板

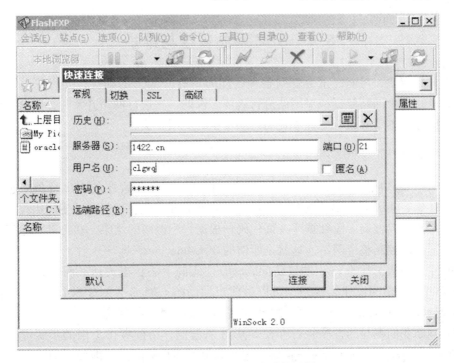

图 8 – 35　FlashFxp 远程连接配置

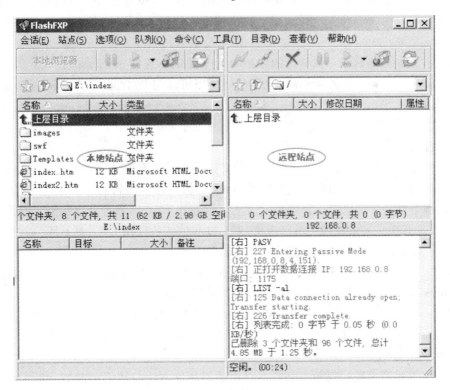

图 8 – 36　FlashFxp 远程连接配置

8.4　ASP 网站安全与维护

在网站运行中，可能经常会受到各种各样的"有心人"的骚扰，如想获得管理员的密码、想获得整个网站数据或对网站进行破坏。因此，在进行网站开发时，安全是一个必须注意的问题。本节介绍一些能够提高网站安全的实用方法。

8.4.1　防止 SQL 注入入侵

随着 B/S 模式应用开发的发展，使用这种模式编写应用程序的程序员越来越多。由于程序员在编写代码的时候，没有对用户输入数据的合法性进行判断，使应用程序存在安全隐患。用户可以提交一段数据库查询代码，根据程序返回的结果，获得某些他想得知的数据，甚至可以控制整个网站，这就是所谓的 SQL Injection，即 SQL 注入。

SQL 注入是从正常的 www 端口访问，SQL 注入的手法相当灵活，而且表面看起来跟一般的 Web 页面访问没什么区别，所以目前市面的防火墙都不会对 SQL 注入发出警报，如果管理员没查看 IIS 日志的习惯，可能被入侵很长时间都不会发觉。

如何判断我们编写的程序是否存在 SQL 注入漏洞，请读者按下面的步骤进行。首先将 IE 菜单—工具—Internet 选项—高级—显示友好 HTTP 错误信息前面的勾去掉。然后找到你的程序中类似 HTTP：//www. test. com/news. asp？ id = xx 的地址进行测试。以下以 HTTP：//www. test. com/news. asp？ id = xx 为例进行分析，xx 可能是整型，也有可能是字符串。

（1）整型参数的判断　当输入的参数 xx 为整型时，通常 news. asp 中 SQL 语句原貌大致如下：select ＊ from 表名 where 字段 = xx，所以可以在 IE 地址栏中 xx 的后面加一个单引号，用以测试 SQL 注入是否存在。即 HTTP：//www. test. com/news. asp？ id = xx'（附加一个单引号），此时 news. asp 中的 SQL 语句变成了 select ＊ from 表名 where 字段 = xx'，如果程序没有过滤好"'"的话，就会提示 news. asp 运行异常；

这种方法虽然很简单，但并不是最好的。因为：首先有可能服务器的 IIS 关闭了返回具体错误提示给客户端。如果程序中加了 cint（参数）之类语句的话，SQL 注入是不会成功的，但服务器同样会报错，具体提示信息为"处理 URL 时服务器上出错，请和系统管理员联络"。其次，大多数程序员已经将"'"过滤掉，所以用"'"测试不到注入点。这时我们采用经典的 1 = 1 和 1 = 2 测试方法。如下所示：

HTTP：//www. test. com/news. asp？ id = xx and 1 = 1，news. asp 运行正常，而且与 HTTP：//www. test. com/news. asp？ id = xx 运行结果相同；

HTTP：//www. test. com/news. asp？ id = xx and 1 = 2，news. asp 运行异常；这就是经典的 1 = 1；1 = 2 判断方法。如果以上测试满足，news. asp 中就会存在 SQL 注入漏洞，反之则可能不能注入。

（2）字符串型参数的判断　字符串型参数的测试方法与数值型参数判断方法基本相同。当输入的参数 xx 为字符串时，通常 news. asp 中 SQL 语句原貌大致如：select ＊ from 表名 where 字段 = 'xx'，所以可以用以下步骤测试 SQL 注入是否存在：

HTTP：//www. test. com/news. asp？ id = xx'（附加一个单引号），此时 news. asp 中的

SQL 语句变成了 select ＊ from 表名 where 字段 ＝ xx'，news. asp 运行异常；

　　HTTP：//www. test. com/news. asp？ id ＝ xx and ′1′＝′1′，news. asp 运行正常，而且与 HTTP：//www. test. com/news. asp？ id ＝ xx 运行结果相同；

　　HTTP：//www. test. com/news. asp？ id ＝ xx and ′1′＝′2′，news. asp 运行异常；如果以上满足，则 news. asp 存在 SQL 注入漏洞，反之则不能注入。

　　（3）特殊情况的处理　有时 ASP 程序员会在程序员过滤掉单引号等字符，以防止 SQL 注入。此时可以用以下几种方法试一试。

　　①大小定混合法：由于 VBS 并不区分大小写，而程序员在过滤时通常要么全部过滤大写字符串，要么全部过滤小写字符串，而大小写混合往往会被忽视。如用 SelecT 代替 select 或 SELECT 等；

　　②UNICODE 法：在 IIS 中，以 UNICODE 字符集实现国际化，我们完全可以 IE 中输入的字符串化成 UNICODE 字符串进行输入。如 ＋ ＝ ％2B，空格 ＝ ％20 等；

　　③ASCII 码法：可以把输入的部分或全部字符全部转成 ASCII 码。

　　（4）使用 NBSI 工具测试是否存在 SQL 注入漏洞　当然手动测试过程是很烦琐的而且要花费很多的时间，如果只能以这种手动方式进行 SQL 注入入侵的话，那么许多存在 SQL 注入漏洞的 ASP 网站会安全很多了，不是漏洞不存在了，而是利用这个漏洞入侵的成本太高了。但是如果利用专门的黑客工具来入侵的话，那情况就大大不同了。手动方式进行 SQL 注入入侵至少需要半天或一天乃至很多天的时间，而利用专门的工具来入侵就只需要几分钟时间了（视网速快慢决定），再利用获得的管理账号和密码，上传一个从网上下载的 ASP 后门程序，就轻易获得整个网站的管理权限了，甚至整个服务器的管理权限。最有名的一种 SQL 注入入侵工具是 NBSI 3.0，可以借助该软件测试网站安全漏洞。

　　打开最新版的 NBSI 3.0，输入地址到 A 区，网址必须是带传递参数的那种，点击右边的"检测"按钮，即出来 B 区信息，显示当前用户为 PUBLIC 的权限，当前数据库名。点 C 区下的"自动猜解"按钮，即出来当前库中的各种表，接着点击 D 区下的"自动猜解"按钮，立即出来 Admin 表里的列名称，将表名前的方框打上勾，点击 E 区下的"自动猜解"按钮，账号与密码全部出来了。

　　确定开发的程序有 SQL 注入漏洞，就要进行相应的防范措施了。最重要的一件事，是对客户端所有 post 或者 get 提交的参数信息中非法字符进行过滤，以防止 SQL 注入。比较简单的方法是到百度搜索"sql 通用防注入系统"。该系统对用户通过网址提交过来的变量参数进行检查，发现客户端提交的参数中有"′、；、and、（、）、exec、insert、select、delete、update、count、＊、％、chr、mid、master、truncate、char、declare"等用于 SQL 注入的常用字符时，立即停止执行并给出警告信息或转向出错页面。下载后将压缩包内的 SqlIn. mdb 文件、Neeao_SqlIn. Asp 文件上传至站点根目录，在 conn. asp 数据库连接文件最底部添加＜！--#Include File ＝" Neeao_SqlIn. Asp" --＞语句，即可实现整站防注入。

8.4.2　对用户密码进行 MD5 加密

　　MD5 的全称是 Message – Digest Algorithm 5（信息—摘要算法），在 20 世纪 90 年代初由 MIT 的计算机科学实验室和 RSA Data Security Inc 发明，经 MD2、MD3 和 MD4 发展而来。Message – Digest 泛指字节串（Message）的 Hash 变换，就是把一个任意长度的字节串

变换成一定长的大整数。MD5 将任意长度的"字节串"变换成一个 128bit 的大整数，并且它是一个不可逆的字符串变换算法。即使你看到源程序和算法描述，也无法将一个 MD5 的值变换回原始的字符串。

MD5 的典型应用是对一段 Message（字节串）产生 fingerprint（指纹），以防止被"篡改"。举个例子，你将一段话写在一个叫 readme. txt 文件中，并对这个 readme. txt 产生一个 MD5 的值并记录在案，然后传播这个文件给别人，别人如果修改了文件中的任何内容，你对这个文件重新计算 MD5 时就会发现，两个 MD5 值不相同。

MD5 还广泛用于加密和解密技术上，在很多操作系统中，用户的密码是以 MD5 值（或类似的其他算法）的方式保存的，用户 Login 的时候，系统是把用户输入的密码计算成 MD5 值，然后再去和系统中保存的 MD5 值进行比较，而系统并不"知道"用户的密码是什么。

对 ASP 程序中的用户密码进行 MD5 加密。MD5 是没有反向算法，不能解密。即使知道经加密后，存在数据库里的像乱码一样的密码，也没办法知道原始密码。下面介绍 MD5 在用户注册、用户登录时的加密处理。读者可以在网上搜索 MD5 算法保存为 md5. asp 存放在站点的根目录下。

（1）md5. asp 文件　程序代码如下：

```
<%
Private Const BITS_TO_A_BYTE = 8
Private Const BYTES_TO_A_WORD = 4
Private Const BITS_TO_A_WORD = 32

Private m_lOnBits(30)
Private m_l2Power(30)

Private Function LShift(lValue, iShiftBits)
    If iShiftBits = 0 Then
        LShift = lValue
        Exit Function
    ElseIf iShiftBits = 31 Then
        If lValue And 1 Then
            LShift = &H80000000
        Else
            LShift = 0
        End If
        Exit Function
    ElseIf iShiftBits < 0 Or iShiftBits > 31 Then
        Err. Raise 6
    End If
```

```
        If( lValue And m_l2Power( 31 - iShiftBits) ) Then
            LShift  = ( ( lValue  And  m_lOnBits( 31 -( iShiftBits  +  1 ) ) )  *  m_l2Power( iShift-
Bits) ) Or &H80000000
        Else
            LShift  = ( ( lValue  And  m_lOnBits( 31 - iShiftBits) )  *  m_l2Power( iShiftBits) )
        End If
    End Function


    Private Function RShift( lValue, iShiftBits)
        If iShiftBits  = 0 Then
            RShift  = lValue
            Exit Function
        ElseIf iShiftBits  = 31 Then
            If lValue And &H80000000 Then
                RShift  = 1
            Else
                RShift  = 0
            End If
            Exit Function
        ElseIf iShiftBits  < 0 Or iShiftBits  > 31 Then
            Err. Raise 6
        End If
        RShift  = ( lValue  And  &H7FFFFFFE)  \  m_l2Power( iShiftBits)

        If( lValue And &H80000000) Then
            RShift  = ( RShift Or( &H40000000  \  m_l2Power( iShiftBits - 1) ) )
        End If
    End Function


    Private Function RotateLeft( lValue, iShiftBits)
        RotateLeft  =  LShift( lValue, iShiftBits) Or RShift( lValue, ( 32 - iShiftBits) )
    End Function


    Private Function AddUnsigned( lX, lY)
        Dim lX4
        Dim lY4
        Dim lX8
        Dim lY8
        Dim lResult
```

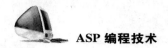
```
lX8  =  lX  And  &H80000000
lY8  =  lY  And  &H80000000
lX4  =  lX  And  &H40000000
lY4  =  lY  And  &H40000000

lResult  = ( lX  And  &H3FFFFFFF)  + ( lY  And  &H3FFFFFFF)

If lX4  And  lY4  Then
    lResult  =  lResult  Xor  &H80000000  Xor  lX8  Xor  lY8
ElseIf lX4  Or  lY4  Then
    If lResult  And  &H40000000  Then
        lResult  =  lResult  Xor  &HC0000000  Xor  lX8  Xor  lY8
    Else
        lResult  =  lResult  Xor  &H40000000  Xor  lX8  Xor  lY8
    End If
Else
    lResult  =  lResult  Xor  lX8  Xor  lY8
End If

AddUnsigned  =  lResult
End Function


Private Function md5_F( x, y, z)
    md5_F  = ( x  And  y) Or( ( Not x)  And  z)
End Function


Private Function md5_G( x, y, z)
    md5_G  = ( x  And  z) Or( y  And( Not z) )
End Function


Private Function md5_H( x, y, z)
    md5_H  = ( x  Xor  y  Xor  z)
End Function


Private Function md5_I( x, y, z)
    md5_I  = ( y  Xor( x  Or( Not z) ) )
End Function
```

```
Private Sub md5_FF( a, b, c, d, x, s, ac)
    a = AddUnsigned( a, AddUnsigned( AddUnsigned( md5_F( b, c, d) , x) , ac) )
    a = RotateLeft( a, s)
    a = AddUnsigned( a, b)
End Sub


Private Sub md5_GG( a, b, c, d, x, s, ac)
    a = AddUnsigned( a, AddUnsigned( AddUnsigned( md5_G( b, c, d) , x) , ac) )
    a = RotateLeft( a, s)
    a = AddUnsigned( a, b)
End Sub


Private Sub md5_HH( a, b, c, d, x, s, ac)
    a = AddUnsigned( a, AddUnsigned( AddUnsigned( md5_H( b, c, d) , x) , ac) )
    a = RotateLeft( a, s)
    a = AddUnsigned( a, b)
End Sub


Private Sub md5_II( a, b, c, d, x, s, ac)
    a = AddUnsigned( a, AddUnsigned( AddUnsigned( md5_I( b, c, d) , x) , ac) )
    a = RotateLeft( a, s)
    a = AddUnsigned( a, b)
End Sub


Private Function ConvertToWordArray( sMessage)
    Dim lMessageLength
    Dim lNumberOfWords
    Dim lWordArray( )
    Dim lBytePosition
    Dim lByteCount
    Dim lWordCount

    Const MODULUS_BITS  = 512
    Const CONGRUENT_BITS  = 448

    lMessageLength  = Len( sMessage)

    lNumberOfWords = ( ( ( lMessageLength  + ( ( MODULUS_BITS - CONGRUENT_BITS)
\  BITS_TO_A_BYTE) ) \ ( MODULUS_BITS  \  BITS_TO_A_BYTE) ) + 1) * ( MODULUS_
```

```
BITS \ BITS_TO_A_WORD)
            ReDim lWordArray( lNumberOfWords - 1)

        lBytePosition = 0
        lByteCount = 0
        Do Until lByteCount > = lMessageLength
            lWordCount = lByteCount \ BYTES_TO_A_WORD
            lBytePosition =(lByteCount Mod BYTES_TO_A_WORD) * BITS_TO_A_BYTE
            lWordArray( lWordCount) = lWordArray( lWordCount) Or LShift( Asc( Mid( sMes-
sage, lByteCount + 1, 1))), lBytePosition)
            lByteCount = lByteCount + 1
        Loop

        lWordCount = lByteCount \ BYTES_TO_A_WORD
        lBytePosition =(lByteCount Mod BYTES_TO_A_WORD) * BITS_TO_A_BYTE

        lWordArray( lWordCount) = lWordArray( lWordCount) Or LShift( &H80, lBytePosition)

        lWordArray( lNumberOfWords - 2) = LShift( lMessageLength, 3)
        lWordArray( lNumberOfWords - 1) = RShift( lMessageLength, 29)

        ConvertToWordArray = lWordArray
    End Function

    Private Function WordToHex( lValue)
        Dim lByte
        Dim lCount

        For lCount = 0 To 3
            lByte = RShift(lValue, lCount * BITS_TO_A_BYTE) And m_lOnBits( BITS_TO_A_
BYTE - 1)
            WordToHex = WordToHex & Right( "0" & Hex( lByte) , 2)
        Next
    End Function

    Public Function MD5( sMessage)
        m_lOnBits(0) = CLng( 1)
        m_lOnBits(1) = CLng( 3)
        m_lOnBits(2) = CLng( 7)
```

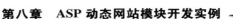

```
m_lOnBits(3) = CLng(15)

m_lOnBits(4) = CLng(31)

m_lOnBits(5) = CLng(63)

m_lOnBits(6) = CLng(127)

m_lOnBits(7) = CLng(255)

m_lOnBits(8) = CLng(511)

m_lOnBits(9) = CLng(1023)

m_lOnBits(10) = CLng(2047)

m_lOnBits(11) = CLng(4095)

m_lOnBits(12) = CLng(8191)

m_lOnBits(13) = CLng(16383)

m_lOnBits(14) = CLng(32767)

m_lOnBits(15) = CLng(65535)

m_lOnBits(16) = CLng(131071)

m_lOnBits(17) = CLng(262143)

m_lOnBits(18) = CLng(524287)

m_lOnBits(19) = CLng(1048575)

m_lOnBits(20) = CLng(2097151)

m_lOnBits(21) = CLng(4194303)

m_lOnBits(22) = CLng(8388607)

m_lOnBits(23) = CLng(16777215)

m_lOnBits(24) = CLng(33554431)

m_lOnBits(25) = CLng(67108863)

m_lOnBits(26) = CLng(134217727)

m_lOnBits(27) = CLng(268435455)

m_lOnBits(28) = CLng(536870911)

m_lOnBits(29) = CLng(1073741823)

m_lOnBits(30) = CLng(2147483647)


m_l2Power(0) = CLng(1)

m_l2Power(1) = CLng(2)

m_l2Power(2) = CLng(4)

m_l2Power(3) = CLng(8)

m_l2Power(4) = CLng(16)

m_l2Power(5) = CLng(32)

m_l2Power(6) = CLng(64)

m_l2Power(7) = CLng(128)

m_l2Power(8) = CLng(256)

m_l2Power(9) = CLng(512)
```

```
m_l2Power( 10) = CLng( 1024)
m_l2Power( 11) = CLng( 2048)
m_l2Power( 12) = CLng( 4096)
m_l2Power( 13) = CLng( 8192)
m_l2Power( 14) = CLng( 16384)
m_l2Power( 15) = CLng( 32768)
m_l2Power( 16) = CLng( 65536)
m_l2Power( 17) = CLng( 131072)
m_l2Power( 18) = CLng( 262144)
m_l2Power( 19) = CLng( 524288)
m_l2Power( 20) = CLng( 1048576)
m_l2Power( 21) = CLng( 2097152)
m_l2Power( 22) = CLng( 4194304)
m_l2Power( 23) = CLng( 8388608)
m_l2Power( 24) = CLng( 16777216)
m_l2Power( 25) = CLng( 33554432)
m_l2Power( 26) = CLng( 67108864)
m_l2Power( 27) = CLng( 134217728)
m_l2Power( 28) = CLng( 268435456)
m_l2Power( 29) = CLng( 536870912)
m_l2Power( 30) = CLng( 1073741824)


Dim x
Dim k
Dim AA
Dim BB
Dim CC
Dim DD
Dim a
Dim b
Dim c
Dim d


Const S11 = 7
Const S12 = 12
Const S13 = 17
Const S14 = 22
Const S21 = 5
Const S22 = 9
```

```
Const S23 = 14
Const S24 = 20
Const S31 = 4
Const S32 = 11
Const S33 = 16
Const S34 = 23
Const S41 = 6
Const S42 = 10
Const S43 = 15
Const S44 = 21


x = ConvertToWordArray( sMessage)


a = &H67452301
b = &HEFCDAB89
c = &H98BADCFE
d = &H10325476


For k = 0 To UBound( x) Step 16
    AA = a
    BB = b
    CC = c
    DD = d


    md5_FF a, b, c, d, x( k + 0), S11, &HD76AA478
    md5_FF d, a, b, c, x( k + 1), S12, &HE8C7B756
    md5_FF c, d, a, b, x( k + 2), S13, &H242070DB
    md5_FF b, c, d, a, x( k + 3), S14, &HC1BDCEEE
    md5_FF a, b, c, d, x( k + 4), S11, &HF57C0FAF
    md5_FF d, a, b, c, x( k + 5), S12, &H4787C62A
    md5_FF c, d, a, b, x( k + 6), S13, &HA8304613
    md5_FF b, c, d, a, x( k + 7), S14, &HFD469501
    md5_FF a, b, c, d, x( k + 8), S11, &H698098D8
    md5_FF d, a, b, c, x( k + 9), S12, &H8B44F7AF
    md5_FF c, d, a, b, x( k + 10), S13, &HFFFF5BB1
    md5_FF b, c, d, a, x( k + 11), S14, &H895CD7BE
    md5_FF a, b, c, d, x( k + 12), S11, &H6B901122
    md5_FF d, a, b, c, x( k + 13), S12, &HFD987193
    md5_FF c, d, a, b, x( k + 14), S13, &HA679438E
```

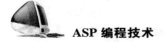
md5_FF b, c, d, a, x(k + 15) , S14, &H49B40821

md5_GG a, b, c, d, x(k + 1) , S21, &HF61E2562
md5_GG d, a, b, c, x(k + 6) , S22, &HC040B340
md5_GG c, d, a, b, x(k + 11) , S23, &H265E5A51
md5_GG b, c, d, a, x(k + 0) , S24, &HE9B6C7AA
md5_GG a, b, c, d, x(k + 5) , S21, &HD62F105D
md5_GG d, a, b, c, x(k + 10) , S22, &H2441453
md5_GG c, d, a, b, x(k + 15) , S23, &HD8A1E681
md5_GG b, c, d, a, x(k + 4) , S24, &HE7D3FBC8
md5_GG a, b, c, d, x(k + 9) , S21, &H21E1CDE6
md5_GG d, a, b, c, x(k + 14) , S22, &HC33707D6
md5_GG c, d, a, b, x(k + 3) , S23, &HF4D50D87
md5_GG b, c, d, a, x(k + 8) , S24, &H455A14ED
md5_GG a, b, c, d, x(k + 13) , S21, &HA9E3E905
md5_GG d, a, b, c, x(k + 2) , S22, &HFCEFA3F8
md5_GG c, d, a, b, x(k + 7) , S23, &H676F02D9
md5_GG b, c, d, a, x(k + 12) , S24, &H8D2A4C8A

md5_HH a, b, c, d, x(k + 5) , S31, &HFFFA3942
md5_HH d, a, b, c, x(k + 8) , S32, &H8771F681
md5_HH c, d, a, b, x(k + 11) , S33, &H6D9D6122
md5_HH b, c, d, a, x(k + 14) , S34, &HFDE5380C
md5_HH a, b, c, d, x(k + 1) , S31, &HA4BEEA44
md5_HH d, a, b, c, x(k + 4) , S32, &H4BDECFA9
md5_HH c, d, a, b, x(k + 7) , S33, &HF6BB4B60
md5_HH b, c, d, a, x(k + 10) , S34, &HBEBFBC70
md5_HH a, b, c, d, x(k + 13) , S31, &H289B7EC6
md5_HH d, a, b, c, x(k + 0) , S32, &HEAA127FA
md5_HH c, d, a, b, x(k + 3) , S33, &HD4EF3085
md5_HH b, c, d, a, x(k + 6) , S34, &H4881D05
md5_HH a, b, c, d, x(k + 9) , S31, &HD9D4D039
md5_HH d, a, b, c, x(k + 12) , S32, &HE6DB99E5
md5_HH c, d, a, b, x(k + 15) , S33, &H1FA27CF8
md5_HH b, c, d, a, x(k + 2) , S34, &HC4AC5665

md5_II a, b, c, d, x(k + 0) , S41, &HF4292244
md5_II d, a, b, c, x(k + 7) , S42, &H432AFF97
md5_II c, d, a, b, x(k + 14) , S43, &HAB9423A7

```
        md5_II b, c, d, a, x( k  +  5) , S44, &HFC93A039
        md5_II a, b, c, d, x( k  +  12) , S41, &H655B59C3
        md5_II d, a, b, c, x( k  +  3) , S42, &H8F0CCC92
        md5_II c, d, a, b, x( k  +  10) , S43, &HFFEFF47D
        md5_II b, c, d, a, x( k  +  1) , S44, &H85845DD1
        md5_II a, b, c, d, x( k  +  8) , S41, &H6FA87E4F
        md5_II d, a, b, c, x( k  +  15) , S42, &HFE2CE6E0
        md5_II c, d, a, b, x( k  +  6) , S43, &HA3014314
        md5_II b, c, d, a, x( k  +  13) , S44, &H4E0811A1
        md5_II a, b, c, d, x( k  +  4) , S41, &HF7537E82
        md5_II d, a, b, c, x( k  +  11) , S42, &HBD3AF235
        md5_II c, d, a, b, x( k  +  2) , S43, &H2AD7D2BB
        md5_II b, c, d, a, x( k  +  9) , S44, &HEB86D391


        a  =  AddUnsigned( a, AA)
        b  =  AddUnsigned( b, BB)
        c  =  AddUnsigned( c, CC)
        d  =  AddUnsigned( d, DD)
    Next


    'MD5  =  LCase( WordToHex( a) &  WordToHex( b) &  WordToHex( c) &  WordToHex
( d) ) ' 32byte
    MD5 = LCase( WordToHex( b) & WordToHex( c) )    '16byte database password : D
End Function
% >
```

（2）在后台管理员登录处理　页面 CheckUserlogin. asp 使用 MD5

①页首包含 md5. asp 文件：代码如下：

```
< ! --#include file = " ../md5. asp" -- >
```

②管理员登录处理页面：代码处理如下：

```
< ! --包含公共连库文件 conn. asp -- >
< ! --#include file = "../conn. asp" -- >
< ! --#include file = "../md5. asp" -- >
< %
'获取用户名并去除表单数据中的空格
AdmName = Trim( Request. Form( "Username") )
'获取密码并去除表单数据中的空格
AdmPass = Trim( Request. Form( "Password") )
'将获取的密码值进行 MD5 加密
AdmPass = md5( Trim( Request. Form( "Password") ) )
```

ASP 编程技术

```
'调用包含文件中的 OpenConn() 过程，建立与数据库的连接
Call OpenConn()

Set Rs = Server. CreateObject("ADODB. RecordSet")
SqlStr = "Select * from HW_Admin where username = '"&AdmName&"' and password = '"&AdmPass&"'"
Rs. Open SqlStr, conn, 1, 3

if Rs. EOF then
response. write "<script>alert('用户不存在或密码错误'); location. href = 'login. asp';</script>"
response. end
else
'创建 Session 对象，保存用户名信息
Session("Username") = AdmName
'创建 Session 对象，保存权限信息
Session("Flag") = Rs("Flag")
Response. Redirect("Admin_Index. asp")
Response. end
end if
'调用关闭数据库连接过程
Call CloseConn()
%>
```

（3）在注册页面使用 MD5，程序代码如下：

```
<! --#include file = "conn. asp"-->
<! --#include file = "md5. asp" -->
<%
' ==========验证表单内容是否合法（开始） ==============
admin = replace(trim(request. form("admin")), "'", "")
password = replace(trim(request. form("password")), "'", "")
password2 = replace(trim(request. form("password2")), "'", "")
qq = replace(trim(request. form("qq")), "'", "")
u_post = replace(trim(request. form("u_post")), "'", "'")
mail = replace(trim(request. form("mail")), "'", "")
textarea = replace(trim(request. form("textarea")), "'", "")

if admin = "" or len(admin) >8 or len(admin) <2 then
        response. write "<SCRIPT language = JavaScript>alert('请输入用户名（不能大于8小于2）'); history. back(); </SCRIPT>"
```

```
        Response. End
end if
'其他值验证本处省略...
'=======验证表单内容是否合法（结束）======================
% >
 < %
'============验证是否有重复申请（开始）===============
set rs = server. CreateObject( "adodb. recordset")
rs. open "select  *  from admin where admin ='"&trim( request( "admin"))&"'", conn, 1, 1

if rs. recordcount >0 then
response. write " < script language = javascript > "
response. write "alert('已经有此用户了!');"
response. write "javascript: history. go( -1) ; "
response. write " < ╱ script > "
Response. end
else
    set rs = server. CreateObject( "adodb. recordset")
    rs. open "select  *  from admin where qq ='"&trim( request( "qq"))&"'", conn, 1, 1

    if rs. recordcount >0 then
    response. write " < script language = javascript > "
    response. write "alert('同一用户只可申请一个!');"
    response. write "javascript: history. go( -1) ; "
    response. write " < ╱ script > "
Response. end
    else
        set rs = server. CreateObject( "adodb. recordset")
        rs. open "select  *  from admin where mail ='"&trim( request( "mail"))&"'", conn, 1, 1

        if rs. recordcount >0 then
        response. write " < script language = javascript > "
        response. write "alert('同一用户只可申请一个!');"
        response. write "javascript: history. go( -1) ; "
        response. write " < ╱ script > "
        Response. end
        else
            '====验证是否有重复申请（结束）以下是将表单的内容插入到数据库中=====
            set rs = server. createobject( "adodb. recordset")
```

```
        sql = "select * from admin"
        rs. open sql, conn, 1, 3
        rs. addnew

        rs("admin") = admin
        rs("password") = password
        rs("qq") = qq
        rs("u_post") = u_post
        rs("mail") = mail
        rs("textarea") = textarea
        rs("date") = date()'= 在数据库里插入当前的时间，格式为年，月，日

        rs. update
        '调用关闭数据库连接过程
        Call CloseConn()
        response. write " < script > alert('用户注册成功'); location. href = 'Index. asp';
</script > "
            end if
          end if
      end if
      '======插入结束 ============================
    % >
```

8.4.3 Access 数据库防下载

怎样防止 . mdb 数据库被下载，一直是使用 Access 数据库的程序员一大头疾。下面方法适用于有 IIS 控制权和虚拟空间的用户，现总结如下有效方法：

（1）修改数据库名 这是较常用方法，将数据库名改成较怪异名字或较长数据库名，以防被恶意猜测到。一旦被人猜到，还是能够下载数据库文件。例如将数据库 HwData. mdb 改成 ds3 $j&k^lweoirty. mdb 等。

（2）修改数据库后缀为 . asp 这是目前流行的比较专业的做法，也是很安全的方法。首先在数据库内创建一个字段，名称随意，类型是 OLE 对象，内容设置为单字节型的 " < % "，即 ASP 代码的 chrB（asc（" < "））& chrB（asc（" % "）的运行结果。然后将数据库改名为 . ASP。这样从 URL 上直接请求这个数据库将会提示" 缺少关闭脚本分隔符"，从而拒绝下载。以下代码可以完成 OLE 对象的插入工作，只要将数据库名设置好，将代码保存成 . asp 文件运行一下就可以完成数据库防下载处理。代码如下：

```
    < %
    'Access 数据防止下载程序，请不要反复运行本程序
    db = "/database/HwData. mdb"
    Set Conn = Server. CreateObject("ADODB. Connection")
```

```
connstr = "Provider = Microsoft. Jet. OLEDB. 4. 0; Data Source = "&Server. MapPath( db)
Conn. Open connstr
'添加 NotDownload 表
Conn. Execute( "create table NotDownload( NotDown oleobject) ")
'写入 < % 数据
Set Rs = Server. CreateObject( "adodb. recordset")
    Sql = "select  ∗  from NotDownload"
Rs. open Sql, Conn, 1, 3
Rs. Addnew
    Rs( "NotDown"). appendchunk( chrB( asc( " < ")) & chrB( asc( "% ")))
    Rs. update
'关闭连接
Rs. close
set Rs = nothing
Conn. close
set Conn = nothing
% >
```

利用 IIS 对 global. asa 这个文件名有请求保护，也可将数据库名改为 global. asa，从而使得数据库文件不能从 URL 上直接请求下载。但是这种方式只能将数据库名设置为 global. asa，而且要注意不要将其放在主机或虚拟目录的根目录里，不然会被 IIS 当成正常的 global. asa 文件进行尝试运行的。

（3）将数据库 HwData. mdb 改为#HwData. mdb　这是最简单有效的办法。如果别人得到你的数据库文件地址为 http：//www. test. com/database/#HwData. mdb，实际上他得到是 http：//www. test. com/database/。因为#在这里起到间断符的作用，地址串遇到#号，自动认为访问地址串结束。注意：不要设置目录可访问。在数据库文件名任何地方含有#，不管别人用何种工具都无法正常下载，如 FlashGet，网络蚂蚁等。同理，空格号也可以起到#号作用，但必须是文件名中间出现空格。

（4）修改 IIS 设置　只要修改一处，无需修改代码，即使暴露了数据库的目标地址，整个站点的数据库仍然可以防止被下载。我们在站点 IIS 属性对话框选择"主目录"选项卡后，点击"配置"按钮，在弹出的对话框中选择"映射"后，添加对 . mdb 文件的应用解析。可任意找个 . dLL 文件解析 MDB 文件。数据库可正常使用，但在直接下载数据库 mdb 文件时则会显示 404 错误（图 8 – 37）。

（5）将 Access 数据库加密　适合没有 IIS 控制权的用户。先在本机上打开 Access 程序，从菜单栏上，点击"文件"菜单"打开"，在弹出的窗口里，选中你要打开的 Access 数据库，点右下方的"打开"按钮时，应注意，要选择"以独占方式打开（v）"。如图 8 – 38 所示。

Access 数据库打开后，就可以设置密码了，如图 8 – 39 所示。

数据库文件加密后修改数据库连接文件 conn. asp 中连库驱动字符串，效果如下：

```
connstr = "Provider = Microsoft. Jet. OLEDB. 4. 0; Data Source = "&Server. MapPath( db)
```

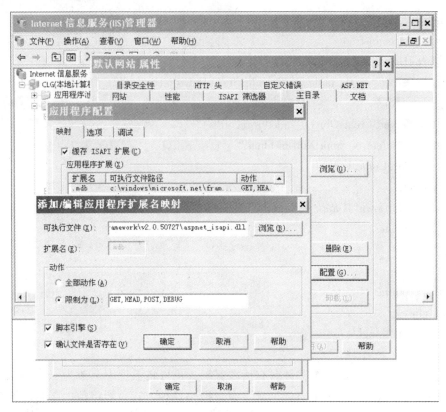

图 8-37 IIS 配置

图 8-38 IIS 配置

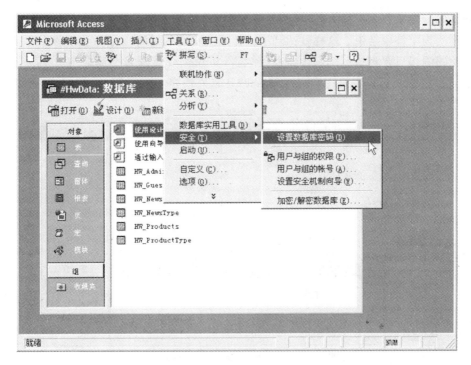

图 8 – 39 Access 数据库设置密码

改为：

connstr = "Provider = Microsoft. Jet. OLEDB. 4. 0; Data Source = "&Server. MapPath(db) &";
Jet OLEDB: Database Password = 数据库的密码；Persist Security Info = False"

以上几种方法中，只有第 4 种方法是一次修改配置后，整个站点的数据库都可以防止下载。其他几种方法，需要修改数据库连接文件。这几种方法各有所长，请选择性地使用，也可几种方法同时使用。但最主要还是需要系统和 IIS 本身设置足够安全并且加上好的防火墙软件，否则再好的安全设置也会被攻破。

8.4.4 慎用上传文件功能

网站发布新闻、产品或方便管理员对文件的管理，通常允许使用程序上传文件。文件上传功能存在漏洞，如果利用此功能上传了 ASP 木马，则可以利用木马进行修改或删除站点文件。目前上传的处理加入了对 asp 扩展名的检测，禁止上传 ASP 文件。但对有危害的扩展名过滤不够，还应加入 asa、cer 等。

对上传文件扩展名进行过滤，可以避免简单的入侵，但入侵者采用终结字符漏洞，则可以上传一个扩展名合法的文件，但保存至服务器过程中，扩展名被修改为 asp 等可执行的脚本文件。

无组件上传类中的部分代码如下：

filename = formPath&year (now) &month (now) &day (now) &hour (now) &minute (now) &second(now) &fileExt

其中 filename 变量为要保存文件的存放路径及文件名，formPath 为用户指定的上传路径。如果入侵者上传文件时，在路径中写入一个文件名，并且扩展名为 asp，然后修改发达的数据包，使扩展名后加入终结字符，计算机在检测 Filename 的字符串时碰到"\ 0"字符，则认为字符串结束。这样就达到了上传非法文件的目的。

对此漏洞，只要将指定的上传路径，例如 userfiles 权限设为"读取"、"写入"，但不给"执行"权限。远程主机用户可以 FlashFXP 软件连接至远程服务器，设置上传文件夹属性如图 8 – 40 所示。

图 8 – 40　虚拟主机空间设置文件夹权限

8.4.5　经常进行网站文件、数据库的备份

使用 FTP 将网站全部文件下载到本地电脑，做个备份，这样做的目的是网站出现意外以后能够及时的恢复。在网站运行其间，经常备份网站的数据库和最新上传的文件图片等，网站无论出现什么问题都能很容易的恢复到最新状态。

习　　题

一、问答题

（1）什么是 html 在线编辑器？使用 html 在线编辑器有什么优势？

（2）什么是 MD5？ASP 程序中如何应用？

（3）如何加强网站数据库的安全？

（4）通过互联网查询资料，说明网站应用中验证码的作用。

二、操作题

（1）参照本章任务 8.1，为自己的网站加入后台登录功能。

（2）参照本章任务 8.2，完成留言模块前后台的程序设计。

（3）参照本章任务 8.3，完成新闻发布模块前后台的程序设计。

（4）参照本章任务 8.4，完成展品展示模块前后台的程序设计。

第九章 客户端验证及网站实用特效技术

JavaScript 与 VBScript 相同也是一种基于对象和事件驱动，面向对象的脚本语言，通过 JavaScript 可以编写在客户端浏览器内直接运行的脚本程序代码，实现页面部分动态动能。

只要使用 IE5.0 版本以上的浏览器就可以直接运行 JavaScript 编写的程序，如同使用 HTML 语言一样，只要有浏览器就可以看到 JavaScript 编写的网页页面及设计的动态功能。

JavaScript 与 Java 很类似，但并不一样，它更容易学习与使用。它与 VBScript 语言的相似的地方，所以有了前面 VBScript 的基础，学习 JavaScript 会比较轻松。

9.1 JavaScript 产生与发展

当 JavaScript 在 1995 年首次出现时，它的主要目的还只是处理一些输入的有效性验证。即将在 1995 年发行的 Netscape Navigator 2.0 开发了一个称之为 LiveScript 的脚本语言，当时的目的是同时在浏览器和服务器（本来要叫它 LiveWire 的）端使用它。Netscape 与 Sun 公司联手及时完成 LiveScript 实现。就在 Netscape Navigator 2.0 即将正式发布前，Netscape 将其更名为 JavaScript，目的是为了利用 Java 这个因特网时髦词汇。Netspace 的赌注最终得到回报，JavaScript 从此变成了因特网的必备组件。

因为 JavaScript 1.0 如此成功，Netscape 在 Netscape Navigator 3.0 中发布了 1.1 版。恰巧那个时候，微软决定进军浏览器，发布了 IE 3.0 并搭载了一个 JavaScript 的克隆版，叫做 JScript（这样命名是为了避免与 Netscape 潜在的许可纠纷）。微软步入 Web 浏览器领域的这重要一步虽然令其声名狼藉，但也成为 JavaScript 语言发展过程中的重要一步。

在微软进入后，有两种不同的 JavaScript 版本同时存在：Netscape Navigator 3.0 中的 Java-Script、IE 中的 JScript。与其他编程语言不同的是，JavaScript 并没有一个标准来统一其语法或特性，而这 3 种不同的版本恰恰突出了这个问题。随着业界担心的增加，这个语言标准化显然已经势在必行。

1997 年，JavaScript 1.1 作为一个草案提交给欧洲计算机制造商协会（ECMA）。由来自 Netscape、Sun、微软、Borland 和其他一些对脚本编程感兴趣的公司的程序员组成团队，定义一个新的业界标准，要求："标准化一个通用、跨平台、中立于厂商的脚本语言的语法和语义"，最终该标准定义了叫做 ECMAScript 的全新脚本语言。

在接下来的几年里，国际标准化组织及国际电工委员会（ISO/IEC）也采纳 ECMAScript 作为标准（ISO/IEC-16262）。从此，Web 浏览器就开始努力（虽然有着不同程度的成功和失败）将 ECMAScript 作为 JavaScript 实现的基础。

尽管 ECMAScript 是一个重要的标准，但它并不是 JavaScript 唯一的部分，当然，也不是唯一被标准化的部分。实际上，一个完整的 JavaScript 实现是由以下 3 个不同部分组成的：

①核心（ECMAScript）；

②文档对象模型（DOM）；

③浏览器对象模型（BOM）。

9.2 在网页中嵌入 JavaScript

当我们使用 JavaScript 时自然要弄清楚是如何在 HTML 中使用的。HTML 中嵌入 JavaScript 是从引入 JavaScript 标签和为 HTML 的一些通用部分增加新特性开始的。那如何在 HTML 中嵌入 JavaScript 标签的？

9.2.1 JavaScript 在 <body></body>之间

当浏览器载入网页 Body 部分的时候，就执行其中的 JavaScript 语句，执行之后输出的内容就显示在网页中。当 JavaScript 放到 <body><body/> 内时，只要脚本所属的那部分页面被载入浏览器，脚本就会被执行。这样在载入个页面之前，也可执行 JavaScript 代码。

例如：

```
< html >
< head >
</ head >
< body >
< Script   type = "text/javascript"  >
  Function   halloworld( )   {
    alert("Hallo Word !");
  }
</ Script >
</ body >
</ html >
```

9.2.2 JavaScript 在 <head></head>之间

有时候并不需要一载入 HTML 就运行 JavaScript，而是用户点击了 HTML 中的某个对象，触发了一个事件，才需要调用 JavaScript。这时候，通常将这样的 JavaScript 放在 HTML 的 <head></head> 里。

```
< html >
< head >
< Script   type = "text/javascript"  >
  Function   halloworld( )   {

    alert("Hallo Word !");
```

```
        }
    </Script >
    </head >
    < body >
    </body >
    </html >
```

9.2.3   JavaScript 外部文件格式

假使某个 JavaScript 的程序被多个 HTML 网页使用，最好的方法，是将这个 JavaScript 程序放到一个后缀名为 . js 的文本文件里。

这样做可以提高 JavaScript 的复用性，减少代码维护的负担，不必将相同的 JavaScript 代码拷贝到多个 HTML 网页里，将来一旦程序有所修改，也只要修改 . js 文件就可以，不用再修改每个用到这个 JavaScript 程序的 HTML 文件。

在 HTML 里引用外部文件里的 JavaScript，应在 Head 里写一句 < Script src = "文件名" > </Script > ，其中 src 的值，就是 JavaScript 所在文件的文件路径。示例代码如下：

```
    < html >
    < head >
    < Script   type = "text/javascript"   src = " . . /scripts/example. js" > </Script >
    </head >
    < body >
    </body >
    </html >
```

9. 3   JavaScript 中几个常用对象的应用

9.3.1   Window 对象

Window 对象表示整个浏览器的窗口，可以用于移动或调整它表示的浏览器的大小，或者对它产生其影响。

用 Window. Open（ ）方法打开窗口，可以导航到指定的 URL。该方法一般只接受三个参数，即要载入新窗口的页面的 URL、新窗口的名字、特性字符串和载入页面的目标。

如果用 Window. Open（ ）方法在框架打开，则需要调用第二个参数，那么 URL 所指的页面就会被载入该框架。例如，要把页面载入名为"mainFrame"的框架，就可以使用下面的代码：

Window. Open(′page. html′, ′mainFrame′) ;

（1）基本语法

window. open(′pageURL′, ′name′, ′parameters′)

其中：

pageURL 为窗口 URL

name 为新窗口名字

parameters 为窗口参数（各参数用逗号分隔）

（2）示例

 < Script Language = "JavaScript" >

Window. Open（'page. html'，'newwindow'，'height = 100, width = 400, top = 0, left = 0, toolbar = no, menubar = no, scrollbars = no, resizable = no, location = no, status = no'）；

 </script >

脚本运行后，page. html 将在新窗体 newwindow 中打开，宽为 100，高为 400，距屏顶 0 像素，屏左 0 像素，无工具条，无菜单条，无滚动条，不可调整大小，无地址栏，无状态栏。

（3）各项参数

参数	取值范围	说明
alwaysLowered	yes/no	指定窗口隐藏在所有窗口之后
alwaysRaised	yes/no	指定窗口悬浮在所有窗口之上
depended	yes/no	是否和父窗口同时关闭
directories	yes/no	Nav2 和 3 的目录栏是否可见
height	pixel value	窗口高度
hotkeys	yes/no	在没菜单栏的窗口中设安全退出热键
innerHeight	pixel value	窗口中文档的像素高度
innerWidth	pixel value	窗口中文档的像素宽度
location	yes/no	位置栏是否可见
menubar	yes/no	菜单栏是否可见
outerHeight	pixel value	设定窗口（包括装饰边框）的像素高度
outerWidth	pixel value	设定窗口（包括装饰边框）的像素宽度
resizable	yes/no	窗口大小是否可调整
screenX	pixel value	窗口距屏幕左边界的像素长度
screenY	pixel value	窗口距屏幕上边界的像素长度
scrollbars	yes/no	窗口是否可有滚动栏
titlebar	yes/no	窗口题目栏是否可见
toolbar	yes/no	窗口工具栏是否可见
Width	pixel value	窗口的像素宽度
z-look	yes/no	窗口被激活后是否浮在其他窗口之上

其中 yes/no 也可使用 1/0；pixel value 为具体的数值，单位像素。

（4）应用实例

①最基本的弹出窗口代码：其实代码非常简单。

 < Script Language = "JavaScript" >

window. open（'page. html'）；

 </Script >

因为这是一段 JavaScript 代码，所以它们应该放在 < Script Language = "JavaScript" >

标签和 </Script> 之间。<！--和--> 是对一些版本低的浏览器起作用，在这些老浏览器中不会将标签中的代码作为文本显示出来。要养成这个好习惯啊。

Window. Open ('page. html') 用于控制弹出新的窗口 page. html，如果 page. html 不与主窗口在同一路径下，前面应写明路径，绝对路径（http://）和相对路径（../）均可。用单引号和双引号都可以，只是不要混用。

这一段代码可以加入 HTML 的任意位置，<head> 和 </head> 之间可以，<body> 间 </body> 也可以，越前越早执行，尤其是页面代码长，又想使页面早点弹出就尽量往前放。

②经过设置后的弹出窗口：下面说一说弹出窗口的设置。只要再往上面的代码中加一点东西就可以了。

我们来定制这个弹出的窗口的外观，尺寸大小，弹出的位置以适应该页面的具体情况。

<Script Language = "JavaScript" >

Window. Open ('page. html', 'newwindow', 'height = 100, width = 400, top = 0, left = 0, toolbar = no, menubar = no, scrollbars = no, resizable = no, location = no, status = no') ;

//写成一行

</Script>

参数解释：

js 脚本开始

<Script Language = "JavaScript" >

window. open 弹出新窗口的命令；

'page. html' 弹出窗口的文件名；

'newwindow' 弹出窗口的名字（不是文件名），非必须，可用空''代替；

height = 100 窗口高度；

width = 400 窗口宽度；

top = 0 窗口距离屏幕上方的像素值；

left = 0 窗口距离屏幕左侧的像素值；

toolbar = no 是否显示工具栏，yes 为显示；

menubar, scrollbars 表示菜单栏和滚动栏。

Resizable = no 是否允许改变窗口大小，yes 为允许；

location = no 是否显示地址栏，yes 为允许；

status = no 是否显示状态栏内的信息（通常是文件已经打开），yes 为允许；

</Script> js 脚本结束

③用函数控制弹出窗口：下面是一个完整的代码。

<html>

<head>

<Script Language = "JavaScript" >

function OpenWin( ) {

Window. Open ("page. html", "newwindow", " height = 100, width = 400, toolbar = no, menubar = no, scrollbars = no, resizable = no, location = no, status = no") ;

　　// 写成一行

　　}

　　</ Script >

　　</ head >

　　< body onLoad = "OpenWin( ) " >

　　…任意的页面内容…

　　</ body >

　　</ html >

这里定义了一个函数 OpenWin （），函数内容就是打开一个窗口。在调用它之前没有任何用途。

　　怎么调用呢？

　　方法一：< body onLoad = "OpenWin( ) " > 浏览器读页面时弹出窗口；

　　方法二：< body onUnload = "OpenWin( ) " > 浏览器离开页面时弹出窗口；

　　方法三：用一个连接调用

　　　　　　< a href = "#" onClick = "OpenWin( ) " >打开一个窗口 </ a >

　　注意：使用的 " #" 是虚连接。

　　方法四：用一个按钮调用

　　< input type = "button" onClick = "OpenWin( ) " value = "打开窗口" >

9.3.2　Docmuent 对象

Document 对象代表当前浏览器窗口中的文档，使用它可以访问到文档中的所有其他对象（例如图像、表单等），因此该对象是实现各种文档功能的最基本对象。下面列出了Document 对象的几个常用的方法。

　　方法：　　　　　　　　　　　　　　描述：

　　Document. Write （）　　　　　　　　动态向页面写入内容

　　Document. getElementById（ID）　　　获得指定 ID 值的对象

　　Document. getElementsByName（Name）　获得指定 Name 值的对象

　　（1）Document. Write （）方法

　　定义和用法：

　　write （）方法可向文档写入 HTML 表达式或 JavaScript 代码。

　　可列出多个参数（exp1，exp2，exp3，...），它们将按顺序被追加到文档中。

　　基本语法：

　　document. write （exp1，exp2，exp3，...）

　　说明：我们通常按照两种的方式使用 write （）方法：一是使用该方法在文档中输出HTML，另一种是在调用该方法的窗口之外的窗口、框架中产生新文档。在第二种情况中，请务必使用 close （）方法来关闭文档。

　　应用实例：

　　< html >

```
< body >
< Script type = "text/javascript" >
Document. Write( "Hello World! ");
</Script >
</body >
</html >
```

（2） Document. getElementById （ ）方法

定义和用法：

getElementById （ ）方法可返回对拥有指定 ID 的第一个对象的引用。

基本语法：

Document. getElementById （HTML 标签的 id）

说明：HTML DOM 定义了多种查找元素（HTML 标签）的方法，除了 getElementById（ ）之外，还有 getElementsByName（ ）和 getElementsByTagName（ ）。

不过，如果您需要查找文档中的一个特定的元素（HTML 标签），最有效的方法是 getElementById（ ）。

在操作文档的一个特定的元素（HTML 标签）时，最好给该元素（HTML 标签）一个 id 属性，为它指定一个（在文档中）唯一的名称，然后就可以用该 ID 查找想要的元素。

应用实例：

例子一。

```
< html >
< head >
< Script type = "text/javascript" >
function getValue( ) {
    var x = Document. getElementById( "myHeader");
    alert( x. innerHTML);
    }
</Script >
</head >
< body >
< h1 id = "myHeader" onClick = "getValue( )" > This is a header </h1 >
< p > Click on the header to alert its value </p >
</body >
</html >
```

注意：这个例子的作用是把 id 是" myHeader"的 < h1 > 标签定义为对象 x，并通用定义后的对象把 < h1 > 标签里的字符串输出到 alert 话框里。

innerHTML 属性可以用来读、写给定的标签里的 HTML 内容。

例子二。

getElementById( ) 是一个重要的方法，在 HTML DOM 程序设计中，它的使用非常常见。我们为您定义了一个工具函数，这样您就可以通过一个较短的名字来使用 getElement-

ById( ) 方法了：

```
function id( x) {
    if ( typeof x = = "string") return Document. getElementById( x);
    return x;
}
```

上面这个函数接受元素 ID 作为它们的参数。对于每个这样的参数，您只要在使用前编写 x = id（x）就可以了。

（3）Document. getElementsByName（）方法

定义和用法：

getElementsByName（）方法可返回带有指定名称的对象的集合。

基本语法：

Document. getElementsByName（name）该方法与 getElementById（）方法相似，但是它查询元素的 name 属性，而不是 id 属性。

另外，因为一个文档中的 name 属性可能不唯一（如 HTML 表单中的单选按钮通常具有相同的 name 属性），所有 getElementsByName（）方法返回的是元素的数组，而不是一个元素。

应用实例：

```
< html >
< head >
< Script type = "text/javascript" >
function getElements( ) {
    var x = Document. getElementsByName( "myInput");
    alert( x. length);
}
</Script >
</head >
< body >
< input name = "myInput" type = "text" size = "20" / > < br / >
< input name = "myInput" type = "text" size = "20" / > < br / >
< input name = "myInput" type = "text" size = "20" / > < br / >
< br / >
< input type = "button" onClick = "getElements( ) "
value = "How many elements named′myInput′?" / >
</body >
</html >
```

9.3.3　Location 对象

Location 对象是 Window 对象和 Document 对象的属性，但对此没有统一的标准，Location 对象表示载入窗口的 URL，另外还可以用于解析 URL。

Location. Href 是最常用的属性。用于获取或者设置窗口的 url。

Location. Href = "http://www.163.com"，类似于 Document.url 采用这种导航方式，新地址将被加到浏览器的历史栈中，放在前一个页面后，意味着 back 按钮会导航到调用该属性的页面。

（1）定义和用法　href 属性是一个可读可写的字符串，可设置或返回当前显示的文档的完整 URL。因此，我们可以通过为该属性设置新的 URL，使浏览器读取并显示新的 URL 的内容。

（2）基本语法　Location. Href = URL

（3）应用实例　假设当前的 URL 是：http://example.com:9999/test.htm

< html >

< body >

< Script type = "text/javascript" >

Document. Write(Location. Href) ;

</Script >

</body >

</html >

输出：

http://example.com:9999/test.htm

注意：Location 对象是 Window 对象和 Document 对象的属性，所以 Window. Location 和 Document. Location 互相等价。

9.3.4　History 对象

History 对象实际上是 JavaScript 对象，而不是 HTML DOM 对象。

History 对象是由一系列的 URL 组成。这些 URL 是用户在一个浏览器窗口内已访问的 URL 。

History 对象最初设计来表示窗口的浏览历史。但出于隐私方面的原因，History 对象不再允许脚本访问已经访问过的实际 URL。唯一保持使用的功能只有 back（ ）、forward（ ）和 go（ ）方法。

History 对象是 Window 对象的一部分，可通过 Window. History 属性对其进行访问。

方法：	描述：
back（ ）	加载 history 列表中的前一个 URL
forward（ ）	加载 history 列表中的下一个 URL
go（ ）	加载 history 列表中的某个具体页面

（1）back（ ）方法

定义和用法：

back（ ）方法可加载历史列表中的前一个 URL（如果存在）。

调用该方法的效果等价于点击后退按钮或调用 History. go（ -1）。

基本语法：

History. back（ ）

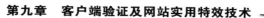

应用实例：下面的例子可在页面上创建一个后退按钮：

```
< html >
< head >
< Script type = "text/javascript" >
  function goBack( ) {
    Window. History. back( ) ;
    }
</Script >
</head >
< body >
< input type = "button" value = "Back" onClick = "goBack( )" / >
</body >
</html >
```

（2）forward（）方法

定义和用法：forward（）方法可加载历史列表中的下一个 URL。调用该方法的效果等价于点击前进按钮或调用 history. go（1）。

基本语法：History. forward（）

应用实例：下面的例子可以在页面上创建一个前进按钮：

```
< html >
< head >
< Script type = "text/javascript" >
    function goForward( ) {
    Window. History. forward( ) ;
    }
</Script >
</head >
< body >
< input type = "button" value = "Forward" onClick = "goForward( )" / >
</body >
</html >
```

（3）go（）方法

定义和用法：go（）方法可加载历史列表中的某个具体的页面。

基本语法：History. go（number | URL）

说明：URL 参数使用的是要访问的 URL，或 URL 的子串。而 number 参数使用的是要访问的 URL 在 History 的 URL 列表中的相对位置。

应用实例：下面例子会加载历史列表中的前一个页面：

```
< html >
< head >
< Script type = "text/javascript" >
```

```
function goBack( ) {
Window. History. go( -1);
}
</Script >
</head >
< body >
< input type = "button" value = "Back" onClick = "goBack( )" / >
</body >
</html >
```

9.4   任务：表单验证

JavaScript 可用来在数据被送往服务器前对 HTML 表单中的这些输入数据进行验证。

被 JavaScript 验证的这些典型的表单数据有：

①用户是否已填写表单中的必填项目。

②用户输入的邮件地址是否合法。

③用户是否已输入合法的日期。

④用户是否在数据域（numeric field）中输入了文本。

假设您开发了一个网站，第一天就有大约 50 名用户注册使用您的服务。当您浏览数据录入时，您发现用户提供的大部分信息是错误的，例如，电子邮件地址是 "abc#xyz. com"，电话号码是 "adk12 * #&" 等，做了那么多的工作，结果竟是这样，您感到很伤心。

问题出在哪里呢？答案就是，在用户提交注册信息之前，您忽略了表单验证这个中间步骤。

今天，大多数要求用户输入的网站，不管是针对简单的邮件列表还是更复杂的联机购物系统，都使用了表单验证来减少进入它们系统数据库的错误数据实例。在没有具体方法来识别可信数据的情况下，在很大程度上表单验证可帮助识别所输入数据类型的真实性，从而减少进入数据库的 "坏" 数据的量。

表单验证是 JavaScript 最常见的用途之一。对于检查用户输入是否存在错误和是否疏漏了要求的字段，JavaScript 是一种十分便捷的方法。正如在客户端脚本中所讲的，这有助于减少往返服务器的次数。

在以下示例中，如发生下列情况，表单验证程序将显示警告消息：

①字段 "名称" 留为空白；

②性别未选定；

③输入的密码少于 6 个字符；

④指定的电子邮件中没有字符 "@"；

⑤年龄不在 1 ~ 99 的范围内，或者留为空白。

代码实例如下：

```
< HTML >
```

```
< HEAD >
< TITLE > 表单验证 </TITLE >
< Script type = "text/javascript" >
<! --
function validate( )
{
    f = Document. reg_form;
    if( f. uname. value = = "")
    {
        alert("输入姓名");
        f. uname. focus( );
        return false;
    }
    if( f. gender[ 0]. checked = = false&&f. gender[ 1]. checked = = false)
    {
        alert("请指定性别");
        f. gender[ 0]. focus( );
        return false;
    }
    if( ( f. password. value. length <6) | | ( f. password. value = = ""))
    {
        alert("请输入至少有 6 个字符的密码!");
        f. password. focus( );
        return false;
    }
    q = f. email. value. indexOf( "@ ")
    if( q = = -1)
    {
        alert("请输入有效的电子邮件地址");
        f. email. focus( );
        return false;
    }
    if( f. age. value <1 | | f. age. value >99 | | isNaN( f. age. value))
    {
        alert("请输入有效的年龄!");
        f. age. focus( );
        return false;
    }
}
```

```
//-->
</SCRIPT>
</HEAD>
<BODY onLoad = "Document. reg_form. uname. focus( )" bgColor = "limegreen">
<FORM NAME = "reg_form" onSubmit = "return validate( )" action = "submit. htm">
<CENTER>
<H1> <U> <FONT color = "yellow">欢迎来到 Asp 网上家园 </FONT> </U> <
H1>
    姓名：
<BR>
<INPUT TYPE = "text" NAME = "uname">
<P>
性别：<BR>
<INPUT TYPE = "radio" NAME = "gender" VALUE = "男"  >男
<INPUT TYPE = "radio" NAME = "gender" VALUE = "女"  >女
<BR> <BR>
密码：<BR>
<INPUT TYPE = "password" NAME = "password" ID = "password">
<P>
电子邮件地址：<BR>
<INPUT TYPE = "text" NAME = "email" ID = "email">
<P>
年龄：<BR>
<INPUT TYPE = "text" NAME = "age">
<P>
<INPUT TYPE = "submit" NAME = "submit" VALUE = "注册"  >
</CENTER>
</FORM>
</BODY>
</HTML>
```

注意：在浏览器中打开，以上示例的电子邮件地址验证仪检查是否包含"@"字符，在复杂的验证程序中，一般还需要考虑检查空格和特殊字符来检查电子邮件地址的合法性。

如果用户在各个字段中输入的数据都正确，那么单击"注册"按钮之后，将显示新页面 submit. htm。

总结：

①单选按钮对象用于一组相互排斥的值，也就是用户只能从选项列表中选择一项。

②单选按钮对象的 checked 属性可用于检查选项按钮是否被选中。

③与单选按钮对象相关联的事件处理程序：onBlur、onClick 和 onFocus。

④列表框中可选择的项目是使用 < OPTION > 标记在 < SELECT > 和 < /SELECT > 标记之间定义的。需要使用 SELECT 对象和 OPTION 对象进行控制。

⑤与列表框对象相关联的事件处理程序：onBlur、onChange 和 onFocus。

常用 JavaScript 表单验证代码

（1）用途：校验 ip 地址的格式

输入：strIP：ip 地址

返回：如果通过验证返回 true，否则返回 false

```
function isIP( strIP) {
    if ( isNull( strIP) ) return false;
    var re = /^( \ d + ) \ . ( \ d + ) \ . ( \ d + ) \ . ( \ d + ) $/g //匹配 IP 地址的正则表达式
    if( re. test( strIP) )
    {
        if( RegExp. $1 < 256 && RegExp. $2 < 256 && RegExp. $3 < 256 && RegExp. $4 < 256) return true;
    }
    return false;
}
```

（2）用途：检查输入字符串是否为空或者全部都是空格

输入：str

返回：如果全是空返回 true，否则返回 false

```
function isNull( str ) {
    if ( str = = "" ) return true;
    var regu = "^[ ] + $ ";
    var re = new RegExp( regu);
    return re. test( str);
}
```

（3）用途：检查输入对象的值是否符合整数格式

输入：str 输入的字符串

返回：如果通过验证返回 true，否则返回 false

```
function isInteger( str ) {
    var regu = /^[ -]{0,1}[0-9]{1,} $/;
    return regu. test( str);
}
```

（4）用途：检查输入手机号码是否正确

输入：s：字符串

返回：如果通过验证返回 true，否则返回 false

```
function checkMobile( s ) {
    var regu =/^[1][3][0-9]{9} $/;
```

```
   var re  =  new RegExp( regu) ;
   if ( re. test( s) )  {
     return true;
   }
   else{
     return false;
   }
}
```

（5）用途：检查输入字符串是否符合正整数格式

　　　　输入：s：字符串

　　　　返回：如果通过验证返回 true，否则返回 false

```
function isNumber(  s )  {
   var regu  =  "^[ 0-9] + $ ";
   var re  =  new RegExp( regu) ;
   if ( s. search( re)  ! =  -1)  {
     return true;
   }
   else {
   return false;
   }
}
```

（6）用途：检查输入字符串是否是带小数的数字格式，可以是负数

　　　　输入：s：字符串

　　　　返回：如果通过验证返回 true，否则返回 false

```
function isDecimal(  str )  {
if( isInteger( str) )  return true;
var re  =  /^[ -]{0, 1}( \ d +) [ \ . ] +( \ d +) $ /;
if ( re. test( str) )  {
   if( RegExp. $ 1 = =0&&RegExp. $ 2 = =0)  return false;
     return true;
   }
   else {
   return false;
   }
}
```

（7）用途：检查输入对象的值是否符合端口号格式

　　　　输入：str 输入的字符串

　　　　返回：如果通过验证返回 true，否则返回 false

```
function isPort(  str)  {
```

```
        return ( isNumber( str)  &&  str < 65536);
}
```

（8）用途：检查输入对象的值是否符合 E-mail 格式

　　　输入：str 输入的字符串

　　　返回：如果通过验证返回 true，否则返回 false

```
function isEmail( str ){
    var myReg = /^[ -_A-Za-z0-9] + @([ _A-Za-z0-9] + \.) + [ A-Za-z0-9]{2,3} $/;
    if( myReg.test( str))  return true;
    return false;
}
```

（9）用途：检查输入字符串是否符合金额格式

　　　格式定义为带小数的正数，小数点后最多三位

　　　输入：s：字符串

　　　返回：如果通过验证返回 true，否则返回 false

```
function isMoney( s ){
    var regu = "^[0-9] + [ \.][0-9]{0,3} $";
    var re = new RegExp( regu);
    if ( re.test( s))  {
        return true;
    }
    else {
        return false;
    }
}
```

（10）用途：检查输入字符串是否只由英文字母和数字和下划线组成

　　　　输入：s：字符串

　　　　返回：如果通过验证返回 true，否则返回 false

```
function isNumberOr_Letter( s ){    //判断是否是数字或字母
    var regu = "^[0-9a-zA-Z \_] + $";
    var re = new RegExp( regu);
    if ( re.test( s))  {
        return true;
    }
    else{
        return false;
    }
}
```

（11）用途：检查输入字符串是否只由英文字母和数字组成

　　　　输入：s：字符串

返回：如果通过验证返回 true，否则返回 false

```
function isNumberOrLetter( s ){   //判断是否是数字或字母
var regu  =  "^[0-9a-zA-Z] + $ ";
var re  =  new RegExp( regu);
  if ( re. test( s) ) {
   return true;
  }
  else{
   return false;
  }
}
```

（12）用途：检查输入字符串是否只由汉字、字母、数字组成

　　　　输入：value：字符串

　　　　返回：如果通过验证返回 true，否则返回 false

```
function isChinaOrNumbOrLett( s ){   //判断是否是汉字、字母、数字组成
var regu  =  "^[0-9a-zA-Z\ u4e00-\ u9fa5] + $ ";
var re  =  new RegExp( regu);
  if ( re. test( s) ) {
   return true;
  }
  else{
   return false;
  }
}
```

（13）用途：判断是否是日期

　　　　输入：date：日期；fmt：日期格式

　　　　返回：如果通过验证返回 true，否则返回 false

```
function isDate( date, fmt ) {
  if ( fmt = = null)  fmt = "yyyyMMdd";
  var yIndex  =  fmt. indexOf( "yyyy");
  if( yIndex = = -1)  return false;
  var year  =  date. substring( yIndex, yIndex +4);
  var mIndex  =  fmt. indexOf( "MM");
  if( mIndex = = -1)  return false;
  var month  =  date. substring( mIndex, mIndex +2);
  var dIndex  =  fmt. indexOf( "dd");
  if( dIndex = = -1)  return false;
  var day  =  date. substring( dIndex, dIndex +2);
  if( ! isNumber( year) | | year > "2100" | | year <  "1900")  return false;
```

```
    if( ! isNumber( month)  | |  month > "12"  | |   month <  "01")  return false;
    if( day > getMaxDay( year, month)  | |   day <  "01")  return false;
    return true;
}
function getMaxDay( year, month) {
    if( month = = 4 | |  month = = 6 | |  month = = 9 | |  month = = 11)
    return "30";
    if( month = = 2)
    if( year%4 = = 0&&year%100! = 0  | |   year%400 = = 0)
    return "29";
    else
    return "28";
    return "31";
}
```

（14）用途：字符 1 是否以字符串 2 结束

　　　　输入：str1：字符串；str2：被包含的字符串

　　　　返回：如果通过验证返回 true，否则返回 false

```
function isLastMatch( str1, str2)
{
    var index  = str1. lastIndexOf( str2) ;
    if( str1. length = = index + str2. length)  return true;
    return false;
}
```

（15）用途：字符 1 是否以字符串 2 开始

　　　　输入：str1：字符串；str2：被包含的字符串

　　　　返回：如果通过验证返回 true，否则返回 false

```
function isFirstMatch( str1, str2)
{
    var index  = str1. indexOf( str2) ;
    if( index = = 0)  return true;
    return false;
}
```

（16）用途：字符 1 是包含字符串 2

　　　　输入：str1：字符串；str2：被包含的字符串

　　　　返回：如果通过验证返回 true，否则返回 false

```
function isMatch( str1, str2)
{
    var index  = str1. indexOf( str2) ;
    if( index = = -1)  return false;
```

```
        return true;
}
```

(17) 用途：检查输入的起止日期是否正确　规则为两个日期的格式正确，且结束如
期 > =起始日期
　　输入：startDate：起始日期，字符串
　　endDate：终止日期，字符串
　　返回：如果通过验证返回 true，否则返回 false

```
function checkTwoDate( startDate, endDate ) {
    if( !isDate( startDate ) ) {
      alert("起始日期不正确!");
      return false;
    } else if( !isDate( endDate ) ) {
      alert("终止日期不正确!");
      return false;
    } else if( startDate > endDate ) {
      alert("起始日期不能大于终止日期!");
      return false;
    }
      return true;
}
```

(18) 用途：检查输入的 E-mail 信箱格式是否正确
　　　输入：strEmail：字符串
　　　返回：如果通过验证返回 true，否则返回 false

```
function checkEmail( strEmail) {
//var emailReg = /^[_a-z0-9] + @( [_a-z0-9] + \ .) + [a-z0-9]{2,3} $/;
var emailReg = /^[ \ w-] + ( \ . [ \ w-] +) * @[ \ w-] + ( \ . [ \ w-] +) + $/;
    if( emailReg. test( strEmail) ){
      return true;
    }
    else{
      alert("您输入的 E-mail 地址格式不正确!");
      return false;
    }
}
```

(19) 用途：检查输入的电话号码格式是否正确
　　　输入：strPhone：字符串
　　　返回：如果通过验证返回 true，否则返回 false

```
function checkPhone( strPhone ) {
    var phoneRegWithArea = /^[0][1-9]{2,3}-[0-9]{5,10} $/;
```

```
var phoneRegNoArea = /^[1-9]{1}[0-9]{5,8}$/;
var prompt = "您输入的电话号码不正确!"
if( strPhone. length > 9 ) {
    if( phoneRegWithArea. test( strPhone) ){
        return true;
    }
    else{
        alert( prompt );
        return false;
    }
}
else{
    if( phoneRegNoArea. test( strPhone ) ){
        return true;
    }
    else{
        alert( prompt );
        return false;
    }
}
}
```

9.5　任务：网站特效技术应用

9.5.1　对联广告特效技术

对联广告是利用网站页面左右两侧的竖式广告位置而设计的广告形式。这种广告形式可以直接将客户的产品和产品特点详细的说明，并可以进行特定的数据调查、有奖活动。

功能：

①根据网页的托动对联广告上下滑动。

②不用时可以进行关闭。

③可以更换广告为 Flash 或 Image 图片。

④指定广告居页面的位置：对联广告 js 文件 img_adi. js 代码如下：

```
lastScrollY = 0;
function heartBeat( ) {
var diffY;
if ( Document. documentElement && Document. documentElement. scrollTop)
        diffY = Document. documentElement. scrollTop;
else if ( Document. body)
```

```
                diffY = Document. body. scrollTop
        else
            { / * Netscape stuff * /}
        //alert( diffY) ;
        percent = . 1 * ( diffY-lastScrollY) ;
        if( percent > 0) percent = Math. ceil( percent) ;
        else percent = Math. floor( percent) ;
        Document. getElementById( "js1") . style. top = parseInt( Document. getElementById
        ( "js1") . style. top) + percent + "px";
        Document. getElementById( "js2") . style. top = parseInt( Document. getElementById
        ( "js2") . style. top) + percent + "px";
        lastScrollY = lastScrollY + percent;
        //这里可以定义多个输出对象，起名为 jsN
        //alert( lastScrollY) ;
        }
        suspendcode1 = " < DIVid = \ "js1 \ "style = 'left: 5px; POSITION: absolute; TOP: 30px; ' >
< embed src = flash/example1. swf quality = high height = 300 width = 100 > </embed > < br >
< a href = javascript: ; onclick = \ "js1. style. display = 'none' \ " target = '_self' > 关闭 </a >
</div > ";
        suspendcode2 = " < DIVid = \ "js2 \ "style = 'right: 5px; POSITION: absolute; TOP: 30px; '
> < embed src = flash/example2. swf quality = high height = 300 width = 100 > </embed > < br
> < a href = javascript: ; onclick = \ "js2. style. display = 'none' \ " target = '_self' > 关闭 </a
> </div > ";
        //这里可以定义多个输出对象为 suspendcodeN。其中 TOP：30px 为 < div > </div > 内
容装载到页面的距浏览器上边界的距离；right：5px、left：5px 为距浏览器右、左边界的
距离；height = 300 、width = 100 为 Flash 广告的高和宽。
        Document. Write ( suspendcode1 ) ;
        Document. Write ( suspendcode2 ) ;
        //这里可以增加多个输出对象为 Document. Write ( suspendcodeN ) ;
        Window. setInterval( "heartBeat( )", 1) ;
```

这个特效技术的应用是左右两个 300 * 100 的 Flash 的对联广告，可以跟随页面的托动进行上下滑动，增加网页的动感效果，不用时可以进行关闭。

上面代码可以插入到 < head > </head > 之间让页面最先加载 JavaScript 脚本，也可以放到 </body > 之前保证页面其他数据加载完毕后，再加载此 JavaScript 脚本。

我们通用修改可以继续定义两个 100 * 100 的对联广告，放到网页的最下边，距浏览器上边界为 400 像素（px），下面是修改的部代码：

```
Document. getElementById( "js1") . style. top = parseInt( Document. getElementById
( "js1") . style. top) + percent + "px";
Document. getElementById( "js2") . style. top = parseInt( Document. getElementById
```

("js2"). style. top) + percent + "px";

lastScrollY = lastScrollY + percent;

document. getElementById("js3"). style. top = parseInt(Document. getElementById

("js3"). style. top) + percent + "px";

Document. getElementById("js4"). style. top = parseInt(Document. getElementById

("js4"). style. top) + percent + "px";

lastScrollY = lastScrollY + percent;

//这里可以定义多个输出对象，起名为 jsN

//alert(lastScrollY) ;

}

suspendcode1 = " < DIVid = \ "js1 \ "style = ′left: 5px; POSITION: absolute; TOP: 30px; ′ >
< embed src = flash/example1. swf quality = high height = 300 width = 100 > </embed > < br >
< a href = javascript: ; onclick = \ "js1. style. display = ′none′ \ " target = ′_self′ > 关闭 </a >
</div > ";

suspendcode2 = " < DIVid = \ "js2 \ "style = ′right: 5px; POSITION: absolute; TOP: 30px; ′
> < embed src = flash/example2. swf quality = high height = 300 width = 100 > </embed > < br
> < a href = javascript: ; onclick = \ "js2. style. display = ′none′ \ " target = ′_self′ > 关闭 </a
> </div > ";

suspendcode3 = " < DIVid = \ "js31 \ "style = ′left: 5px; POSITION: absolute; TOP: 400px; ′
> < embed src = flash/example3. swf quality = high height = 300 width = 100 > </embed > < br
> < a href = javascript: ; onclick = \ "js3. style. display = ′none′ \ " target = ′_self′ > 关闭 </a
> </div > ";

suspendcode4 = " < DIVid = \ "js4 \ "style = ′right: 5px; POSITION: absolute; TOP: 400px; ′
> < embed src = flash/example4. swf quality = high height = 300 width = 100 > </embed > < br
> < a href = javascript: ; onclick = \ "js4. style. display = ′none′ \ " target = ′_self′ > 关闭 </a
> </div > ";

//这里可以定义多个输出对象为 suspendcodeN。其中 TOP：30px 为 < div > </div > 内
容装载到页面的距浏览器上边界的距离；right：5px、left：5px 为距浏览器右、左边界的
距离；height = 300 、width = 100 为 Flash 广告的高和宽。

Document. Write （suspendcode1）;

Document. Write （suspendcode2）;

Document. Write （suspendcode3）;

Document. Write （suspendcode4）;

//这里可以增加多个输出对象为 Document. Write （suspendcodeN）;

Window. setInterval("heartBeat( )", 1) ;

注意：深色背景为新增加的代码，由一组对联广大，增加为两组。

9.5.2　与 Flash 结合的图片展示特效

与 Flash 结合轻松实现图片的连续展示功能，实用、方便，新浪新闻图片展示多用于

此功能。此功能需要 JavaScript 代码与 Flash 相配合，代码如下：

```
<Script type = "text/javascript">
var focus_width = 200;
var focus_height = 170;
var text_height = 30;
var swf_height = focus_height + text_height;
var pics = 'images/001. jpg | images/002. jpg';
var links = 001/default. asp | 0021/default. asp';
var texts = '企业网站 1 | 企业网站 2';
Document. Write('<object classid = "clsid: D27CDB6E-AE6D-11cf-96B8-444553540000"
codebase = " http://fpdownload. macromedia. com/pub/shockwave/cabs/flash/swflash. cab #
version = 6, 0, 0, 0" width = "' + focus_width +'" height = "' + swf_height + '">');
Document. Write('<param name = "allowScriptAccess" value = "sameDomain"><param
name = "movie" value = "picflash. swf"><param name = "quality" value = "high"><param
name = "bgcolor" value = "#ffffff">');
Document. Write('<param name = "menu" value = "false"/><param name = "wmode"
value = "opaque"/>');
Document. Write('<param name = "FlashVars" value = "pics =' + pics + '&links =' +
links + '&texts =' + texts + '&borderwidth =' + focus_width + '&borderheight =' + focus_height
+ '&textheight =' + text_height +'">');
Document. Write('<embed src = "picflash. swf" wmode = "opaque" FlashVars = "pics ='
+ pics + '&links =' + links + '&texts =' + texts + '&borderwidth =' + focus _ width + '
&borderheight =' + focus_height + '&textheight =' + text_height +'" menu = "false" bgcolor
= "#ffffff" quality = "high" width = "' + focus_width +'" height = "' + focus_height +'" al-
lowScriptAccess = " sameDomain" type = " application/x-shockwave-flash" pluginspage = " ht-
tp://www. macromedia. com/go/getflashplayer" />');
Document. Write('</object>');
</Script>
```

此代码需要与 picflash. swf 的 Flash 相结合，不能分离使用，使用时要注意 Flash 的路
径指向一定要正确。

其中：

```
var focus_width = 200;        //Flash 显示图片的宽度
var focus_height = 170;        //Flash 显示图片的高度
var text_height = 30;        //Flash 的文本信息的高度
var swf_height = focus_height + text_height;        //Flash 的总高度
var pics = 'images/001. jpg | images/002. jpg';        //Flash 显示图片的位置
var links = 001/default. asp | 0021/default. asp';        //Flash 显示图片链接的位置
var texts = '企业网站 1 | 企业网站 2';        // Flash 显示图片文本信息
```

这段代码需要插到 <body></body> 的之间我们设计好的图片展示的位置。

注意：在代码里我们要指明具体的 Flash 文件，保证其路径的正确。

Document. Write(′ < param name = "allowScriptAccess" value = "sameDomain" > < param name = "movie" value = "picflash. swf" > < param name = "quality" value = "high" > < param name = "bgcolor" value = "#ffffff" > ′) ;

我们还可以通用在 JavaScript 里加入 ASP 循环代码，在后台管理展示的图片，更新图片以及显示图片的数量。

部分代码如下：

```
< Script type = "text/javascript" >
……前面代码省略
var pics = ′   //接 JavaScript 脚本的 pic 变量
< %
Set Rs = Server. CreateObject( "ADODB. RecordSet")
Sql = "select top 5  *  from images order by id desc"
Rs. Open Sql, conn, 1, 3
a = Rs. Recordcount   //求出记录数
i = 1
Do While Not Rs. Eof   //循环 rs 记录集
If i = a then   //判断是否与记录数相符
Response. Write "images/"&rs( "pic") &" ︱ "
Else
Eesponse. Write "images/"&rs( "pic")
End if
i = i + 1   //I 变量自循环
Rs. Movenext
Loop
Rs. Close
Set Rs = Nothing
% > ′;
………后面代码省略
</Script >
```

注意：此代码为图片 JavaScript 脚本里的 pic 变量的循环输出，与其他变量相同。

习　　题

一、填空题

（1）_____对象表示浏览器的窗口，可用于检索关于该窗口状态的信息。

A. Document　　　　　　B. Window　　　　　C. Frame　　　　　D. Navigator

（2）_____对象表示给定浏览器窗口中的 HTML 文档，用于检索关于文档的信息。

A. Document B. Window C. Screen D. History

（3）_____方法要求窗口显示刚刚访问的前一个窗口。

A. back B. go C. display D. view

（4）Location 对象提供了重新加载窗口的 URL 的方法_____。

A. 对 B. 错

二、操作题

（1）在一个 HTML 文档中创建三个（一个垂直，两个水平）框架。在每个框架中加载不同的 HTML 文档。其中一个框架的 HTML 包含一个按钮。单击按钮后，重新加载三个框架的 HTML 文档。

（2）编写一个脚本，保证注册提交时不能为空，密码和确认密码要保持一致，要有 E-mail 验证，判断身份证 15 或 18 位，验证电话号码是否为数字，所有项为必填项。

（3）利用对联广告特效代码，制作 300 * 100 的对联广告，并分别距浏览器上边界、左边界、右边界，30 像素（px）、5 像素（px）、5 像素（px）。

ASP 常用代码

1. 常用判断语句写法

（1）判断登录表单传来的用户名是否正确 并提示错误信息。

```
If  Request. Form( "username") = "admin" Then
    Response. Write "恭喜，你已经登录成功"
Else
    Response. Write "对不起，您输入的用户名错误，请返回重输入！"
End if
```

(2)判定用户名和密码都正确就转向到后台 否则退回到登录页面。

```
If Request. Form ("name") = "admin" and Request. Form ("pass") = "admin" Then
    Response. Redirect "admin. asp"
Else
    Response. Redirect "login. asp"
End if
```

(3)变量值和字符串值合起来 用" &"连接符。

```
a = "我"
b = "爱"
c = "你"
Response. Write a&b&c&"妈妈"
```

2. 常用循环语句写法，循环显示 6 条记录

（1）写法一

```
Do while not rs. eof
    Response. Write    " < br > < font color = #000000 > "&rs( "title") &" </font > < br >"
    Rs. MoveNext
Loop
```

(2)写法二

```
For n = 1 to 6
    Response. Write    Rs( "title") &" < br >"
    If   rs. eof then
        Exit for                    '跳出 for 循环
    Else
        Rs. MoveNext                 '记录集下移一条
```

End if

Next

3. 常用变量转换函数

Now( ) 函数返回系统时间。

Date( ) 函数返回当前系统日期。

CStr(int) 函数转化一个表达式为字符串。

CInt(string) 将一个表达式转化为数字类型。

Trim(request("username")) 函数去掉字符串左右的空格。

Left(rs("title"), 10) &"..." 函数返回字符串左边第 10 个字符以前的字符（含第 length 个字符），一般在限制新闻标题的显示长度的时候用。

Len(string) 函数返回字符串的长度。中文字符长度也计为一。

Request. serverVariables("remote_host") ′取得来访问的 IP。

Mid(str, 起始字符, ［读取长度］)：截取字符串中间子字符串。

Right(str, nlen)：从右边起截取 nlen 长度子字符串。

Lcase(str)：字符串转成小写。

Ucase(str)：字符串转成大写。

Ltrim(str)：去除字符串左侧空格。

Rtrim(str)：去除字符串右侧空格。

Replace(str, 查找字符串, 替代字符串, ［起始字符, 替代次数, 比较方法］)：替换字符串。

注意：默认值：起始字符 1；替代次数 不限；比较方法 区分大小写（0）。

InStr(［起始字符,］str, 查找字符串 ［, 比较方法］)：检测是否包含子字符串，可选参数需同时选。

4. 常用 Access 数据库连接代码

（1）方法一

db = "mydata. mdb" ′如果放在目录中，就要写明" database/mydata. mdb"

Set Conn = Server. CreateObject("ADODB. Connection")

Connstr = "Provider = Microsoft. Jet. OLEDB. 4. 0; Data Source = "Server. MapPath(db)

Conn. Open Connstr

（2）方法二

′如果你的服务器采用较老版本 Access 驱动，请用下面连接方法

db = "mydata. mdb" ′如果放在目录中，就要写明" database/mydata. mdb"

Set Conn = Server. CreateObject("ADODB. Connection")

Connstr = "driver = ﹛ Microsoft Access Driver (∗. mdb) ﹜; dbq = " & Server. MapPath(db)

Conn. Open Connstr

5. ASP 操作数据库的常用写法

（1）读取全部记录

Set Rs = Server. CreateObject("ADODB. RecordSet")

SqlStr = "select ∗ from news"

Rs. Open SqlStr, conn, 1, 1 '运行 sql 语句，把数据提出到 rs 对象中

（2）读取 N 条数据

Set Rs = Server. CreateObject("ADODB. RecordSet")

SqlStr = "select top 6 * from news"

Rs. Open SqlStr, conn, 1, 1 '运行 sql 语句，把 6 条数据提出到 rs 对象中

（3）读取表中指定 id 的一条记录

Set Rs = Server. CreateObject("ADODB. RecordSet")

SqlStr = "select * from news where id = "&Request("id")

Rs. Open SqlStr, conn, 1, 1 '运行 sql 语句，把 6 条数据提出到 rs 对象中

（4）获取一条表单传过来的数据 然后加入到一个表当中

dim a, b, c, d

a = Request. Form("a")

b = Request. Form ("b")

c = Request. Form ("c")

d = Request. Form ("d")

Sqlstr = "insert into member(username, password, Question, Answer) values('"&a&"', '" &b&"', '"&c&"', '"&d&"') "

Conn. Execute Sqlstr

Response. Write "恭喜，新数据加入成功!"

（5）获取表单传过来的数据 修改表中指定 id 记录的字段值

Dim a, d, e

a = Request. Form ("id")

d = Request. Form("d")

e = Request. Form("e")

Sqlstr = "update member set username = '"&d&"', password = '"&e&"' where id = "&a

Response. Write Sqlstr

Conn. Execute Sqlstr

Response. Write "恭喜，数据修改成功!"

（6）删除一条指定表中 id 字段数值的数据

dim a

a = Request("delid")

Sqlstr = "delete from member where id = "&a

Conn. Execute Sqlstr

Response. Write"恭喜，删除成功!"

6. Recordset 对象操作数据库的常用写法

（1）执行 sql 语句 按照数据库默认排序，读取 news 表中所有的数据

Set Rs = Server. CreateObject("ADODB. RecordSet")

SqlStr = "select * from news"

Rs. Open SqlStr, conn, 1, 1

（2）按照数据库默认排序方式 读取 news 表中前 6 条记录

Set Rs = Server. CreateObject("ADODB. RecordSet")

SqlStr = "select top 6 * from news"

Rs. Open SqlStr, conn, 1, 1

（3）循环显示 6 条 rs 对象中存在的数据 列表显示

Set Rs = Server. CreateObject("ADODB. RecordSet")

SqlStr = "select top 6 * from news"

Rs. Open SqlStr, conn, 1, 1

Do While not Rs. eof

    Response. Write " < a href = show. asp?id = rs("id") > "& left(rs("title") , 20) &" </a > < br > "

    Rs. Movenext

  Loop

（4）向数据库添加一条记录

Set Rs = Server. CreateObject("ADODB. RecordSet")

SqlStr = "select * from news"

Rs. Open SqlStr, conn, 1, 3   '注意 3 代表可以向数据表写入

Rs. Addnew

Rs("title") = trim(Request. Form("title"))

Rs("content") = Request. Form("content")

Rs("date") = now( )

Rs. Update   '真正写入数据库

（5）修改指定 id 记录

Set Rs = Server. CreateObject("ADODB. RecordSet")

SqlStr = "select * from news where id = "&Request("id")

Rs. Open SqlStr, conn, 1, 3 '注意这里的 3 代表可以写入

Rs("title") = trim(Request("title"))

Rs("content ") = Request("content ")

Rs("date") = now( )

Rs. Update   '真正写入数据库

（6）删除数据库中一条记录 通过连接传递过来了数据的 id 数值

Set Rs = Server. CreateObject("ADODB. RecordSet")

SqlStr = "select * from news where id = "&Request("id")

Rs. Open SqlStr, conn, 1, 3 '注意这里的 1, 3 代表可以写入的打开数据表

Rs. Delete '删除该条数据

7. 表单数据处理页面的指定

< form method = "post" action = "addsave. asp" >

  < input type = "text" name = "a" >

  < input type = "text" name = "b" >

```
< input type = "submit" name = "Submit" value = "提交"  >
< / form >
```

8. 获取表单提交来的数据并显示

Response. Write Request. form("a")

Response. Write trim(Request. Form("b"))

9. 利用 Application 对象作计数器的常用语法

在网页的头部加入

Application. Lock

Application("counter") = Application("counter") + 1

Application. UnLock

在需要显示计数内容的网页的地方，加入下面的语句

Response. Write Application("counter")

10. 利用 Session 对象保护后台管理页面 admin. asp

防止未登录用户进入

第一步，在网站后台网页需要权限保护的所有网页的头部加入下面的代码。

If Session("admin") < > "ok" then

　　Response. Redirect"login. asp"

　　Response. end

End if

第二步，在网站后台登录页的检测用户名和密码是否合法。

　　AdmName = Request. Form("Name")

　　AdmPass = Request. Form("Pass")

　　Set Rs = Server. CreateObject("ADODB. RecordSet")

　SqlStr = " Select ∗ from Admin where name = '" &AdmName& "' and pass = '" &AdmPass& "'"

　　Rs. Open SqlStr, conn, 1, 3

　If Rs. EOF AND RS. BOF then

　　　Response. Redirect("login. asp") '返回到登录页面，重新输入

　　　Response. End '输出截止

　　else

　　　Session("admin") = "ok"

　　　Response. Redirect("admin. asp") '跳入网站后台

　　　Response. end '输出截止

　　End if

11. 常用分页代码

sql = "select…………………省略了你的从表中取出所有数据的 sql 语句写法

　　Set rs = Server. Createobject("ADODB. RECORDSET")

　　Rs. Open sql, conn, 1, 1

　　If not Rs. eof Then

```
    pages = 30 '定义每页显示的记录数
    Rs. pageSize = pages '定义每页显示的记录数
    allPages = Rs. pageCount '计算一共能分多少页
    page = Request. QueryString( "page") '通过浏览器传递的页数
    'if 语句属于基本的排错处理
If isEmpty( page) or Cint( page) < 1 then
    page = 1
elseif Cint( page) > allPages then
    page = allPages
End if
Rs. AbsolutePage = page
Do while not rs. eof and pages > 0
    '这里输出你要的内容…………
    pages = pages - 1
    Rs. MoveNext
    Loop
Else
    Response. Write( "数据库暂无内容!")
End if
Rs. Close
Set Rs = Nothing
'分页页码连接和跳转页码程序
< form Action = "" Method = "GET" >
< %
    If Page < > 1 Then
        Response. Write " < A HREF = ?Page = 1 >第一页 < /A >"
        Response. Write " < A HREF = ?Page = " & ( Page-1) & " >上一页 < /A >"
End If
    If Page < > allPages Then
        Response. Write " < A HREF = ?Page = " & ( Page + 1) & " >下一页 < /A >"
        Response. Write " < A HREF = ?Page = " & allPages & " >最后一页 < /A >"
End If
% >
输入页数： < input TYPE = "TEXT" Name = "Page" SIZE = "3" > 页数： < font COLOR = "
Red" > < % = Page% >/ < % = allPages % > < /font >
    < /form >
```

12. 分行列显示图片和产品名称的代码 (4 列 × 3 行 = 12 个)

```
    < %
Set Rs = Server. CreateObject( "ADODB. RecordSet")
```

```
SqlStr = "select top 12 * from myproduct"
Rs. Open SqlStr, conn, 1, 1
i = 1
% >
< table width = "90%"  border = "1" cellspacing = "0" sellpadding = "0" >
< tr >
  < %
  Do  while not rs. eof
  % >
    < td align = "center" >
  < img src = " < % = rs( "imgurl") % > " width = "52" height = "120" > < br >
  < % = rs( "productname") % >
  < /td >
  < % If i mod 4 = 0 then Response. Write" < /tr > < tr > "
  i = i + 1
    Rs. Movenext
    Loop
  Rs. Close
  % >
< /tr >
< /table >
```

13. ASP 数据库连接之 ACCESS-SQLSERVER

```
< %
IsSqlData = 0          '定义数据库类别，0 为 Access 数据库，1 为 SQL 数据库
If IsSqlData = 0 Then
Access 数据库
datapath     = "data/"         数据库目录的相对路径
datafile     = "data. mdb"       数据库的文件名
c&Server. MapPath( ""&datapath&""&datafile&"")
C&server. mappath( ""&datapath&""&datafile&"") &"; DRIVER = { Microsoft Access Driver
( * . mdb) } ; "
  Else
SQL 数据库
SqlLocalName    = "( local) "    连接 IP  [ 本地用 ( local) 外地用 IP ]
SqlUsername    = "sa"        用户名
SqlPassword    = "1"        用户密码
SqlDatabaseName = "data"      数据库名
  C & SqlUsername & "; Password = " & SqlPassword & "; Initial Catalog = " & SqlData-
baseName & "; Data Source = " & SqlLocalName & "; "
```

```
END IF
On Error Resume Next
Set conn = Server. CreateObject( "ADODB. Connection")
conn. open ConnStr
If Err Then
err. Clear
Set Conn  = Nothing
Response. Write "数据库连接出错，请检查连接字串。"
Response. End
End If
% >
```

14. Ewebeditor 编辑器的安装方法

（1）将编辑器文件解压到网站根目录的 Edit 文件夹 找到后台登录文件 Admin_Login. asp，进入后台。默认用户名和密码均是 admin，在后台设置和调用样式名称。

（2）数据添加和修改表单中加入相应多行文本框 然后使用样式 style = "display: none"，将该输入框隐藏，示例代码如下：

```
< textarea name = "content" cols = "50" rows = "10" id = "content" style = "display: none"
> </textarea >
```

在该输入框的下面使用如下方法调用编辑器：

```
< iframe ID = "form1" src = "/edit/ewebeditor. asp?id = content&style = chinaue" frameborder = "0" scrolling = "no" width = "550" HEIGHT = "350" > </iframe >
```

注意：id = content 里面的 content 要与多行文本框的 name 值相同，style = chinaue 里的 chinaue 替换成你在后台挑选的样式名称。

15. 上传组件的使用安装方法（无组件上传）

（1）在数据添加表单中加入用来保存上传的图片地址和文件的输入框 记下表单名称和这个输入框的名称，以备后面修改时候用。

（2）在需要调用上传的输入框后面加上 < iframe name = "ad" frameborder = 0 width = 80% height = 30 scrolling = no src = upload. asp > </iframe >。

（3）修改 upload. asp，找到其中的 <% If Request. QueryString("filename") < >"" then Response. Write " < Script > parent. form1. textfield6. value = '" &Request. QueryString ("filename") &"' </Script >"% >；修改其中的 form1. textfield6 为，上面第一条中记录的表单名和输入框名称。

（4）修改 upfile. asp，找到其中第五行 formPath = "../../TempPic"，然后修改 = 号后面的上传图片保存目录名称就 OK 了。